# 中国退役动力电池循环利用技术与产业发展报告（2025）

Power Battery Reuse and Recycling in China: Technological and Industrial Development (2025)

中国科学院过程工程研究所
北京资源强制回收环保产业技术创新战略联盟
组织编著

化学工业出版社
·北京·

**内容简介**

本书以退役动力电池循环利用技术与产业发展为主线，系统展示了我国退役动力电池循环利用技术以及产业发展现状与趋势，从资源、环境、技术、政策、产业链、碳足迹等多维度进行全面深入分析，内容主要包括动力电池产业现状概述、废旧动力电池循环利用技术进展、退役动力电池循环利用产业特征分析、动力电池行业相关宏观政策与标准、动力电池循环利用产业发展趋势、动力电池全生命周期碳足迹分析、企业实践案例等，为我国新能源汽车产业的绿色升级和可持续发展提供技术支撑、行业预判和案例借鉴。

本书内容具有较强的行业针对性和技术应用性，可供新能源汽车行业相关领域的管理人员、工程技术人员和科研人员参考，也可供高等学校环境工程、冶金工程、再生资源科学与技术及相关专业师生参阅。

**图书在版编目（CIP）数据**

中国退役动力电池循环利用技术与产业发展报告. 2025 / 中国科学院过程工程研究所，北京资源强制回收环保产业技术创新战略联盟组织编著. -- 北京 : 化学工业出版社，2025. 11. -- ISBN 978-7-122-49482-5

Ⅰ. X734.2

中国国家版本馆CIP数据核字第20255CY867号

责任编辑：卢萌萌　杜　熠　刘兴春　　文字编辑：杜　熠
责任校对：王　静　　装帧设计：史利平

出版发行：化学工业出版社
（北京市东城区青年湖南街13号　邮政编码100011）
印　　装：中煤（北京）印务有限公司
787mm×1092mm　1/16　印张15　字数332千字
2026年1月北京第1版第1次印刷

购书咨询：010-64518888　　售后服务：010-64518899
网　　址：http://www.cip.com.cn
凡购买本书，如有缺损质量问题，本社销售中心负责调换。

定　　价：198.00元

# 《中国退役动力电池循环利用技术与产业发展报告（2025）》编委会

# 前言

伴随新能源汽车产业在全球范围内的蓬勃发展，中国作为全球最大的新能源汽车生产国与消费国，动力电池产业规模持续扩大，随之而来的退役动力电池高效、安全、环保处理问题日益凸显。退役动力电池是宝贵的“城市矿山”，蕴含丰富的锂、钴、镍、锰等战略性金属资源，若处理不当可能成为环境负担与安全隐患。推动其规范化、规模化、高值化循环利用，不仅关乎资源安全、环境保护与公共安全，更是构建绿色低碳循环经济体系、落实“双碳”战略目标的关键环节，对培育“新质生产力”、实现产业可持续发展具有深远意义。

近年来，在“双碳”目标的强力驱动下，在政策法规体系的持续完善和市场机制的有力牵引下，中国退役动力电池循环利用技术与产业已进入加速发展的关键阶段。在技术层面，梯次利用场景不断拓展创新，从储能基站、低速电动车向智能微电网、备电系统等多领域渗透；再生利用技术持续突破，湿法冶金、火法冶金工艺不断优化升级，直接回收等前沿技术加速从实验室迈向产业化应用，回收效率与产品附加值显著提升。在政策与标准层面，“生产者责任延伸制”纵深推进，溯源管理体系日益健全，行业准入门槛持续提高，国家级、行业级、团体级标准体系逐步构建，为产业规范发展奠定了坚实基础。在市场与模式层面，回收网络覆盖度不断提升，“互联网 + 回收”、产业链协同等创新模式不断涌现，一批技术领先、模式创新的头部企业正引领行业走向集约化与规范化。

然而，我们也清醒地认识到，迈向成熟产业生态之路仍面临诸多挑战：技术经济性仍需持续优化以提升整体竞争力；复杂电池体系的高效智能拆解与精准快速检测分选技术亟待突破；再生材料的高端化应用市场需进一步开拓；小、散、乱的非规范回收处置现象依然存在，监管与执法力度需持续强化；可持续的商业模式和全链条责任共担机制有待深化探索。

2025 年，是中国“十四五”规划的收官之年，也是动力电池大规模退役潮真正来临的关键节点。站在新的历史起点上，本报告力求全面、客观、深入地剖析中国退役动力电池循环利用领域的技术进展、产业现状、政策环境、市场格局及面临的机遇与挑战。我们聚焦核心技术创新突破，追踪商业模式探索实践，研判未来发展趋势，旨在为政府部门制定科学政策，为企业优化战略布局，为研究机构明确攻关方向，为社会各界深入了解这一战略性新兴产业提供有价值的参考与洞见。

我们坚信，在政策、技术、资本与市场的共同驱动下，在各方主体的协同努力下，中国退役动力电池循环利用产业必将加速迈向规模化、高值化、绿色化发展的新阶段，为建设资源节约型、环境友好型社会，保障国家资源战略安全，推动经济社会全面绿色低碳转型贡献核心力量！

本报告的顺利完成，离不开各界的鼎力支持与贡献，本报告由孙峙主编，李长东、刘秀庆、张宇平、何叶副主编。在此，我们谨向所有参与和支持本报告编写的单位与个人表示最诚挚的感谢！

首先，我们要由衷感谢每一位执笔专家（排名不分先后）：第 1 章中国科学院过程工程研究所孙峙研究员、阎文艺副研究员、康飞工程师，广东邦普循环科技有限公司李长东、阮丁山；第 2 章北京科技大学张家靓教授，北京交通大学时玮副教授，浙江华友钴业股份有限公司 / 衢州华友资源再生科技有限公司徐伟、刘秀庆、刘凤梅；第 3 章中国物资再生协会于可利；北京资源强制回收环保产业技术创新战略联盟何叶、郭晓玲、董悦、闫慧；第 4 章河北工业大学高文芳副教授；第 5 章上海第二工业大学张西华副研究员，格林美股份有限公司张宇平、别传玉；第 6 章南昌大学田西教授、马清源。正是他们在各自领域的深厚积累与辛勤笔耕，保障了报告的专业深度与内容质量。也要感谢参与资料搜集、数据分析、图表绘制及校对审核的全体团队成员，他们的默默付出是报告得以成型的重要基础。

此外，我们诚挚感谢为本报告提供调研协助、案例分享与专家访谈支持的众多企业、科研机构及行业组织，你们的实践真知为报告注入了宝贵的产业洞察。我们还要特别感谢化学工业出版社为本报告的编辑、设计和出版所付出的辛勤努力与专业支持。最后，感谢所有关注退役电池循环利用事业的各界同仁，你们的真知灼见与持续探讨，是推动行业不断前行的动力。

由于篇幅及编写时间有限，报告中难免存在疏漏与不足之处，恳请广大读者批评指正。

《中国退役动力电池循环利用技术与
产业发展报告（2025）》编委会
2025 年 10 月

# 目录

# 第 1 章 动力电池产业现状概述

得益于新能源汽车、储能等下游应用场景爆发式增长的驱动，全球锂电池产业正在蓬勃发展。预计到2030年，全球锂电池的需求规模可达4太瓦时（TWh）。其中，中国作为全球锂电池产业最大需求及供给市场将持续领跑产业变革；与此同时，欧美在减排目标、能源转型等强需求下贡献出更多的增量驱动，并重塑全球市场供需格局；以东南亚、印度及中东为代表的新兴市场也正进入快速成长阶段，积极参与到全球锂电池供应链体系中。当前，中国在锂电池产业链各关键环节依旧发挥着主导作用，但正面临着市场竞争加剧、企业盈利承压和地缘政治风险加大等挑战。

本章将从我国新能源汽车市场现状出发，梳理动力电池上下游产业链概况，对电池中关键金属供给情景进行分析，并对动力电池循环利用行业现状及问题进行总结，提出发展建议，旨在为产业健康发展提供支撑。

## 1.1 动力电池市场概况

### 1.1.1 中国新能源汽车市场分析

新能源汽车是指采用新型动力系统，完全或者主要依靠新型能源驱动的汽车，包括插电式混合动力汽车、纯电动汽车和燃料电池汽车等。本书重点关注纯电动汽车和插电式混合动力汽车，不包括燃料电池汽车。中国自2012年开始加快发展新能源汽车产业，并给予财政支持。

针对新能源汽车产业发展，中国政府分别于2012年和2020年发布了两个规划文件，规划时间分别为2012～2020年、2021～2035年。分别规划了汽车生产能力、产销量，动力电池模块比能量、电池生产成本等。另外，文件特别指出，到2025年，中国纯电动乘用车新车平均电耗降至12.0kWh/100km，电动汽车新车销售量达到新车销售总量的20%左右；2021年起，重点区域的公共领域新增或更新公交、出租、物流配送等车辆中新能源汽车比例不低于80%。此外，2020年10月发布的“节能与新能源汽车技术线路图2.0”提到，预计至2035年，新能源汽车占汽车总销售量50%以上，其中纯电动汽车将占新能源汽车的 95% 以上。

根据公安部发布，截至 2024 年年底，全国新能源汽车保有量达 3140 万辆，占汽车总量的 8.90%；其中纯电动汽车保有量 2209 万辆，占新能源汽车保有量的 70.34%。2024 年新注册登记新能源汽车 1125 万辆，占新注册登记汽车数量的 41.83%，与 2023 年相比增加 382 万辆，增长 51.49%，从 2019 年的 120 万辆到 2024 年的 1125 万辆，呈高速增长态势。

2010 年，中国开展个人购买新能源汽车补贴试点，插电式混合动力乘用车每辆最高补贴 5 万元，纯电动乘用车每辆最高补贴 6 万元。2013 年，中国财政部支持新能源汽车推广应用，购买纯电动乘用车补贴 3.5 万～6 万元，插电式混合动力汽车补贴 3.5 万元，还规定了电动客车、专用车（邮政、物流、环卫等）和燃料电池车的补贴标准。2013～2014 年，中国分两批发布确定了近六十个城市或区域推广新能源汽车。2014 年和 2015 年补贴标准在 2013 年基础上分别下调 5% 和 10%。2014 年 7 月，中国国务院办公厅发布新能源汽车推广指导意见，指出新能源汽车推广应用城市新增或更新车辆中的新能源汽车比例不低于 30%，对消费者购买电动汽车给予补贴，并免征车辆购置税（汽车售价的 10%）。目前，对购置日期在 2024 年 1 月 1 日至 2025 年 12 月 31 日期间的新能源汽车免征车辆购置税，其中，每辆新能源乘用车免税额不超过 3 万元；对购置日期在 2026 年 1 月 1 日至 2027 年 12 月 31 日期间的新能源汽车减半征收车辆购置税，其中，每辆新能源乘用车减税额不超过 1.5 万元。

我国新能源汽车产业经过谋划阶段、导入阶段，当前正处于成长阶段。谋划阶段以“国家 863 计划”电动汽车重大专项启动为标志，导入阶段以“十城千辆”示范工程的实施为标志，成长阶段开始于 2015 年的新能源汽车销量与渗透率大幅增长这一时期。成长阶段又可分为 2015～2017 年的成长初期、2018～2020 年的成长中期和 2021 年开始的高速成长期。我国 2013～2024 年新能源汽车渗透率如图 1.1 所示。

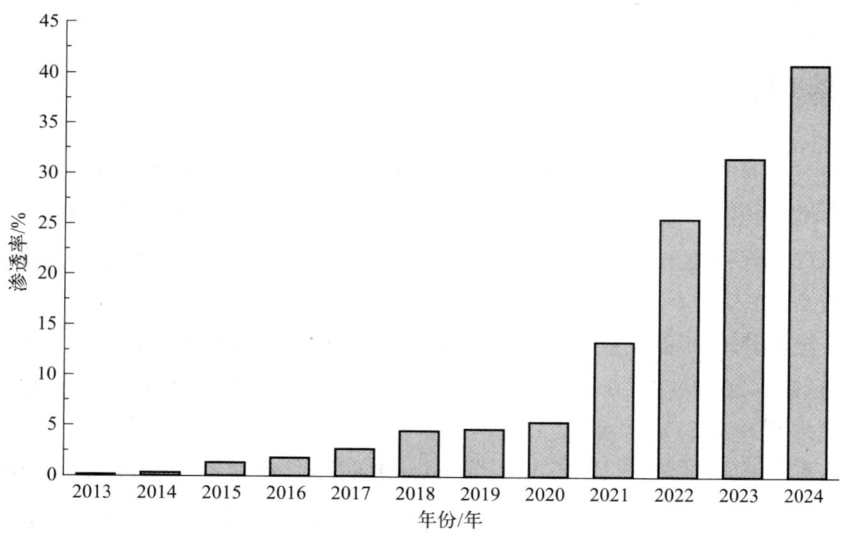


图 1.1　2013～2024 年中国新能源汽车渗透率

（数据来源：火石创造产业数据中心）

### 1.1.2　新能源汽车产业链现状及发展趋势

从产业链角度来看，新能源汽车产业链（图 1.2）上游主要包括原材料制造和电池、电机、电控等核心零部件供应；中游是指新能源汽车整车制造，按照用途可划分为乘用车、商用车等；下游包括新能源汽车充电服务、新能源汽车后市场服务等应用领域。从新能源汽车行业上下游产业链参与企业来看，上游企业包含赣锋锂业、华友钴业等原材料供应商以及宁德时代、大洋电机等核心零部件供应商；中游的新能源汽车制造商主要有比亚迪、上汽集团等国产企业以及特斯拉、宝马等外资厂商；而下游主要有国家电网、上汽通用等新能源汽车充电及后市场服务商。

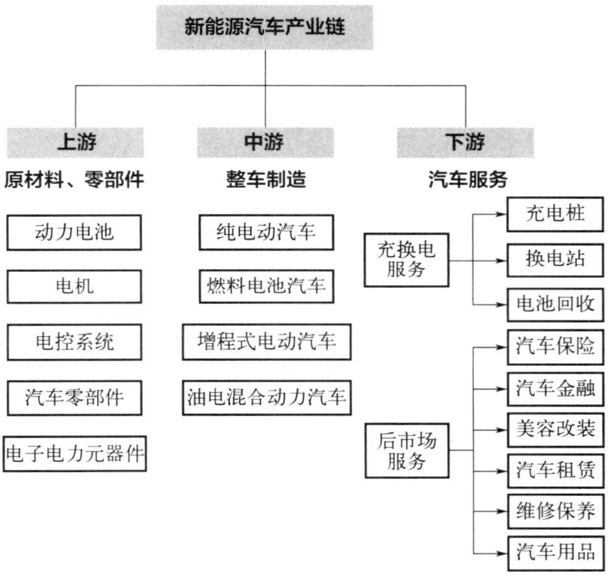


图 1.2　新能源汽车产业链

近年来，我国新能源汽车市场规模持续上升。据统计，2023 年中国新能源汽车市场规模达到 11500 亿元，同比增长 16.2%。随着政策扶持和市场需求的增加，预计未来新能源汽车市场规模将继续扩大。随着新能源汽车市场的快速发展，相关产业链也在不断完善。越来越多的企业加入新能源汽车产业链中，形成了从原材料到整车的完整产业链。同时，充电基础设施等配套设施也在不断完善，为新能源汽车的普及提供了有力支持。在新能源汽车产业链中，涌现出一批具有显著技术实力和市场占有率的企业。这些企业凭借自身的技术优势和品牌效应，在新能源汽车市场中占据重要地位。如比亚迪、特斯拉、蔚来、小鹏等车企在新能源汽车领域具有显著的技术实力和市场占有率。

同时新能源汽车产业仍面临许多技术挑战，如电池能量密度、充电速度、续航里程等仍需进一步提升。同时，新能源汽车的智能化程度也需要进一步提高，以满足消费者对智能驾驶等功能的需求。

未来，随着新能源汽车市场的不断发展，产业链将进一步整合，形成更加紧密的合作关系。上下游企业将加强合作，形成更加完整的产业链条，提高整体竞争力。技术创新将继续推动新能源汽车产业的发展，新能源汽车将在电池技术、智能驾驶等领域取得更多突破，为消费者带来更加优质、便捷的出行体验。此外，新能源汽车产业是全球性的产业，需要加强国际交流与合作。中国新能源汽车企业需要与国际知名企业加强合作与国际布局，共同推动新能源汽车产业的发展。

### 1.1.3 动力电池市场现状

随着新能源汽车产销量的不断增长，带动了动力电池产业的快速发展，动力电池等相关产品的技术成熟度和市场格局也日趋稳定。动力电池的主要类型有磷酸铁锂电池和三元材料电池等，其相关特征性能对比见表 1.1。

表 1.1 不同动力电池特征对比

| 性能指标 | 锰酸锂 | 磷酸铁锂 | 三元材料 | |
|---|---|---|---|---|
| | | | 镍钴锰 | 镍钴铝 |
| 实际比容量 /（mAh/g） | 100～300 | 130～150 | 150～200 | 150～200 |
| 循环寿命 / 次 | 500～2000 | 2000 | 800～2000 | 500～2000 |
| 安全性 | 良 | 优秀 | 较好 | 较差 |
| 原料资源 | 锰资源丰富 | 磷与铁资源非常丰富 | 钴资源贫乏 | 钴资源贫乏 |
| 优点 | 资源丰富价格低，较易制备 | 安全性能好，价格低廉，循环性能好 | 电化学性能稳定，能量密度高，循环性能较好 | 电化学性能稳定，能量密度高 |
| 缺点 | 循环性能较差，相容性差 | 能量密度低，产品一致性差，低温性能差 | 部分金属价格昂贵 | 部分金属价格昂贵 |
| 主要应用领域 | 专用车 | 商用车 | 乘用车 | 乘用车 |

据中国汽车动力电池产业创新联盟发布的数据，2024 年，我国动力和其他电池累计销量为 1039.5GWh，累计同比增长 42.4%。其中，动力电池销量为 791.3GWh，占总销量的 76.1%，累计同比增长 28.4%。主要原因如下所述：

① 新能源汽车市场的爆发式增长：随着全球对环保和可持续发展的重视，新能源汽车市场迎来了爆发式增长。中国作为全球最大的新能源汽车市场之一，其动力电池需求也随之大幅增加。2024 年我国新能源汽车产销量不断攀升，这直接推动了动力电池装车量的增长。

② 政策扶持和产业链完善：国家政策的扶持为动力电池行业的发展提供了良好的外部环境。例如，对新能源汽车的购车补贴、充电设施建设等政策的支持，都促进了新能源汽车和动力电池市场的增长。同时，我国动力电池产业链不断完善，从原材料供应到电池制造、再到回收利用，形成了完整的产业链条，为动力电池产量的增长提供了有力保障。

③ 技术进步和成本降低：随着动力电池技术的不断进步，如磷酸铁锂电池的能量密度提升、成本降低等，使得动力电池在新能源汽车中的应用更加广泛。技术进步还带

来了生产效率的提升和成本的降低，使得动力电池的性价比更高，进一步推动了市场需求和产量的增长。

④ 出口市场的扩大：2024 年，我国动力电池累计出口量为 133.7GWh，累计同比增长 5.0%。出口市场的扩大为动力电池行业带来了新的增长点。随着全球对新能源汽车的认可和需求增加，我国动力电池在国际市场上的竞争力不断提升，进一步推动了产量的增长。

根据高工机器人产业研究所（GGII）预计，2021～2025 年中国锂电池市场年复合增长率将达到 53.3%，2025 年中国锂电池出货量将达到 1805GWh。新能源汽车动力电池的市场集中度高，近三年前十企业的动力电池装车量的市场份额均较高，市场集中度存在进一步提升的现象。

为应对市场的新需求，新能源汽车新型动力电池尝试解决的痛点主要为提升电池安全水平、降低成本、提升能量密度和提升使用寿命。当前一些龙头企业已开始在无钴电池、固态电池、钠离子电池等新型动力电池上展开技术研究或商业化应用（表 1.2）。

表 1.2 不同新型动力电池的发展阶段、优劣势与典型企业

| 电池种类 | 当前发展阶段 | 优势 | 劣势 | 典型企业 |
|---|---|---|---|---|
| 无钴电池 | 蜂巢能源的无钴电池已实现量产配套，初步进入商业化阶段 | 电池无钴材料性能可以达到 NCM811 同等水平，电池材料成本会下降 5%～15%；无钴化技术的关键在于电芯，通过掺杂未成对的电子自旋的特定元素，减弱电子超交换，减缓晶体在充放电过程中的体积变化，最终提高循环寿命和安全性 | 与三元锂电池相比，能量密度低，低温性能不好 | 蜂巢能源 |
| 掺硅补锂电池 | 搭载掺硅补锂电池的新能源汽车已开始销售 | 总容量和能量密度高；衰减程度低 | 硅负极膨胀率高、产量低、成本高 | 宁德时代 |
| 固态电池 | 全固态电池目前处于研发阶段，固态电解质材料的锂离子电导率偏低、金属锂反复充放电的循环性问题有待解决，量产和商业化还面临诸多难题 | 全固态锂电池当前能量密度约 400Wh/kg，而预估最大潜力值高达 900Wh/kg，且具有不可燃、无腐蚀、不挥发的特点，总体上固态电池具有高安全性能、高能量密度的优势 | 成本竞争力不强、电解质材料密度影响能量密度 | 宁德时代、比亚迪 |
| 钠离子电池 | 宁德时代发布了第一代钠离子电池 | 具备高倍率充电、优异的热稳定性、良好的低温性能与高集成效率等优势 | 能量密度比三元锂离子差，产品性能相对不高 | 宁德时代、中科海钠 |

## 1.2 中国动力电池资源供给现状

动力电池行业的快速发展引起专家对动力电池核心材料开发过程带来的环境影响和资源安全的关注。在环境影响方面，动力电池作为典型电子废弃物之一，含有许多危险

物质，包括重金属（例如镍、钴和铜等）和有机化学品（如电解质中的六氟磷酸锂和黏结剂聚偏氟乙烯），如果处理不当会导致生态环境恶化，危害人体健康。

在资源安全方面，动力电池的原料成本占总成本的50%～70%。金属和石墨资源的大量消耗给全球供应商带来了巨大压力，特别是动力电池所消耗的锂盐和钴盐在锂、钴的所有应用领域中终端消费量最大。随着动力电池生产能力持续增长，一次资源快速消耗，但二次资源的回收利用却未达到相应的水平。本节中将对动力电池产业链进行梳理，对动力电池中关键材料的物质流进行追踪分析，并对其中典型关键金属的行业市场及未来供需形势进行预测。

### 1.2.1 动力电池全产业链概况

承载“双碳”目标重要使命的动力电池，正成为世界新旧动能转换和汽车消费复苏的顶梁柱。未来5年到10年，全球降碳减排进入攻坚期、窗口期，对动力电池产业交付效率和交付品质都将提出更高要求。动力电池产业链包括原材料、电池制造、电池组装、汽车整车、使用、报废回收等环节。当前动力电池市场持续火爆，2024年，全球汽车动力电池出货量为1051.2GWh，同比增长21.5%。中国是全球最大的动力电池市场，2024年销量达到791.3GWh，同比增长28.4%，在全球市场占比达到75.3%。

动力电池产业链中市场参与者众多（图1.3），任何一个环节的波动都将带动和影响整个产业链的发展。目前，电池产业的前半程已经可以满足市场需求。进入电池产业的后半程，要与产业一起迈向高质量跃升发展。

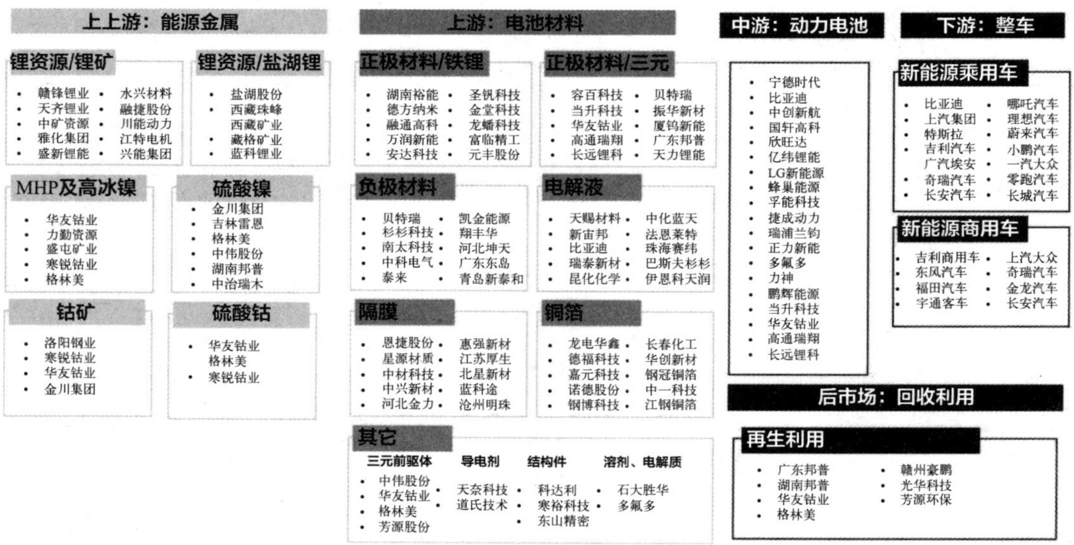


图1.3 动力电池产业链梳理

（数据来源：平安证券研究所）

2022年由于新能源汽车市场火爆，造成锂盐供需失衡，价格上涨近10倍，磷酸铁锂和三元动力电池价格分别上涨46.0%和28.6%。受益于国内外锂矿产能释放和需求增速减弱等因素影响，2023 年国内磷酸铁锂和三元动力电池均价将分别下降 47.9% 和 44.0%。影响锂价的因素主要有：

① 终端需求不振可能会导致产业链多环节参与者信心受挫，进而影响锂价；

② 供应预期的宽松以及下游需求的增长也可能会对锂价产生影响；

③ 全球范围内的经济形势、政策调整以及自然灾害等因素也可能会对锂价产生影响。

随着新能源汽车市场的快速增长，动力电池作为新能源汽车的核心部件，其市场规模也在不断扩大。预计到 2025 年，动力电池需求将继续增长，这为动力电池产业链的发展提供了广阔的市场空间。为了满足新能源汽车对续航里程的更高要求，动力电池的能量密度不断提升成了行业的重要发展方向。新材料技术的运用是实现这一目标的关键，如硅碳复合材料、钛酸锂、富锂正极材料等新型材料的研发和应用，将有望显著提升电池的能量密度；快充技术成为新的竞争焦点。随着新能源汽车的普及，充电便利性成了消费者越来越关心的问题。快充技术能够在短时间内为电池补充大量电量，有效缓解用户的充电焦虑；固态电池以其高安全性、高能量密度和长寿命等优点，被认为是下一代动力电池的理想选择。中国在固态电池技术领域取得了显著进展，预计将有更多突破；动力电池产能过剩问题逐渐显现，但这也将推动产业整合的加速。随着市场竞争的加剧，企业数量及生产线利用率持续下降，行业面临新一轮洗牌。具有高度竞争力的企业将通过兼并重组等方式，实现产业链的整合和优化，提高整体竞争力。

此外，随着新能源汽车的大规模应用，动力电池的回收利用问题日益凸显。为了保护环境和节约资源，中国政府加大了对动力电池回收利用的监管力度。预计到 2025 年年底，中国将建立起完善的动力电池回收利用体系，实现电池的循环利用和资源的可持续利用；动力电池产业链的发展离不开国际合作。中国动力电池企业在国际市场上具有较强的竞争力，同时也面临着来自其他国家企业的竞争。因此，加强国际合作、共同推动动力电池产业链的发展成了必然趋势。中国动力电池企业可以通过与国际企业合作、共同研发新技术、开拓新市场等方式，实现互利共赢。

总之，动力电池产业链的发展趋势呈现出市场规模持续扩大、技术进步推动产业升级、产业整合加速、回收利用体系不断完善以及国际合作加强等特点。未来，随着新能源汽车市场的不断发展和政策的持续支持，动力电池产业链将迎来更加广阔的发展空间。

### 1.2.2　关键性原料物质流分析

动力电池行业的快速发展引起国内外对动力电池核心材料开发制备过程带来的环境影响和资源安全的关注。在环境影响方面，退役动力电池作为典型电子废弃物之一，含有许多危险物质，包括重金属（例如镍、钴和铜等）和有机化学品（如电解质中的六氟磷酸锂和黏结剂聚偏氟乙烯），如果处理不当将导致生态环境恶化，危害人体健康。

在资源安全方面，动力电池的原料成本占总成本的 50%～70%。金属和石墨资源的大量消耗给全球供应商带来了巨大压力，特别是动力电池所消耗的锂盐和钴盐在锂、钴的所有应用领域中终端消费占比最大。2024 年中国锂资源消费结构中，锂电池消费量约 90.8 万吨碳酸锂当量（LCE），占消费总量的 84.9%，用于各类型号锂离子电池的生产，其中磷酸铁锂电池占比加快提升，市场份额接近 75%；而氢氧化锂下游需求更加单一，89.6% 用于电池制造，且其中 88.5% 为三元高镍电池。因此，锂离子电池的发展路径与产业结构在锂盐消费分析中扮演着决定性的重要角色。2023 年，中国钴资源消费结构中，动力电池和 3C 电池领域是中国钴产品最大消耗领域，合计消费量占我国钴资源消费量的 81.9%。

随着动力电池生产能力持续增长，一次资源快速消耗，但二次资源的回收却未达到相应的水平。我国钴矿分布较广、储量小、矿石品位低、贫矿和伴生矿多，钴资源对外依存度高达 97%。虽然我国锂资源总量丰富，但禀赋不佳，受开发条件及技术限制，国内卤水锂和矿石锂的开发程度较低，锂资源对外依赖度高。动力电池所涉及的一次资源（如锂、镍、钴、锰和天然石墨）的世界分布情况可参见《2017 年中国动力电池回收处理产业现状与发展报告》，本章节对其中的关键原材料各环节的物质流量进行汇总分析。

物质流分析是以质量守恒为原理，对某一物料（如元素或化合物等）在特定时间和特定空间内的流动过程进行定量化分析的一种工具，可以分析特定空间和时间下经济环境体系中的物质存量及流量，从而量化系统边界内物质的投入和产出，进而评价物质贸易流动与生态环境变化关系。从时间角度来看，物质流分析的研究可以分为静态物质流分析和动态物质流分析。静态物质流分析是以年份（或者其他单位时间）为时间截面，基于当年数据分析系统中物质的资源效率和环境效应；动态物质流分析则是分析系统内的物质随时间序列变化的输入、输出、贮存等过程中的物质流动与资源利用、环境效应之间的关系。两者相比较可以发现，动态物质流分析能够更加有效地识别边界系统中物质代谢的动态变化情况，从而预测未来物质流动特征的发展趋势。

**（1）原料开采和制备**

工业原材料流动始于资源开采，这些资源包括矿石、盐水和二次资源 3 类。动力电池生产所需的 4 种关键性原料（锂、钴、镍、石墨）主要集中在少数国家，可能发生由于主要供应国经济或政治不稳定造成的全球供应链突然断裂。图 1.4 为中国 5 种主要动力电池材料的进口依赖性和资源可用性。中国锂和石墨储量均居全球前三，但锂，钴，镍等关键性材料均严重依赖进口。所以，生产动力电池正极材料所需的原材料对外依赖性强是我国动力电池行业资源安全的潜在威胁之一。工业原材料经过开采和处理后，矿物转化为可以用于动力电池生产的基础化学品，即金属碳酸盐、金属氢氧化物及金属氯化物等。

**（2）动力电池生产制造**

动力电池的正极材料和负极材料在过去的几十年里经历了多次转变。在早期，锂离子电池的正极材料使用的是含钴化合物，如钴酸锂等，而负极材料则是石墨。然而，随着技术进步和电动汽车市场的不断发展，正极材料和负极材料都在不断改进和优化。在正极材料方面，目前商业化应用最广泛的是镍钴锰酸锂（NCM）和磷酸铁锂（LFP）。NCM 具有高能量密度、良好的热稳定性以及较好的寿命性能，是当前动力电池主流的正极材料。然而，NCM 中的钴元素价格较高，且供应不稳定，因此无钴或低钴的正极材料成为研究热点。近年来，新型钠离子电池和固态电池也逐渐受到广泛关注。从中长

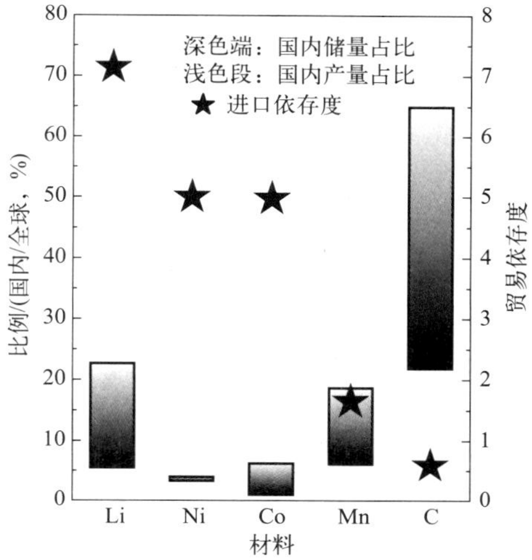


图 1.4　中国 5 种动力电池关键原材料主要资源的储量、生产情况（条形图）和贸易依存度（衡量供给风险的指标，反映进口的依赖性）（散点图）

期来看，钠离子电池凭借着资源丰富及低成本的优势（表 1.3），在小型电动汽车、电动自行车、家庭 / 工商业储能等细分领域将对铅酸电池、锂离子电池形成一定规模的替代空间。

表 1.3　新型电池材料和传统电池材料性能指标对比

| 指标 | 钠离子电池 | 磷酸铁锂电池 | 三元材料电池 | 铅酸电池 |
| --- | --- | --- | --- | --- |
| 单体能量密度 /(Wh/kg) | 80～160 | 150～190 | 180～280 | 30～50 |
| 循环寿命 / 次 | 2000 | ＞ 3000 | 2000 | 500 |
| 电压窗口 /V | 3.2 | 3.2 | 3.7 | 2 |
| 安全性 | 良好 | 良好 | 一般 | 良好 |
| 环保性 | 良好 | 良好 | 良好 | 较差 |
| 高低温性能 | 良好 | 高温良好 / 低温较差 | 高温较差 / 低温较好 | 较差 |
| 单位制造成本 /(元 /Wh) | 0.3～0.7 | 0.3～0.5 | 0.5～0.7 | 0.4 |
| 材料资源 | 材料丰富，价格便宜 | 锂资源紧缺，价格较高 | 锂资源紧缺，价格较高 | 材料丰富，价格便宜 |

未来大规模电池退役高峰来临，退役钠离子电池或将占据一定量的市场比例，但目前针对钠离子电池如何经济性回收利用仍有待研究，要加快布局钠离子电池回收利用行业发展。凭借固态电池长寿命周期的特点（表 1.4），随着固态电池逐步放量装机，未来将逐步替代液态体系电池，全固态电池预计 2028 年实现初期量产，并于 2030 年达成大规模商业化应用。对比现有液态电池，固态电池退役生命周期将进一步延长，预计固态电池退役周期将达到 15～20 年。因此固态电池技术的大规模应用将进一步延缓新能源电池退役周期。在负极材料方面，石墨一直是主流材料。随着对电池能量密度的追求，硅基负极材料因其高容量和良好的倍率性能而受到关注。此外，硬碳和软碳也是目前研

究的热点，硬碳具有较高的首次可逆容量和良好的循环性能，而软碳则具有高首次可逆容量和良好的倍率性能。图 1.5 为锂离子动力电池正负极材料的发展路线图。其中典型动力电池中金属含量见表 1.5。

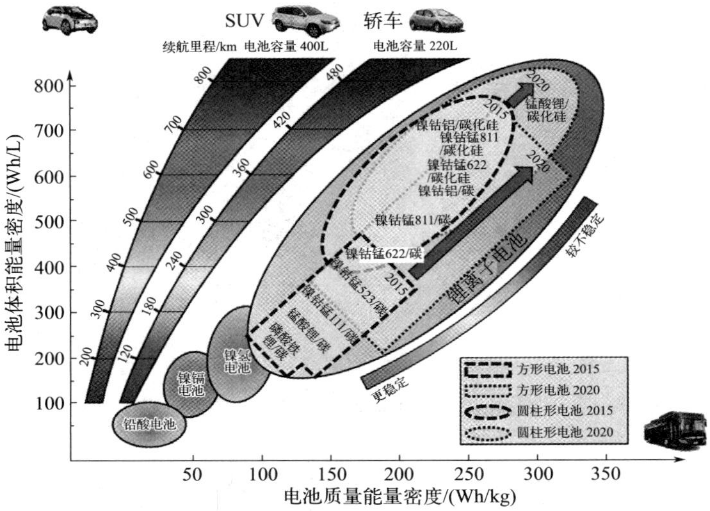


图 1.5　锂离子动力电池正负极材料的发展路线

表 1.4　固态电池和液态电池性能指标对比

| 指标 | 固态电池 | 液态电池 |
| --- | --- | --- |
| 电池结构 | 正极、负极、电解质、集流体等 | 正极、负极、电解液、隔膜、集流体等 |
| 安全性 | 不易燃烧，不易爆炸，安全性高 | 有机电解液易挥发燃烧 |
| 能量密度 | 能量密度高，可匹配高电压材料，可达 300Wh/kg 以上 | 能量密度有上限 |
| 稳定性 | 热稳定性好，循环性好，内阻稳定 | 热稳定性较差，易漏液 |
| 使用寿命 | 容量衰减慢，服役寿命长，可达 15 年以上 | 容量衰减快，寿命较短 |
| 灵活性 | 系统设计简化，易于灵活配置 | 不易灵活配置 |
| 界面接触 | 循环过程中物理接触变差 | 电极与电解液界面接触良好 |
| 电导率 | 单位面积电导率较低 | 单位面积电导率较高 |
| 产业化 | 产业链不完善，成本高 | 工业化程度高，广泛应用 |

表 1.5　典型动力电池中金属含量

| 电池类别 | 所含主要金属 | Ni 含量 /% | Co 含量 /% | Mn 含量 /% | Li 含量 /% | 稀土元素含量 /% |
| --- | --- | --- | --- | --- | --- | --- |
| 镍氢电池 | Ni、Co、Re | 39 | 4 | 1 | | |
| 钴酸锂电池 | Li、Co | — | 18 | — | 2 | — |
| 磷酸铁锂电池 | Li | — | — | — | 2 | — |
| 锰酸锂电池 | Li、Mn | — | — | 10.7 | 1.4 | — |
| 三元材料电池 | Li、Ni、Mn、Co | 12 | 5 | 7 | 1.2 | — |

**（3）消费和使用阶段**

在经历以上步骤后，产品到达消费者手中。研究人员运用 Bass 模型对汽车保有量进行预测。动力电池的寿命是指其在规定的使用条件下，从开始使用到性能下降到无法接受的水平所经过的时间。动力电池的使用寿命可能受多种因素的影响，包括电池类型、制造工艺、使用条件、充放电策略、温度和电池管理系统等。在电池制造和使用过程中，可能会产生一些缺陷，例如电池内部化学反应的不均匀性、电池结构的不完整性、充放电过程中应力的不均匀分布等，这些因素可能会导致电池性能的加速衰减和寿命的缩短。此外，电池的使用条件和充放电策略也对其寿命产生影响。例如，频繁的深度充放电、高温或低温环境、过充电或过放电等也会加速电池性能的衰减和寿命的缩短。目前对于动力电池的寿命分布，尚没有精确的模型可以预测其确切的寿命，但可以通过一些统计方法对其寿命进行评估。动力电池的寿命存在较大的差异。一般的锂离子电池组的寿命为 5～8 年，根据不同的使用条件和充放电策略，电池的寿命可能会提前或延迟。

**（4）废弃物回收**

对退役动力电池进行正规的循环利用是十分必要的，具体体现在以下 5 个方面。

1）资源循环利用

退役动力电池中含有锂、钴、镍等大量有价值的战略金属元素，通过回收利用，可将这些元素从退役动力电池中提取出来制备新电池，节约一次资源，利于保障资源的可持续性。

2）减少环境污染

退役动力电池如被随意丢弃或不当处理，有害物质可能会渗漏进入土壤和水源，对环境造成严重污染。通过回收利用，将污染物进行无害化处理，显著降低环境污染。

3）降低生产成本和碳排放

通过回收利用退役动力电池，可以减少从原生资源中提取和加工原材料的成本和碳排放。

4）提高电池安全性

在电动汽车的使用过程中，电池的安全性是一个重要的问题。退役动力电池中可能存在一些安全隐患，如电池老化、电解质泄漏等。通过回收利用，对这些电池进行专业处理和修复，从而提高电池的安全性。

5）产业升级和创新

退役动力电池回收利用产业的发展，可以促进电池制造和回收利用技术的创新和产业升级。这有助于提高我国在新能源汽车和可再生能源领域的国际竞争力。

2018 年 9 月，工业和信息化部公布第一批符合《新能源汽车废旧动力蓄电池综合利用行业规范条件》（简称《规范条件》）企业名单，持续积极培育壮大废旧动力电池的骨干企业，目前已遴选 5 批共计 148 家符合条件的企业，其中，梯次利用企业 100 家，再生利用企业 63 家，拥有再生利用和梯次利用双资质的企业 15 家。目前，物理处理、湿法冶金、火法冶金及其组合工艺是市场上普遍采用的方法。

研究人员评估和预测了不同情景下2020～2030年动力电池中关键元素的回收潜力。情景1为在电池平均寿命为8年，锂回收率为50%，镍、钴、铜的回收率均为85%，石墨的回收率为80%的条件下，锂、镍、钴、铜、石墨的回收潜力；情景2为电池平均寿命为10年，锂回收率为75%，镍、钴、铜的回收率均为90%，石墨的回收率为85%的条件下，锂、镍、钴、铜、石墨的回收潜力；情景3为电池平均寿命为12年，锂回收率为90%，镍、钴、铜的回收率均为95%，石墨的回收率为90%的条件下，锂、镍、钴、铜、石墨的回收潜力。图1.6中为2020～2030年中国5种锂离子电池材料回收潜力的叠加结果。可以看出，每年可以从退役电池中回收高比例的关键原材料。如图

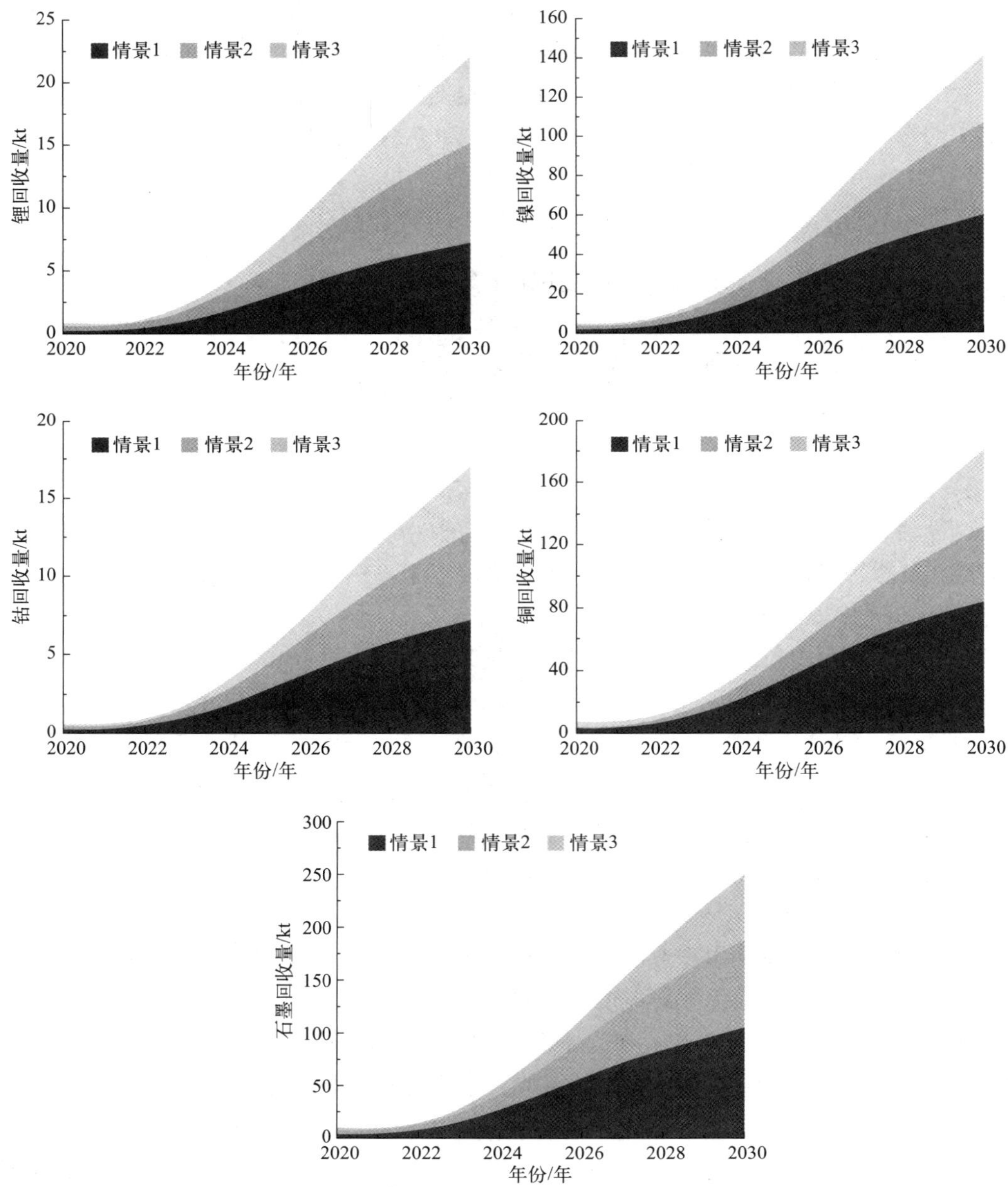


图1.6　不同情景下中国2020～2030年锂电池中5种关键原材料的回收潜力

1.6 所示，至 2030 年将回收 5000～7000t 的锂，可回收 3.6 万～6 万吨镍和 6000t 的钴。此外，仅在 2030 年中国就将有 4.8 万～8.3 万吨的回收铜。

随着全球新一轮工业革命的到来，石墨深加工技术不断突破，石墨的物理化学特性得到深度开发，成为新能源汽车、储能、核能、环保、新材料等战略性新兴产业领域不可或缺的关键材料，资源战略价值迅速提升，而石墨烯的成功制备和产业化应用也再次提高了石墨的战略地位。在产量方面，2024 年因部分地方石墨矿山停产整顿及市场需求原因，石墨产量回落至 114 万吨，同比下降 12.31%。在进出口方面，2024 年天然石墨出口总量 19.04 万吨，较往年降低 14.18%；人造石墨出口总量 64.65 万吨，较往年增长 1.4%。我国是世界上最大的石墨生产国，目前二次石墨的比例仅占总供应量的 0.7%～5.7%。2018 年我国石墨的物质流如图 1.7 所示。

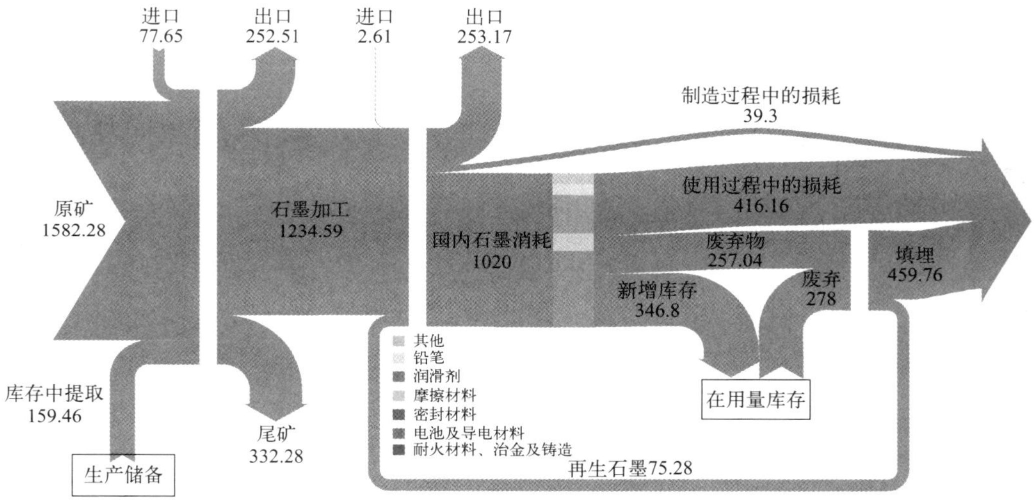


图 1.7　2018 年我国石墨的物质流（单位：Gg/a）

镍资源被广泛用于风力发电、太阳能发电和电动汽车等能源领域，成为实现低碳未来的关键战略元素之一。我国是世界上最大的镍消费国，消耗全球 50% 以上的镍资源，但其矿产储量仅占世界的 3%，导致镍产品对外依赖程度高且温室气体排放密集。图 1.8 为研究人员绘制的我国镍资源物质流 Sankey 图。可以看出，不锈钢行业消耗的镍资源最多（78.6%），其次是电镀（9.2%）、其他合金钢（4.7%）、电池（4.6%）以及其他行业（2.8%）。最终产品中 77.4% 的镍（880 万吨）用于国内，此部分镍将成为中国的镍存量。尽管在过去二十年中，报废镍流量急剧增加，但仍远低于废镍需求。二次镍资源是支撑镍工业的潜在资源，目前尚未被高效回收利用。此类资源的数量受到国内资源有限、收集和回收效率低下以及市场价格的影响。

图 1.9 为我国钴资源的物质流图，可以看出我国钴资源的消费结构主要集中在 3C 锂电和动力电池两大领域，两者合计占比超过 80%。而硬质合金、陶瓷和高温合金等领域的消费占比较小。随着新能源汽车等产品的持续发展和普及，预计未来动力电池领域对钴的需求还将继续增长。而废旧电池中再生钴资源的回收利用也是未来钴资源供给的一项重要保障。

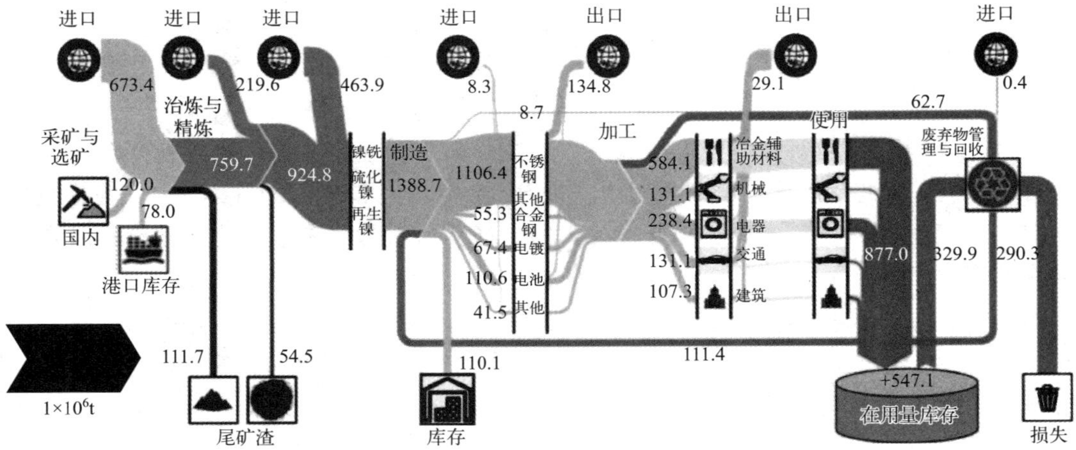

图 1.8　2019 年我国镍资源的物质流（单位：Gg/a）

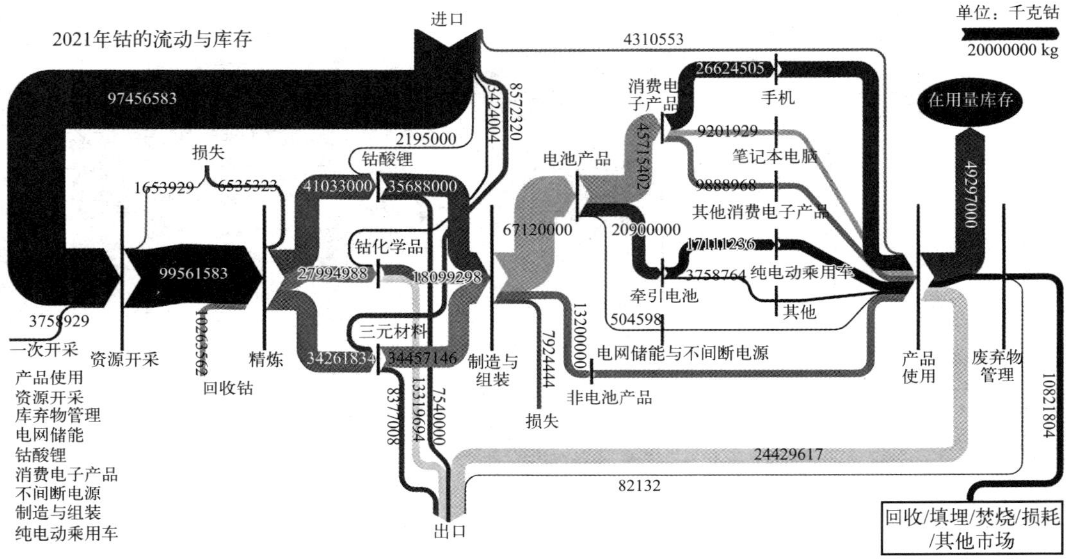

图 1.9　2021 年我国钴资源的物质流（单位：Gg/a）

## 1.2.3　动力电池相关金属行业市场分析

动力电池中包括锂、钴、镍、锰、石墨等关键战略金属，这些关键金属资源的供需形势与市场波动将极大影响全球范围内动力电池整个产业链的走向，几种金属资源在全球范围内的储量分布如表 1.6 所列，下面将分别分析几种典型关键金属的市场波动形势与原因。

表 1.6　锂、钴、镍关键金属资源在全球范围内的储量分布

| 国家 | 金属资源类型 | 储量 /% |
|---|---|---|
| 加拿大 | Ni | 10 |
| 智利 | Li | 34 |

续表

| 国家 | 金属资源类型 | 储量 /% |
|---|---|---|
| 阿根廷 | Li | 13 |
| 巴西 | 石墨 | 8 |
| 南非 | Mn | 33 |
| 俄罗斯 | Ni | 9 |
|  | Co | 5 |
| 中国 | Mn | 16 |
|  | 石墨 | 67 |
| 印度 | 石墨 | 13 |
| 刚果 | Co | 59 |
| 菲律宾 | Ni | 11 |
| 澳大利亚 | Ni | 9 |
|  | Mn | 14 |
|  | Co | 5 |
|  | Li | 44 |

### （1）锂

全球已发现的大中型锂矿床集中分布在加拿大、美国、玻利维亚、智利、阿根廷、中国与澳大利亚等国家。中国锂矿资源较为丰富且类型多样，既有锂辉石和锂云母等固体矿石锂矿床，也有盐湖与地下卤水等液体卤水锂矿床。中国锂矿类型与主要矿床参见表 1.7。

表 1.7　中国锂矿类型与主要矿床

| 矿床大类 | 矿床亚类 | 主要成矿带 | 典型矿床 |
|---|---|---|---|
| 硬岩型锂矿（内生） | 花岗伟晶岩型 | 阿尔泰、东天山、西昆仑、松潘 - 甘孜、秦岭锂成矿带 | 新疆阿尔泰可可托海、富蕴柯鲁木特、东天山镜儿泉、西昆仑大红柳滩；四川康定甲基卡、金川李家沟、马尔康党坝、石渠扎乌龙、道孚容须卡；河南卢氏南阳山、蔡家矿带沟、官坡；陕西商南凤凰寨、太白安沟梁 |
|  | 花岗岩型 | 华南锂成矿带 | 江西宜春 414、雅山；湖南临武尖峰岭；广西恭城栗木 |
|  | 云英岩型 |  | 湖南道县湘源正冲 |
|  | 碳酸盐黏土型① | — | 云南滇中 |
| 卤水型锂矿（外生） | 盐湖卤水型 | 柴达木锂成矿带 | 青海柴达木盆地察尔汗、大柴旦、西台吉乃尔、东台吉乃尔、大浪滩、一里坪、南翼山、勒斜武担、西金乌兰盐湖 |
|  |  | 藏北锂成矿带 | 西藏扎布耶、当雄错、班戈错、结则茶卡、拉果错、仓木（麻米）错、龙木错、鄂雅错盐湖 |
|  | 地下卤水型 | 四川盆地、潜江 | 四川自贡；湖北潜江 |

注：①碳酸盐黏土型锂矿（云南滇中地区）为2019年5月由中国科学院地球化学研究所温汉捷研究员提出的新沉积型锂矿床类型，经科研示范性勘查，该科研示范区中$Li_2O$品位为0.10%～1.02%，探获$Li_2O$（334）资源量约为$3.4\times10^5$t。

锂产品是指金属锂和碳酸锂、氢氧化锂及氯化锂等锂的化合物，其中碳酸锂是锂资源开采加工形成的最直接锂产品。碳酸锂的生产、消费与需求是整个锂产业链发展的基础和锂资源开发情况的具体体现。2022 年 11 月，在下游补库需求持续高涨及市场积极炒作的情绪下，电池级碳酸锂价格一度创下近 60 万元 /t 的历史高位。但自 11 月下旬起，随着正极厂商备库节奏放缓和贸易商抛货，锂盐价格逐步回落。2023 年，锂盐价格继续经历了大幅波动。从年初开始，锂盐价格就不断走跌，尤其是在第一季度和第二季度初，价格跌幅较大。2024 年我国锂盐价格整体呈现低位震荡下行趋势。年初电池级碳酸锂价格约为 9.6 万元 /t，受全球供大于求、海外盐湖新增产能释放及国内动力电池去库存影响，价格持续承压，其间虽因南美锂三角政策波动和储能需求增长短暂反弹至 12 万元 /t，但下半年随着非洲锂矿投产及澳大利亚扩产落地，年末价格回落至 7.5 万元 /t 左右，全年均价同比下跌超 60%。氢氧化锂价格同步走低，从年初 8.8 万元 /t 降至年底 7 万元 /t。

锂盐价格的显著波动主要受以下几方面影响。

① 供需关系变化。2024 年锂行业市场需求波动，导致锂价格不断走低。一方面，国内碳酸锂产量和质量的逐步提升可能减少对国外碳酸锂进口的依赖，这有助于维护价格的稳定；另一方面，新能源产业的快速发展也带动了对碳酸锂的需求支撑。但总体来看，市场供应充足，需求维持稳定，市场供需关系博弈持续。

② 产业链去库存。进入 2023 年，锂电新能源产业进入去库存阶段，导致锂盐价格出现大幅下跌。多家产业链企业如盐湖股份、西藏矿业等业绩预降，也反映了行业整体的下行趋势。

③ 新能源汽车产、销增速下降。作为锂需求的主力，新能源汽车的产、销增速下降也是导致锂价下跌的重要原因之一。

④ 市场情绪和预期。市场各方对于锂价的预期和情绪变化也对价格产生了影响。例如，在价格跌至多年低值后，锂矿及云母提锂工厂多有亏损、部分企业停工或降负，出货意向降低，这导致市场回暖，价格有所反弹。然而，由于供需关系逆转和市场预期悲观，锂价在反弹后依然面临下行压力。

综上所述，锂盐价格的波动形势主要表现为大幅下跌后短暂反弹并持续低位震荡；其波动原因主要受到供需关系变化，产业链库存，新能源汽车产、销增速以及市场情绪和预期等多种因素的影响。

**（2）钴**

据自然资源部中国地质调查局全球矿产资源战略研究中心发布的《全球矿产资源储量评估报告 2023》显示，全球钴矿储量 668 万吨，资源量 2780 万吨。2024 年，全球钴原料产量约 29.13 万吨（按金属计），同比增长 22.39%。分国别来看，刚果（金）产量 22 万吨居全球首位，占比 75.86%。中国是钴消费大国，但钴资源匮乏，主要依靠从刚果（金）进口。2024 年，中国精炼钴产量 19.3 万吨，全球占比 79.8%，钴消费同比增加 5.6%，达到 12.26 万吨。

近年来，中国的钴产量正在逐步增长。一方面，钴矿产业发展、技术改造不断推进，以及新开发项目逐步增加使得中国的钴产量有望稳步增长；另一方面，各相关企业也在加快建设钴盐化工生产线，进一步改造工艺、推广新材料，以增加钴化学产品和钴制品的产量。

钴在电池、硬质合金、高温合金、磁性材料及催化剂等方面有广泛应用。其中，电池方面钴消费占比最大，超过 80%，随着新能源汽车、航空航天等领域的钴需求不断增加，钴供求状况愈发紧张。2023 年上半年钴盐价格呈现先抑后扬的走势。在到达历史新低后，4 月份止跌反弹，并在新能源市场乐观预期的推动下稳步上扬。2023 年下半年钴盐价格开始呈现下行趋势，特别是 12 月后，由于终端需求持续低迷，成本端失去支撑，钴盐价格创三年来新低。2024 年钴盐价格延续下行态势，目前由于供需格局难改，现货价格或仍有一定的下行可能。

钴盐价格的显著波动主要受以下几方面的影响。

① 供需关系变化。2023 年刚果（金）和印度尼西亚钴供应的大幅释放，导致供给端压力增加。尽管 2024 年市场开工率维持低位，但供给端电解钴新增产能持续释放，产量维持增长。在需求端 2023 年消费电子和新能源车需求低迷，特别是新能源车中三元电池占比的下滑，导致钴需求大幅承压。2024 年三元前驱体需求走弱趋势明显，市场采购意愿寡淡，终端询盘冷清，市场交投气氛较弱。

② 成本与市场情绪。2023 年上半年原料成本在到达历史新低后反弹，市场情绪由悲观转为乐观。2023 年下半年至 2024 年，由于需求端减量远超供给端减量，且各环节均有一定量级的库存，市场采购意愿低迷，市场情绪悲观。

③ 贸易与库存。2023 年上半年贸易商挺价心态高涨，现货供应紧张。2024 年市场询单寥寥，活跃度较低，钴盐厂由于出货较少导致库存积压，不乏出现个别企图低价促成交的现象。

综上所述，钴盐价格的波动主要受到供需关系、成本、市场情绪以及贸易与库存等多重因素的影响。同时，技术的不断研发和应用也将为钴产业的发展带来新的机遇和挑战。

**（3）镍**

据自然资源部中国地质调查局全球矿产资源战略研究中心发布的《全球矿产资源储量评估报告 2023》显示，全球镍矿储量为 9414 万吨，资源量为 28063 万吨。2024 年全球镍矿产量同比增加 2.37% 至 377.64 万吨。其中，印度尼西亚是全球镍矿产量最高的国家。我国当前可开采的镍资源主要为红土镍矿和硫化镍矿。我国镍矿储量分布高度集中，以硫化镍矿为主，占据保有储量的 86%。我国镍矿主要分布在西部地区，占 88.9%，其中甘肃占比达 66%，其次分别为新疆、云南，占比分别为 12%、9%。

中国金属镍的消费主要集中在不锈钢、电池、电镀和合金铸造等领域，其中，不锈钢是中国金属镍消费的最大领域，占比约为 82%；随着电动汽车等行业的快速发展，电池领域对镍的需求也在增加，占比约为 7%；电镀行业对镍的需求占比约为 5%；合金及铸造领域镍消费占比约为 5%。2023 年镍盐产品价格整体呈下行趋势。镍价从年初的高位开始下跌，并持续走低。特别是根据生意社的镍价格监测，镍价从年初的

240400 元 /t 下降至 140283 元 /t，下降逾 10 万元 /t，下跌幅度达 41.65%，镍盐产品价格在 2023 年经历了较大的下跌压力。直至 2024 年，镍盐产品价格整体仍呈下跌趋势。

镍盐价格的显著波动主要受以下几方面的影响。

① 供需关系变化。2023 年国内电解镍产量整体呈增加趋势，年度产量增加 7800t，供应端产量增加对镍盐产品价格形成了压力。海外纯镍产量也呈同比正增长，尽管 2022 年未有新增产能，但 2021 年的减产和恢复生产使得全球纯镍产能维持递增态势。需求端整体来看增速放缓，主要受镍盐的主要原料逐渐转向 MHP 及高冰镍影响，导致对镍豆的需求骤减。对不锈钢的需求方面，NPI（镍生铁）较大幅度过剩，使得 NPI 生产在不锈钢镍原料中的经济性较好，从而挤压纯镍及其他镍原料在不锈钢板块中的需求。

② 成本倒挂与投产驱动。硫酸镍与纯镍倒挂，利润驱动下的投产使得纯镍市场由供应偏紧转向过剩，进一步影响镍盐产品价格。

③ 国际贸易与市场情绪。进出口方面，国内电解镍进口量呈震荡走势，而出口量则整体呈“U 形”走势，反映出国际贸易对镍盐产品价格的影响。市场情绪方面，供需关系的错配导致议价话语权逐渐从上游转向下游，市场情绪悲观，进一步影响镍盐产品价格。

综上所述，镍盐产品价格波动趋势主要受到供应端增加、需求端增速放缓、成本倒挂与投产驱动、宏观经济与疫情影响以及国际贸易与市场情绪等多重因素的影响。中国镍资源 90% 以上的进口来自印度尼西亚和菲律宾两国，供应集中度高，印度尼西亚镍矿政策的频繁变动给中国镍资源的持续稳定供应带来一定风险。预计未来几年，随着技术的不断进步和应用领域的拓展，中国对镍金属的需求量将保持增长态势。

## 1.3 动力电池循环利用行业现状

### 1.3.1 行业现状

基于前面章节的描述可以看出，近年来，随着动力电池的兴起，锂离子电池产业蓬勃发展，对锂、钴、镍等金属的需求量迅速增加。然而，我国相关资源储备有限，因此需要大力推进动力电池回收行业的发展。国家高度重视并出台了一系列规划和行业标准，制定了相关政策以发展该行业。

当前，动力电池回收几乎涵盖了整个新能源汽车产业链的各个参与方，包括整车制造厂、电池生产商、汽车二手市场以及回收利用企业等不同行业的机构。如今，越来越多的企业正在用实际行动践行绿色新发展理念，推进绿色低碳回收技术发展是具有巨大经济和环境效益的重要任务，该技术有助于减少温室气体排放、资源浪费和环境污染，还能削减回收和二次制造过程中的碳排放等。尽管动力电池回收和循环利用仍面临一些挑战，但正逐渐取得进展并步入成熟，为企业提供了新的发展机遇，开辟了广阔市场。

在政策及市场的双重推动下，动力电池回收市场的经济价值逐渐凸显，逐年增长。市场规模从 2019 年的 50 亿元逐年增长，到 2024 年已达到 480 亿元（图 1.10）。

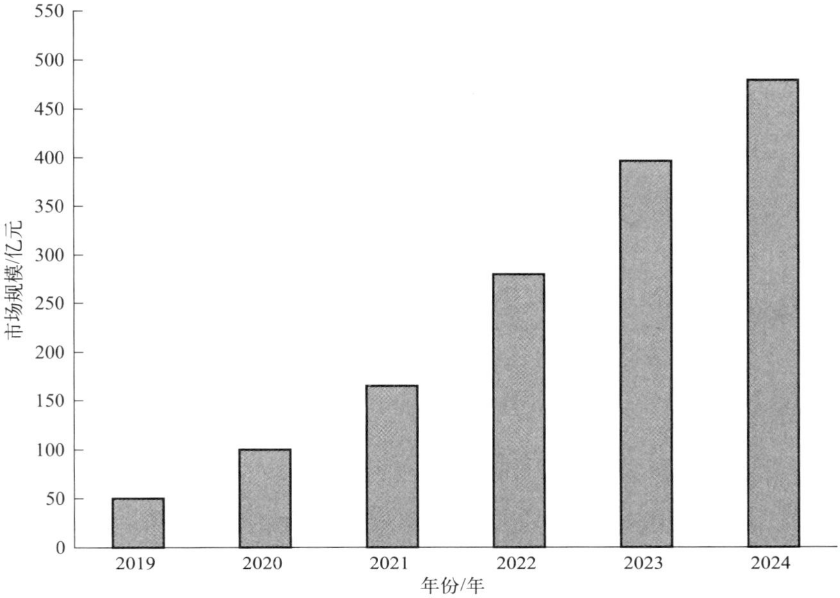


图 1.10　中国动力电池回收市场规模

（数据来源：中国汽车技术研究中心、中商产业研究院）

在 2018～2020 年期间，中国动力电池回收企业的注册量增长较为缓慢，2021 年飞速发展，2022 年中国动力电池回收企业的注册量增长了约 4.2 万家（图 1.11），2023 年

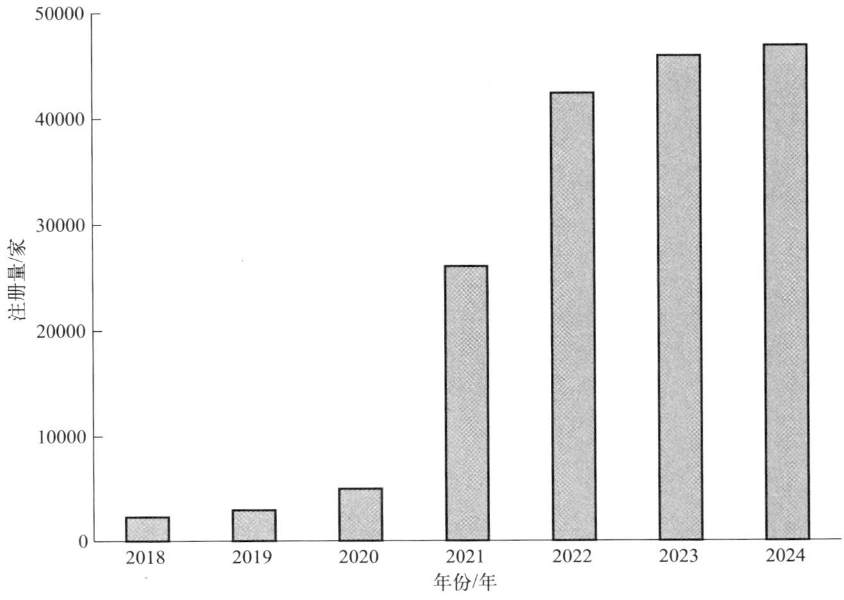


图 1.11　2018～2024 年中国动力电池回收企业注册量

（数据来源：电池网、电池工业网）

企业注册量达到了 4.59 万家，2024 年企业注册量约为 4.69 万家。2022 年企业注册量有 6 个地区超过 2000 家，注册量前十的地区依次为广东省、安徽省、山东省、江苏省、河南省、湖北省、云南省、广西壮族自治区、海南省、湖南省，其中注册数量最多的为广东省超过 4000 家（图 1.12）。

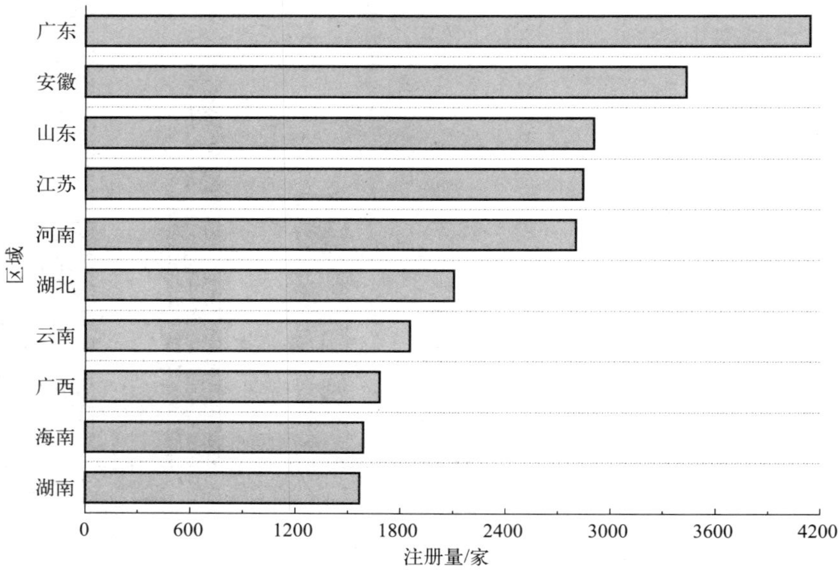


图 1.12　2022 年中国动力电池回收企业注册量前十的地区

（数据来源：企查查）

根据回收主体的不同，目前废旧动力电池回收主要有自营模式、联营模式和外包模式三种。自营模式是指汽车制造商自己建立动力电池回收系统；联营模式是指汽车制造商与回收企业合作建立回收系统；外包模式是指汽车制造商将动力电池回收处理的相关业务外包给第三方回收企业。不同的回收模式有不同的特点（表 1.8），其回收流程也不同（图 1.13），企业可根据需求选择适合自己的回收模式。

表 1.8　动力电池不同回收模式分析

| 模式 | 优点 | 缺点 |
| --- | --- | --- |
| 自营模式 | 回收成本相对较低，回收效率高，回收渠道稳定可控 | 需要投入大量资金建设回收系统，且回收规模不易扩大 |
| 联营模式 | 可以利用回收企业的专业技术和资源，降低回收成本，同时也可以扩大回收规模 | 回收渠道不够稳定，回收效率可能受到回收企业的影响 |
| 外包模式 | 可以将回收处理的相关业务外包给专业的回收企业，降低回收成本，同时也可以扩大回收规模 | 回收渠道不够稳定，回收效率可能受到回收企业的影响，且需要支付外包费用 |

目前，中国对动力电池的循环利用可分为电池的梯次利用和电池拆解回收利用两种。在资源利用最大化的原则下，采用“先梯次利用，后拆解回收”的策略。对于动力电池的剩余容量在 20%～80% 时，可以进行梯级利用，将退役电池回收并经过筛选，

再用于储能、电信基站和低速电动车等领域；而当剩余容量低于 20% 时，需要对报废的动力电池进行拆解回收，以回收其中有价值的部分。循环利用的技术现状及具体分析将在后续章节详述。

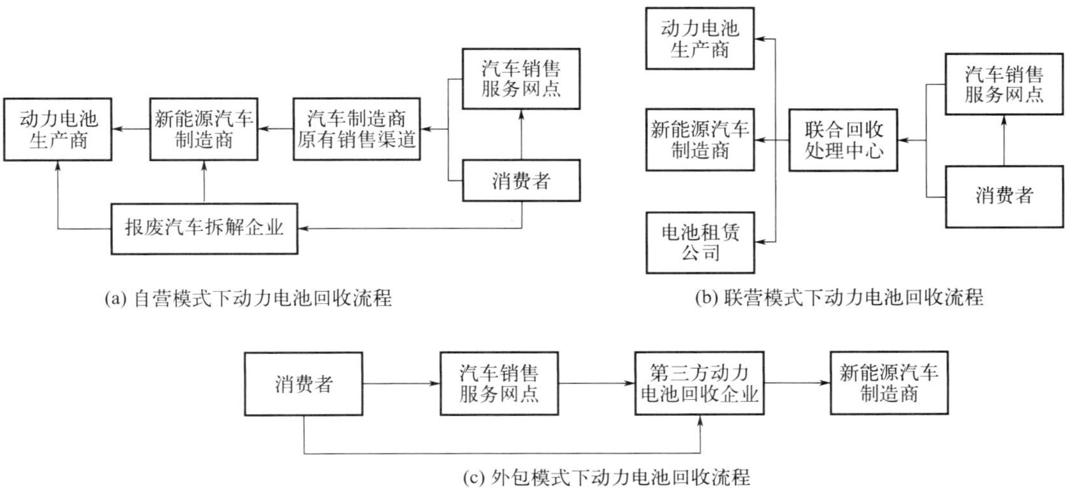


图 1.13　不同模式下动力电池回收流程

随着我国动力电池回收技术的发展，我国动力电池回收相关专利数量近年来呈逐步增加的趋势，截至 2024 年，专利数量已接近 2500 个（图 1.14）。根据国家知识产权局数据显示，湖南邦普循环科技有限公司、广东邦普循环科技有限公司等公司成为动力电池回收相关专利的主要申请人（图 1.15）。

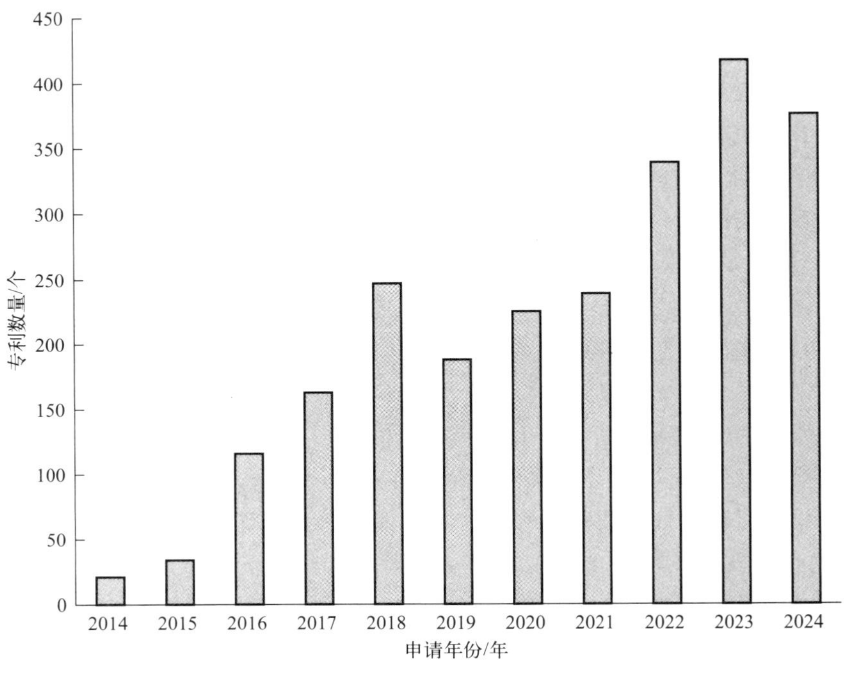


图 1.14　我国历年动力电池回收相关专利申请情况

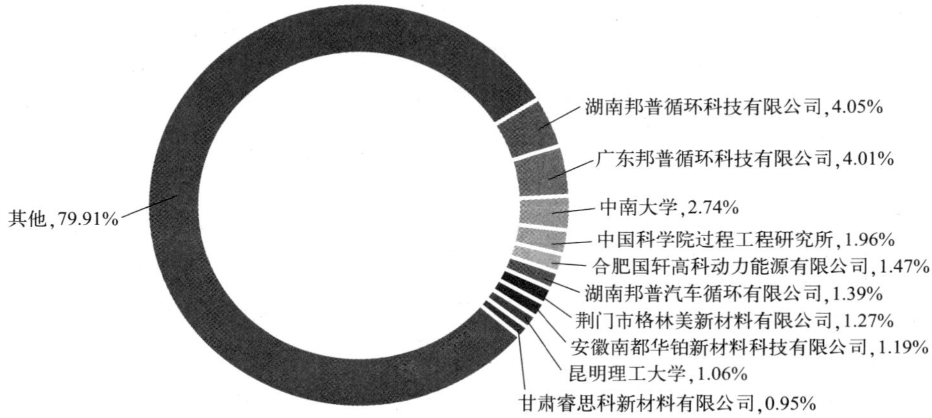


图 1.15　动力电池回收相关专利申请人情况

（数据来源：国家知识产权局）

### 1.3.2　行业政策建议

通过上述对动力电池循环利用行业及上下游产业链现状分析可知，电池回收行业目前尚存在回收渠道混乱、回收技术成本太高导致盈利欠佳、低碳高效回收与环保技术缺乏等问题，建议从以下几方面进一步健全和加强行业管理，促进和保障行业健康可持续发展。

**（1）完善顶层管理制度**

加强顶层设计，将动力锂电池回收利用作为国家战略统筹谋划。根据新能源汽车及储能发展规划及实施情况，统筹制定锂电池生产和回收全产业链规划，明确电池回收率、回收材料使用率等目标，合理引导市场。同时，结合相关工业园区布局，统筹布局锂电池制造及回收产业园区形成规模化产业集群，避免遍地开发、重复建设。结合“城市矿山”建设规划，鼓励大型国有企业进入上游材料及回收行业，建设相对稳定的供应体系；强化政策实施，有力推进《新能源汽车动力电池综合利用管理办法》落地。落实《新能源汽车产业发展规划（2021～2035 年）》要求，加快推动动力电池回收利用立法，突出政策引领作用，有力推进《新能源汽车动力电池综合利用管理办法》实施，与已有政策进行良好衔接，科学合理研究和设计各环节参与主体应满足的条件、承担的法律责任，明确各相关监管主体及其监管责任，进一步增强约束力。

同时加强各部门工作联动，形成协同监管机制，各地方主管部门加强联动执法，加大对企业的检查及督导力度；加强准入管理，完善现行《规范条件》。对新能源汽车废旧动力蓄电池综合利用行业规范条件评价指标及评分规则进行研究完善。

① 建议在《规范条件》中增加对企业经营相关指标的要求，包括但不限于近三年主营业务开展情况，梯次利用及再生利用产值、产量、销售情况等。同时增加企业梯次利用产能相关要求，设置最低申报产能及产能实际利用率指标。

② 要求梯次利用企业建立梯次产品在线监测平台，监测梯次产品运行情况，提前

识别并处置潜在安全隐患，保障梯次产品运行安全。

③ 要求梯次利用企业按照相关标准建设与梯次产品销售量相符合的回收服务网点，并在企业网站或产品随附文件中明确产品回收渠道及方式，确保梯次电池最终能被妥善处理。

**（2）加快标准体系建设**

突出标准引领作用，制定急用先行标准。回收利用领域标准的制定和修订需要从新产品设计阶段就考虑未来报废回收的梯次利用和再生利用问题。

① 优化设计标准，尽量统一电池类型和规格，例如换电领域的电池，实现特定领域电池的标准化、易拆解、易回收。目前已实施发布的标准主要集中在回收利用过程中的拆解、性能检测、拆卸和包装运输等前期处理环节。

② 应加快安全性能判别、分选重组及再退役等后续阶段规范标准研制，加强废旧电池回收利用安全性管理，要更多关注涉及公共安全和环境隐患问题，确保废旧电池在安全环保的前提下进行回收利用；加快研制梯次利用产品标准，规范梯次利用产品市场。

目前针对退役电池梯次利用产品的标准相对较少，梯次利用产品应用在更广泛的低速电动车、工商业储能等领域尚无相关标准依据，梯次利用技术、产品要求等重点相关标准仍然缺失。而梯次利用企业生产的梯次利用产品标准不一，更易导致出现安全问题。因此建议加快研制梯次利用产品标准，例如在电动自行车换电领域制定梯次利用产品换电标准要求，规范梯次利用产品市场，加速梯次利用产品规模化应用。

**（3）合理规划产业布局**

加强东北、西北等地区的电池回收利用试点示范企业培育。根据退役预测数据及目前产能规划情况，东北、西北等地区电池回收处置能力仍需加强，需要合理规划产业布局，提前为区域动力电池回收奠定基础。在东北、西北等地区培育一批回收网络完整、规模效益良好、技术装备先进的电池回收利用试点示范企业，形成省级工业园区。积极培育科技型中小企业，支持高新绿色技术企业发展壮大，带动回收利用发展滞后区域提升电池回收处置能力；推动区域协同发展，形成回收—梯次—再生区域化全生态。根据退役预测数据及目前产能规划情况，部分发展优势地区产能配置尚不合理，未来部分地区应对大规模动力电池退役、再生回收处置能力仍明显不足，尚未形成回收—梯次—再生区域化全生态。引导在华北、华东、华南等地区建立区位相邻、产业互补的电池回收利用省级高新区或工业园区，推动区域协同发展，形成各省市废旧电池梯次利用—物理破碎—区域就近再生回收处置的全生态发展模式，打造集中连片、协同互补、联合发展的电池回收产业创新共同体。

**（4）健全回收利用体系**

鼓励上下游企业协同合作，完善废旧电池回收网络。

① 鼓励产业链各相关企业通过建立战略联盟、签订战略协议等形式，共建共用回收渠道，构建废旧电池回收绿色闭环生态圈，实现电池产品“从哪里来到哪里去”的定

向路径。

② 鼓励后端回收利用企业与前端电池生产企业、汽车生产企业在电池结构标准化、通信协议开放等方面的联动，提高废旧电池高效利用程度，完善废旧电池回收网络；鼓励多种回收模式发展，支持商业创新模式推广应用。

③ 加大对车电分离、以租代售等商业创新模式发展的资金支持力度，拓展梯次利用电池在储能、基站备电、低速电动车等商业场景应用；推广以“废料换原料”等创新商业模式，促进动力电池回收利用产业链上下游多方联动有效合作，对运营创新商业模式的合作企业给予资金支持，可重点支持回收物流网络和渠道等回收模式创新，积极培育锂电池“生产—使用—收集—梯次利用—再生循环”一条龙产业链。

**（5）加大财政金融支持**

推进金融综合服务，为退役锂电池回收利用经营提供全链条的金融服务。可将锂电回收纳入绿色信贷支持范围，在西南、西北、东北等发展薄弱地区研究制定对各银行金融机构面向回收利用企业发放的项目贷、经营贷、产品贷等予以一定的贴息资金补助政策；同时，在高额税收减免、专项资金奖励、创投基金等方面给予回收利用企业一定的支持，为我国发展弱势地区退役锂电池回收利用产业提供全链条的金融服务。可在华中、华南、华东等发展优势地区设立科技专项资金和奖励，并制定专项资金支持、科学技术奖励及突出贡献奖励等实施细则和保障机制，充分调动科研机构和企业积极性，鼓励发展优势地区企业突破电池回收行业共性关键技术，提高科技成果转化和产业化水平，带动全行业技术水平不断提高；研究制定银行贷款精准贴息政策，支持磷酸铁锂动力电池回收利用。根据退役预测数据，磷酸铁锂动力电池将大量退役，但其梯次利用场景尚未实现规模化推广，而且锂盐价格仍在下降，导致退役磷酸铁锂电池再生利用经济性不断降低，退役磷酸铁锂电池回收或将面临长期盈利压力。研究制定退役锂电池梯次利用贴息方案，对获得认证的梯次利用产品予以适当贷款贴息，提高梯次利用的经济性；同时，对回收退役磷酸铁锂电池以回收量的形式给予一定的补贴，提高回收退役磷酸铁锂电池的盈利能力，支持磷酸铁锂电池回收利用。

**（6）持续加强溯源管理**

建议细化退役动力电池溯源上报类型，明确废旧动力电池去向。从各环节溯源情况看，生产和销售端整体溯源情况良好，溯源率达 98% 以上；相较而言，维修、报废、回收利用方面溯源率待进一步提升，需持续加强动力电池后端的溯源管理。车载管理模块方面，建议车载端将整车厂研发、测试等废旧动力电池纳入溯源信息上报范围。回收利用管理模块方面，将车辆退役电池、研发试验电池、B 品电池、电池废料等进行区分并上报溯源信息，进一步明确废旧动力电池的去向；建议将电动自行车及储能等领域动力电池纳入溯源管理体系。当前行业对储能及电动自行车的运行状态没有建立风险预警和安全评估的数据管理平台，也尚未建设相关溯源信息追踪平台，无法进行体系化监管，导致行业应用中对锂电池安全运行保障不足。建议提早谋划将电动自行车及储能等领域动力电池纳入溯源管理体系，在保障不同应用领域动力电池运行安全的同时，可为未来电动自行车及储能等领域退役动力电池回收利用提供有效的溯源信息支撑。

# 参考文献


[1] Noh H-J, Youn S, Yoon CS, et al. Comparison of the structural and electrochemical properties of layered $Li[Ni_xCo_yMn_z]O_2$ ($X$ = 1/3, 0.5, 0.6, 0.7, 0.8 and 0.85) cathode material for lithium-ion batteries[J]. Journal of Power Sources, 2013, 233: 121-130.

[2] 李杰，李芳琴，黄莉，等. 报废产品中钴金属回收潜力研究 [J]. 中国环境科学，2023, 43(6): 2960-2969.

[3] Shafique M, Rafiq M, Azam A, et al. Material flow analysis for end-of-life lithium-ion batteries from battery electric vehicles in the USA and China[J]. Resources, Conservation and Recycling, 2022, 178: 106061.

[4] Rui X, Geng Y, Sun X, et al. Dynamic material flow analysis of natural graphite in China for 2001—2018[J]. Resources, Conservation and Recycling, 2021, 173: 105732.

[5] Su C, Geng Y, Zeng X, et al. Uncovering the features of Nickel flows in China[J]. Resources, Conservation and Recycling, 2023, 188: 106702.

[6] Jiao J, Chen Y, Li J, et al. Carbon reduction behavior of waste power battery recycling enterprises considering learning effects[J]. Journal of Environmental Management, 2023, 341: 118084.

[7] Wang M, Liu K, Dutta S, et al. Recycling of lithium iron phosphate batteries: Status, technologies, challenges, and prospects[J]. Renewable and Sustainable Energy Reviews, 2022, 163: 112515.

# 第 2 章
# 废旧动力电池循环利用技术进展

退役动力电池的回收利用是新能源汽车产业链中的重要环节之一，也是环境风险最高、技术进步需求最迫切的环节。退役电池的余能检测、拆解、梯次利用、材料的精细化分选、资源精深利用等将形成具有一定独立性、有别于传统工业体系的回收利用产业链条。在梯次利用方面，如何实现异构退役动力电池的兼容重组、如何进行余能的快速检测、如何实现复合状态电池的智能筛选、如何进行安全 / 自动化拆解等仍然需要技术进步和产业配套；在再生利用方面，如何实现快速放电或处理过程安全、如何提高黑粉 / 铜 / 铝 / 有机物等分选效率、如何提高材料的精细化分选程度、如何提升过程污染控制水平、如何实现目标金属的选择性回收、如何实现短程化材料再生等也需要技术与装备水平的大幅提升。本章将对目前退役动力电池回收利用的技术现状进行分析，对比不同技术的特点与差异、与产业的结合程度和应用情况，解析其优势及存在问题，梳理技术的发展趋势；进一步分析回收处理过程的环境风险与防治技术、安全风险与防控措施，绘制废旧动力电池回收领域的技术发展路线图（图 2.1）。

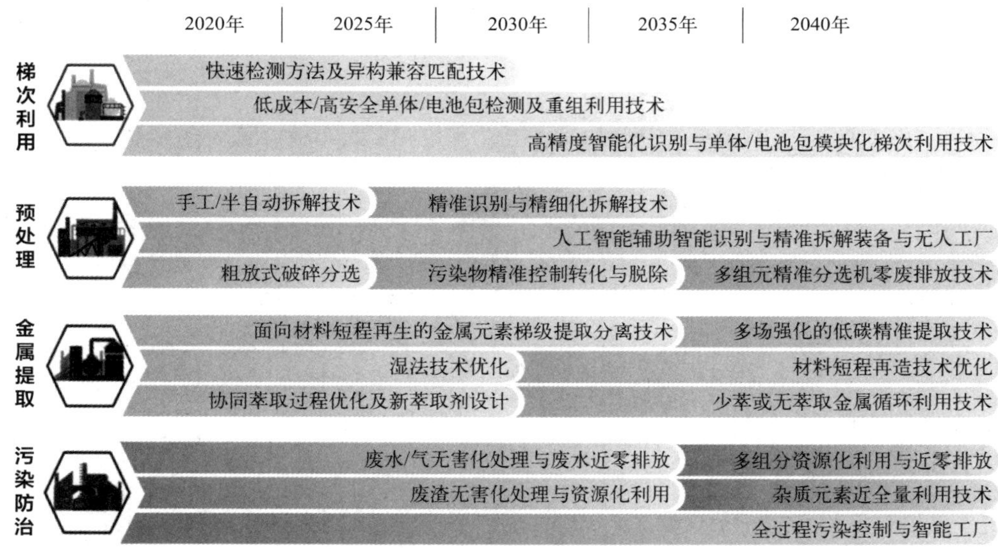


图 2.1　废旧动力电池回收技术路线图

## 2.1 梯次利用

废旧动力电池梯次利用指的是将容量不足 80% 的电池进行一定工艺改造，使其重新在低功率、低容量等领域得到利用的方法。通过这种方式，可以延长电池的使用寿命并提高其利用价值，减少资源浪费，并提高能源系统的效率和可持续性。退役的电池可以被重新应用于储能系统、家庭储能以及路灯照明等低功率应用领域，最大化地发挥其剩余寿命和潜在价值。废旧动力电池梯次利用是电动车产业朝着更加环保和可持续发展方向迈出的重要步骤，对推动清洁能源建设和节能减排具有积极意义。

废旧动力电池梯次利用是现阶段提升资源利用水平，较大程度实现经济和环保双丰收的重要举措。随着公众与社会对环境污染治理、碳排放与气候变化等问题的愈发重视，新技术、新合作模式不断出现，退役电池的梯次利用技术很有可能在五年内成为朝阳产业，具有极大发展空间。

### 2.1.1　废旧动力电池梯次利用商业模式

废旧动力电池的梯次利用需要建立多方面联动的合作机制，即以电池制造生产商、整车制造商、经销商、电池回收企业等为主体，通过推行回收责任制建立退役动力电池回收网络，规范化回收退役动力电池。进行废弃动力电池梯次利用时，需考虑电池包拆解、余能检测、电池重组、电池管理系统、电池成本与效益五个方面的流程。多方合作、多流程协作的废弃动力电池梯次商业模式是现行的主要商业模式。

在电动汽车的生命周期中，动力电池经历了从生产到消费者手中使用的过程。在这个过程中，动力电池的回收和再利用是非常重要的。以电池生产企业、电池经销商、电池回收企业为主体的回收模式已逐渐建成并发展成熟，如图 2.2 所示。

这种商业模式注重与合作伙伴开展项目合作、技术许可或销售新产品，以实现经济效益。我国鼓励动力电池骨干生产企业和电池回收利用企业之间通过股权合作、商业协作等方式进行联合，建立相关企业之间联系的纽带。第三方可通过自建回收网络和物流体系，负责回收委托企业售后市场的废旧动力电池，之后再运回回收处理中心进行处理。

电池生产企业可以借助电动汽车生产商的销售网络，在其销售渠道上建立逆向回收网点，对废旧动力电池进行集中管理、临储、转运和仓储等。消费者将废旧动力电池交还到附近的电动汽车销售服务网点后，根据电动车和电池生产企业的合作协议，电动车生产企业以协议价格将这些电池转运给电池生产企业进行专业的回收处理，以便继续利用回收的金属材料生产新的动力蓄电池。在电动汽车动力电池寿命结束后，由电池生产商负责回收、处理和再利用退役动力电池。商业模式将电池生产商放在回收过程的核心位置，以确保对退役电池进行安全、高效的管理，并将其应用于合适的领域。此外，电池生产商可以对回收的退役电池进行再制造和改进，以延长其使用寿命，电池制造领域的专家可以利用回收的退役电池进行科学研究和技术改进。

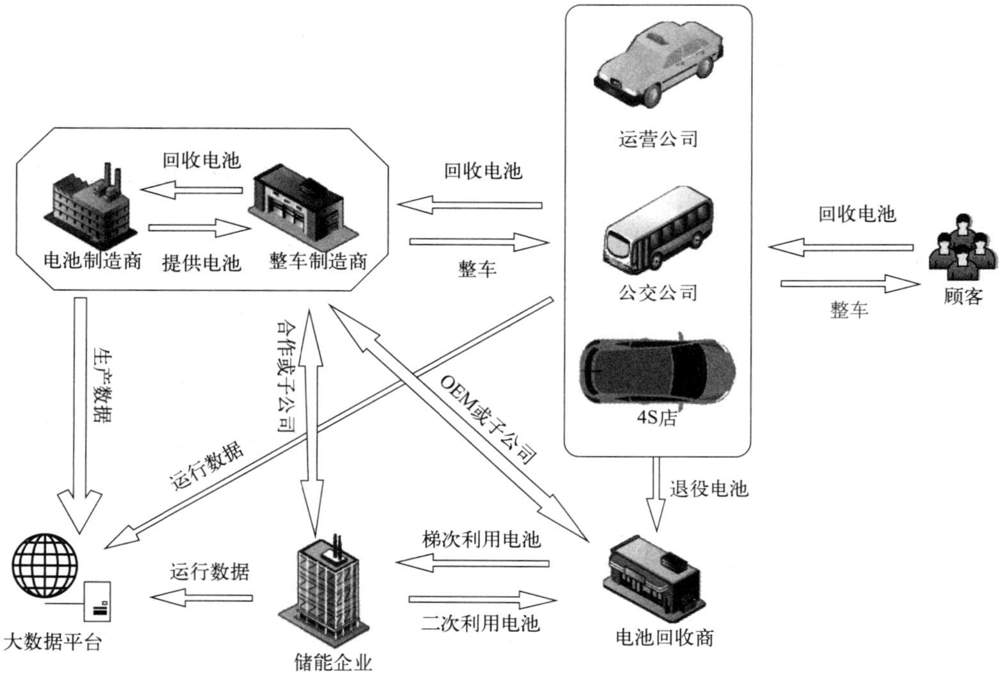


图 2.2　动力电池梯次利用商业模式

经销商扮演着重要的角色，不仅负责将车辆销售给消费者或租赁企业，还负责售后服务和维护，收集和管理退役电池，并将其交付给专门的回收企业进行处理和再利用。经销商在电池的全生命周期进程中，承担着销售和维护双重功能。

电池经销商可以通过收集退役电池并将其交付给回收企业，实现社会资源的有效利用，减少环境污染，同时也为自己带来了经济收益。此外，经销商还可以促进动力电池回收的宣传和推广，提高公众对于电动汽车和动力电池回收的认知度和接受度，进一步推动清洁能源和可持续发展的进程。在整车生产和销售过程中，经销商会遇到需要更换的废旧动力电池。根据不同的商业模式，这些废旧电池有多种流向。

**（1）经销商自主处理**

经销商可以选择将废旧电池交给回收企业进行处理。这些废旧电池经过回收企业和梯次利用企业的处理后，最终流入再生利用企业进行有价金属的回收。部分经销商直接将废旧电池送往再生利用企业，绕过回收企业和梯次利用企业的环节。这种情况下，经销商具有较大的自主性，废旧电池的流向管控难度较大。

**（2）逆向回流**

部分整车生产企业与电池生产企业签订了回收协议，经销商在动力电池报废时将其返还给电池生产企业，或者通过整车生产企业返回电池生产企业。由于这些电池已被经销商判定为异常电池，通常不具备梯次利用的价值。无论经销商以何种方式进行回流，这些废旧电池最终会直接进入再生利用企业进行处理。

总之，动力电池梯次利用作为动力电池回收的最优解，在具备较强的环境价值时也兼顾经济效益，探索、建立、完善梯次利用商业模式是实现“既要绿水青山，也要金山银山”的重要一步。在此过程中需要各方的参与与合作。

### 2.1.2 废旧动力电池梯次利用技术

退役动力电池梯次利用可分为废旧电池回收、电池包拆解、余能检测、电池重组、系统集成等流程，见图 2.3。

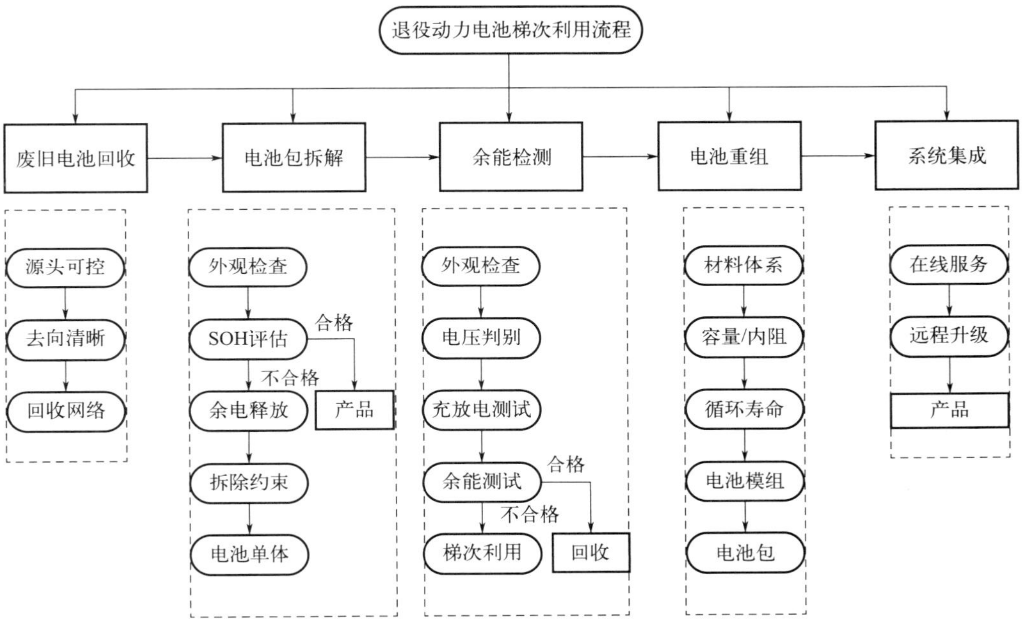


图 2.3 废旧动力电池梯次利用流程分类

**（1）电池包拆解**

由于动力电池通常成组应用于电动汽车中，因此在其退役时，往往先需要将电池包整体拆卸。汽车生产的企业与厂家不同，生产的汽车型号不同，电池包内部结构设计、模组连接方式、生产与制造工艺也会呈现出差异，这也导致了电池包的拆解过程与方案不是一成不变、照本宣科的，而是针对不同情况灵活变动的。图 2.4 为电池包拆解后的结构。

华中科技大学宋华伟等基于 SolidWorks 与 RobotStudio 联合仿真搭建了多机器人协同拆解工作站，根据不同作业场景设计了多种末端执行机构，结合 3D 相机识别定位、在线轨迹规划、自适应柔性夹持等功能精准地完成了对动力电池包拆螺钉、抓壳盖、取模组的模拟仿真，实现了动力电池包的多机器人柔性化协同拆解作业，有效提高了动力电池包的拆解自动化程度和拆解效率，对动力电池包智能拆解装备的研发和应用具有一定的指导意义。

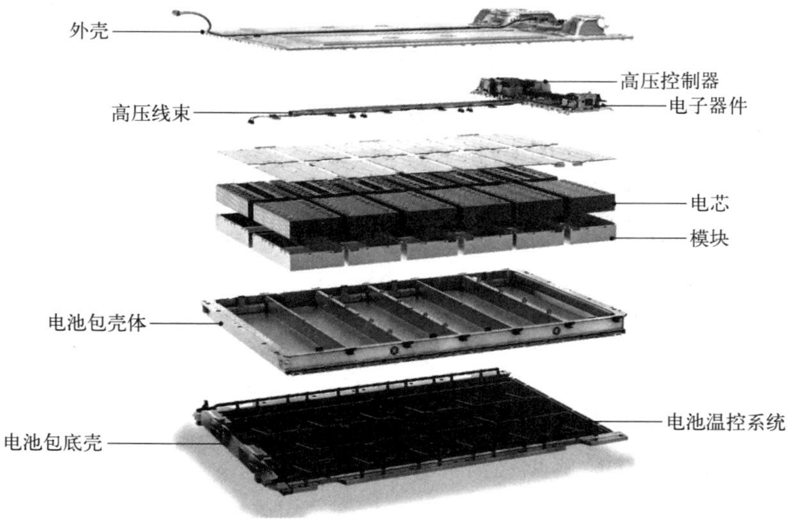


图 2.4 电池包拆解结构

**（2）余能检测**

对废旧动力电池进行余能检测与性能评估，是掌握其当前状态和对未来利用进行规划的重要依据。确定电池剩余能量或容量，有利于判断电池在可再生能源储能系统以及便携式电子设备等领域是否能够得到相应应用，若满足各场景梯次利用需求，则进行梯次利用；否则，将电池进行再生处理。图 2.5 为废旧动力电池进行余能检测实况。目前，将废旧动力电池进行简单外观判断后，进行充放电测试，依据国家所规定的指标判断其是否满足梯次利用的标准。

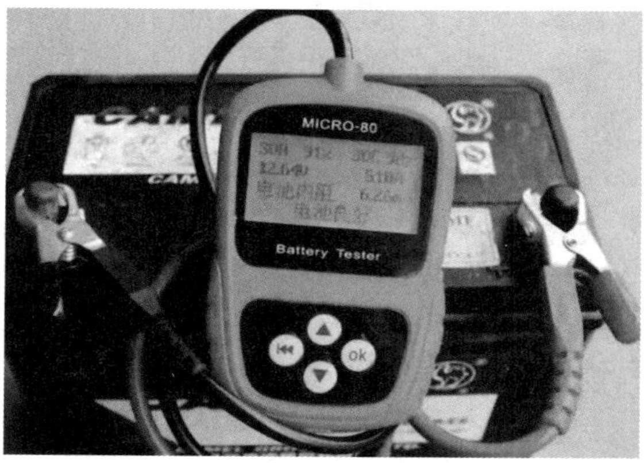


图 2.5 废旧动力电池余能检测实况

姜舟采取容量增量分析法，从电化学反应原理出发，结合退役锂离子电池的余能检测数据，进行梯次利用电池的筛选成组。徐佳宁针对退役电池的余能快速估计方法展开研究，在分析退役电池容量损失机理的基础上，建立表征活性锂损失及活性材料损失的容量损失特征。将辨识后的特征参数与支持向量回归（SVR）模型相结合，同时基于容量损失特征在恒流充电下的能观性分析结果，提出一种基于容量损失机理的电动汽车退役电池余能快速估计方法。

**（3）电池重组**

电池重组是进行电池梯次利用的重要环节，需要考虑电池材料体系构成，依据梯次利用场景标准，筛选出适合重组的电池，构成电池模组，最终组成电池包，应用于各梯次利用场景。随着数据驱动技术的兴起，国内外各学者采用先进的人工智能算法，为电池筛选与重组技术的发展做出了巨大贡献。

段双明等为了解决退役电池梯次利用筛选精度差、效率低的问题，提出一种基于 MLP-SVR-LR 混合模型的退役电池筛选方法，基于新的电压片段特征提取方法，从恒流充电电压片段中提取与容量相关的特征，结合 MLP-SVR-LR 混合模型，实现高精度和高效率的退役电池筛选；同时，他们提出一种基于粒子群改进 K-means 算法和以轮廓系数（silhouette coefficient，SC）为标准的改进等数策略对筛选后的电池以容量和内阻为标准进行均分重组，实现退役电池直接成组利用。Gu X 等利用部分充放电曲线，显著缩短了测试时间。此外，他们还开发了一种云边协作框架，用于高效地分离大规模的退役电池。实验结果表明，该方法达到了 97% 的分类准确率，并且筛选效率约为传统全充放电测试方法的 6 倍。

**（4）系统集成**

动力电池在电动汽车重投入运营时，采用相关的电池管理系统（BMS），然而废旧动力电池中绝大部分电池已经步入生命周期的中后期，其内部老化程度相较于新电池严重。为了确保拆解后的电池模组在梯级使用中的安全性，我们需要采取简单、快速而有效的检测措施，对重组后的电池进行实时状态评估。同时，在新产品运行期间，我们必须利用电池管理系统时刻监控其安全状态，及时排查隐患并采取必要措施。

高勇等面向新能源汽车大量退役动力电池的二次利用，设计开发了 48V 退役动力电池的电池管理系统（BMS）。该系统经过充放电模拟试验和实车测试验证，可以准确可靠地对电池的工作状态进行监测和管理，有助于实现退役动力电池的二次利用。针对梯次利用的产品，需要加强 BMS 的安全性和可靠性检测功能，通过电子手段有效监控和保障产品的安全性和可靠性。根据电池投入使用的环境和电池本身的特点，在电动汽车原有的 BMS 基础之上进行改进，甚至重构。

### 2.1.3　废旧动力电池梯次利用现状

近年来，国内外电池梯次利用技术得到了广泛应用。表 2.1 列举了部分国外梯次利用典型场景。

世界各国都已开展有关动力电池梯次利用的研究。德国、美国、日本等国家起步较早，已有成功的示范工程和商业项目，并且日本 4R Energy 和夏普、美国特斯拉已将梯次电池用于个人或商业储能项目。早在 1996 年，美国先进汽车联合会就赞助美国阿贡国家实验室从事电动汽车退役动力电池梯次利用的研究。2002 年，美国圣地亚国家实验室开展基于储能应用的退役动力电池梯次利用技术研究。

表 2.1 国外梯次利用典型场景

| 国家 | 应用领域 | 梯次利用场景 | 相关公司 |
| --- | --- | --- | --- |
| 美国 | 家庭与商业储能 | Power wall 和 Powell pack 两个产品实现家庭与商业储能 | 特斯拉 |
| 美国、瑞典 | 智能电网 | 废旧锂电池用于太阳能与风能互补的新能源发电系统储能，参与电网削峰填谷 | ABB、通用公司 |
| 德国 | 电网储能 | i3 动力电池用于光伏电站储能 | Bosch 集团、宝马集团 |
| 日本 | 家庭储能 | 废旧锂电池用于家用个体功率调节器 | SHARP 公司 |
| 美国 | 现代化电网建设 | 在北卡罗来纳州研发出将二次电池用于住宅用户的方法并设计相关控制系统 | 橡树岭国家实验室 |

2010 年 9 月，日产汽车与住友商会共同研究电动汽车配备的锂电池再生利用技术并成立 4R Energy。2011 年 1 月，日本 GS、三菱商会、三菱汽车以及 Lithium Energy Japan（LEJ）四家公司启动三菱电动汽车用电池回收利用的实证试验研究。2012 年 11 月，通用汽车公司与 ABB 共同展示了一项电池梯次利用技术，即将 5 组雪佛兰退役动力电池重组成新模块，该装置能够满足 3～5 个普通家庭 2h 的电力需求。

2019 年，美国橡树岭国家实验室已经开发出二次电池适用于住宅用户的使用方法，并受美国能源部电力储能计划支持，开发用于二次电池的控制系统，以使得二次锂离子电池满足电网规模储能系统的要求。该项目在北卡罗来纳州的住宅小区装机容量为 15kW 的储能系统测试表明，重新利用仍有使用价值的电池可以最大程度地减少浪费，并确保安全可靠的电力供应来支持循环经济，对于日益依赖分布式可再生能源的现代化电网至关重要。

2021 年，JT Energy Systems 公司考虑到欧洲的能源短缺，采用梯次利用电池储能系统储存可再生能源，通过提升能量利用效率，稳定能源价格，进而实现能源转型。该公司组成 25MW 的电池储能系统中大部分电池模块来自由 AG 公司提供的电动叉车和电动客车退役动力电池。

纵观国外电池梯次利用的技术发展历史，其起源较早，经过二十多年的发展，已经形成较为成熟的政策法规体系与梯次利用市场。美国、德国、日本等汽车产业发达国家形成了完善的报废机动车梯次利用和回收拆解体系，拥有较为成熟的电池梯次利用和回收拆解技术，依托其完备的生产者责任延伸、环境保护、梯次利用补贴等制度引导，推动退役动力电池有序回收拆解、资源化利用和无害化处置。总体而言，国外新能源汽车退役电池梯次利用主要瞄准信息和通信技术、家庭以及可再生能源发电储能等领域。

相较于国外，梯次利用技术与研究在国内起步较晚，相关政策法规体系、市场规范等尚不成熟。但是，中国作为电动汽车生产和消费的巨大市场，随着电动汽车的大量投入使用和达到寿命期限，发展废旧动力电池梯次利用技术刻不容缓，表 2.2 列举了国内典型梯次利用的场景实例。

表 2.2　国内梯次利用场景

| 应用领域 | 梯次利用详情 | 相关公司 |
| --- | --- | --- |
| 电网储能 | 2016 年 10 月，间接控股邦普，与宇通、上汽、北汽、吉利等车企合作，回收动力电池用于电网储能 | 宁德时代 |
| 用户侧储能 | 2019 年 8 月，将比克退役三元锂离子电池采用整包退役的方式构成 2.15MWh/7.27MWh 的储能系统 | 南方电网、深圳比克公司 |
| 通信基站 | 2018 年在工业和信息化部政策的支持下开展退役电池在通信基站备用电源示范作用，使用退役电池 15MWh | 中国铁塔 |
| 用户侧储能 | 2019 年 3 月，南京江北采用 45MWh 的磷酸铁锂退役动力电池储能电站开始建设，采用变电站 + 储能站 + 光伏充电站 + 数据中心“多站合一”的方式建设 | 国网江苏综合能源服务公司 |
| 电网稳定性 | 退役电池利用变压器进行输出功率的调整及电压稳定性调控 | 中国电科院、国网北京公司、北京交通大学 |
| 低速电动车 | 利用退役动力电池开发 48V 电动两轮车动力系统 | 国网浙江省电力公司 |

在 2011 年，863 计划重大项目智能电网关键技术研发《电动汽车充放储一体化电站系统及工程示范》就已启动实施，其中涉及动力电池梯次利用方面的研究内容主要包括研究电池梯次利用的筛选原则以及成组方法和系统方案。同年，青岛薛家岛电动汽车智能充换储放电站投入试运行。该电站集公交充换电、乘用车集中充电、电力储能于一体并装配 2000kW 梯次电池储能装置。

2012 年，国家电网公司启动了《电动汽车动力电池梯次利用技术研究与示范》科技项目，重点研究电池梯次利用涉及的电池可用性、安全性、技术可行性、经济适用性等基础性问题。2017 年，中国铁塔股份有限公司试点开展梯次利用储能系统在通信基站的应用，以替代传统铅蓄电池作为通信电源。

2018 年，国家重点研发计划启动梯次利用动力电池规模化工程应用关键技术研究。同年，上汽集团与宁德时代达成退役动力电池回收利用合作战略。2019 年，基于电网储能需求，曹妃甸动力电池回收利用应用示范项目启动。同年，南京建成用于电网侧储能的 2MWh 梯次利用储能电站。

此外，国网河南省电力公司还打造了多个不同应用场景的梯次利用储能示范工程，包括由退役电池储能系统组成的风光储混合的尖山微电网、青海退役电池储能系统、河南南阳退役动力电池储能系统等。

近几年，国内包括能源企业、新能源车企、动力电池生产企业、动力电池原材料供应商、第三方回收企业、动力电池梯次利用和再生利用企业等众多产业链企业都积极参与相关合作，逐步完善退役动力电池梯次利用产业链，共同推进国内动力电池梯次利用产业健康可持续发展。

### 2.1.4　废旧动力电池梯次利用现存问题与展望

国外最早的电池梯次利用研究可追溯到 1996 年，而我国从 2017 年开始电池梯次利用也迎来飞速发展。电池梯次利用不仅在一定程度上提高资源循环利用率，降低环境污染，还能创造可观的经济效益。然而，现阶段梯次利用技术尚处于技术发展期，给各应用场景带来重大机遇的同时，也尚存发展难点。

现阶段，废旧动力电池梯次利用还存在诸多不成熟的问题，主要体现在相关政策法规还有待完善、梯次利用回收技术有待成熟与发展。图 2.6 为当前废旧动力电池梯次利用技术存在的问题。

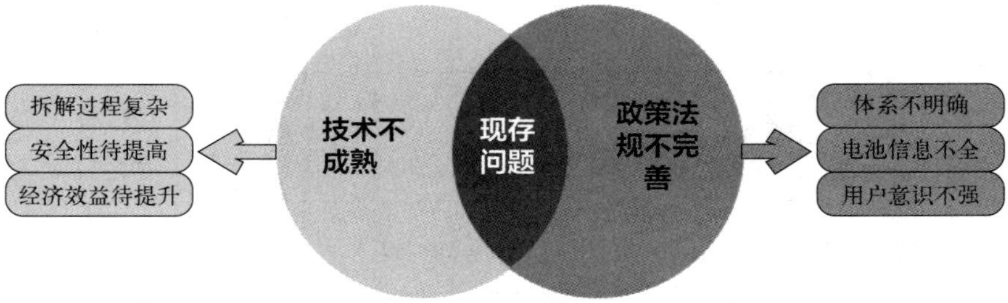


图 2.6 废旧动力电池梯次利用存在的问题

**（1）政策法规亟待健全与强化执行**

我国动力电池回收利用标准体系已初步建立，国家标准化管理委员会已发布 5 项车用电池回收利用国家标准，基本形成了标准框架。然而，现行政策体系仍存在明显的执行短板和约束力不足问题。

1）政策标准约束力不足

目前出台的标准大多为推荐性标准，缺乏上位法支撑，导致在电池信息公开、产业链协同、用户行为规范等方面难以形成有效约束。调查显示，尽管我国已有 20 多家具备正规资质的大型动力电池回收企业，但其处理能力长期闲置，开工率较低。与此同时，部分退役电池却流向了无资质、高污染的小作坊，存在环境二次污染风险。这种“正规军闲置，游击队活跃”的畸形现象，很大程度上源于政策执行力的缺失。

2）溯源系统效力不足

尽管《新能源汽车动力电池回收利用管理办法》要求主机厂建立回收责任机制与追溯平台，但实际运行中，电池全生命周期信息追踪仍存在明显漏洞。新能源汽车野蛮生长时期，部分车企在补贴政策刺激下匆忙入市，未能切实履行电池回收责任，导致部分电池脱离监管视野。要解决这一问题，亟须建立健全法律约束体系，强化电动汽车及动力电池生产企业的回收主体责任，确保从电池出厂到退役的全流程可追溯。

3）产业链协同机制缺失

产业链也制约着政策效果。电池梯次利用涉及车企、电池生产商、拆解企业、回收企业、测试机构等多方主体，但目前各环节间缺乏有效联动。电池非标准化生产进一步加剧了协同难度，导致回收利用链条时常出现阻塞。

**（2）梯次利用技术有待成熟**

退役动力电池要实现安全、高效的梯次利用，面临着多重技术障碍，这些障碍直接影响着梯次利用的经济可行性与规模化发展。

1）电池拆解复杂性与安全风险

退役电池的拆解是一个高技术门槛环节，不同动力电池的内外部结构设计、模组连接方式和工艺技术各不相同，仅外形就有方形、圆柱形、软包等多种形态。这种多样性导致拆解工作难以规模化作业，大幅增加了人力成本和技术难度。更严重的是，锂电池一旦拆解不当，可能导致触电、短路燃爆和氟化物腐蚀等安全事故。从环境角度看，锂电池含有镍、钴、锰等重金属及有机电解质，处理不当会引发钴、镍等重金属污染、氟污染和电池隔膜造成的白色污染，同时造成锂、镍、钴等高价值资源的浪费。

2）电池状态评估技术不完善

准确评估退役电池的剩余寿命和健康状态（SOH）是梯次利用的前提，但目前容量衰减预测模型仍不成熟。动力电池与储能电池的技术标准不同，储能领域对电池的温度性能要求更高，而部分退役动力电池可能达不到储能使用要求。缺乏精确的电池状态评估方法，导致梯次利用产品品质参差不齐，市场接受度受限。虽然近年来在退役电芯一致性评测、模块直接重组利用等方面取得突破，但容量衰退预测难、快速批量分选技术缺失等问题仍未根本解决。

3）安全性能隐患

与新电池相比，退役电池存在性能离散度高、安全隐患激增等特征，导致梯次利用储能系统可用容量下降、安全失效风险加剧。随着梯次利用示范规模扩大，安全问题叠加放大效应愈加凸显，现有技术储备难以满足规模化工程应用的安全要求。

4）经济效益面临挑战

随着原材料成本下降，过去十年动力电池价格下降了近 90%，梯次利用的成本优势正在减弱。据某头部储能厂商的测算显示，100MWh 梯次利用储能项目总成本约 930 万元，其中退役电池采购占 600 万元，检测分选、重组 Pack 及 EMS 系统等后续环节成本达 330 万元。虽然相比全新电芯，采购成本降低约 60%，但评估、成组和监管等附加成本较高，整体经济效益面临压力。

### （3）未来发展路径与建议

面对动力电池退役潮的来临和“双碳”目标的紧迫要求，梯次利用行业需要系统性规划发展路径，从政策、技术、市场等多维度协同推进。

政策体系完善需要多层面推进。在监管层面，完善溯源管理系统，实现对电池全生命周期的精准追踪；在激励层面，延续并优化补贴政策。工业和信息化部正在推动新能源汽车动力蓄电池回收利用试点，探索备电、储能等领域的梯次利用新型商业模式，这些经验应及时总结推广。

技术创新路线应当聚焦关键瓶颈。未来需要在 4 个技术方向重点突破：退役电池梯次利用阶段衰退规律研究；安全状态演变机制研究；退役电池状态特征参量表征和残值评估方法开发；退役电池差异性与系统可用容量相适配的分选与重组方法创新。随着 AI、大数据等技术的融合发展，电池状态评估精度和效率有望大幅提升。

市场应用拓展需挖掘多元场景。未来可重点开发三大类应用场景：

① 分布式储能，如园区、工厂的削峰填谷；

② 备用电源，如通信基站、数据中心的不间断供电；

③ 低速电动车辆，如物流车、环卫车等。

随着储能市场的快速发展，对梯次利用电池的需求将持续增长。

国际合作机制构建势在必行。动力电池梯次利用是一个全球性课题，各国面临类似的技术挑战和监管难题。中国应积极参与国际标准制定，分享在电池成组、容量综合评估等领域的核心技术突破。同时，学习借鉴欧盟电池护照制度等国际经验，提升我国电池梯次利用的国际化水平。在“一带一路”框架下，推动退役电池标准、技术和商业模式的输出，形成国际循环经济合作新模式。

人才培养与公众教育是长效支撑。一方面，高校和科研机构应加强动力电池回收利用相关学科建设，培养专业技术人才；另一方面，通过媒体宣传、社区活动等形式，提高公众对电池回收的认知度和参与度。只有当社会各界形成共识，梯次利用才能真正成为全社会的共同行动。

展望未来，随着我国新能源汽车保有量的持续增长、动力电池退役量的不断攀升，梯次利用市场潜力巨大。这一新兴产业不仅关乎资源循环利用和环境保护，更是新能源产业可持续发展的重要支撑。通过技术创新、政策引导和市场驱动的协同发力，退役动力电池梯次利用必将实现向规模化、高质量发展的跨越，为全球碳中和目标的实现做出重要贡献。

## 2.2 预处理

### 2.2.1 放电或失活过程

放电是电池处理过程中的关键安全步骤，当前的巨大挑战是开发废锂离子电池快速低成本的放电技术。随着报废量进一步增加，确保锂电池的安全储运和处理必将会成为一个重要问题。废锂离子电池的放电或失活通常采用导体或半导体、低温冷冻以及化学溶液等方法，见图 2.7。导体或半导体放电是采用外接电阻 / 电子负载，放电后电压回

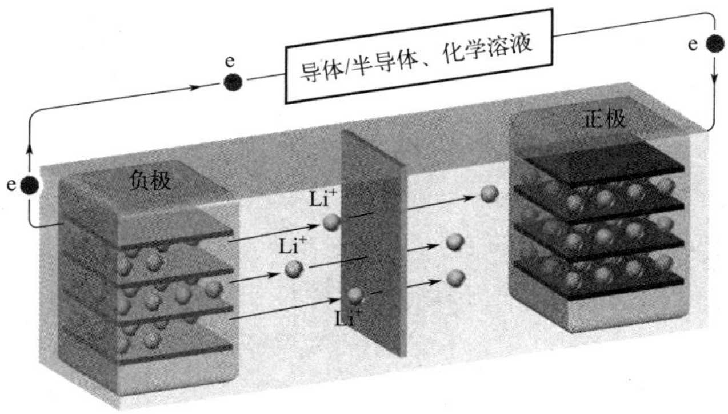


图 2.7　锂电池放电过程示意图

升，留下巨大安全隐患。金属粉末或者碳材料短路放电不稳定，易引发粉尘爆炸。液氮冷却使锂离子处于惰性状态，该方法对设备要求较高，不宜大批量操作。化学溶液放电是将废锂离子电池浸泡在溶液中短路使残余电量释放出来，是当前最安全可靠的手段。目前大多机构采用氯化钠浸泡对废锂离子电池进行放电，该方法简单易操作，放电彻底，但氯离子及电化学腐蚀会造成电解液和有价金属泄漏。而硫代硫酸钠、硫酸氢钠及醋酸锌等具有介质成本高、放电时间短等特点。碳酸盐、硫酸盐等放电溶液对电池腐蚀极少，可以有效减少有机物与金属泄漏，但效率较低。

锂电池物理放电存在一些问题：首先，放电过程中的能量损耗较大，如何提高放电能量的回收利用效率是一个亟待解决的问题；其次，对于一些大容量、高电压的锂电池，放电时间较长，影响整个回收流程的效率；此外，不同类型、规格的锂电池在放电特性上存在差异，导致放电预处理的通用性和标准化程度较低。为了改善锂电池放电预处理的现状，科研人员和企业正在努力探索新的技术和方法。例如，研究新型的放电电路和控制策略，以降低能量损耗和缩短放电时间；开发适用于多种类型锂电池的通用放电设备，提高设备的兼容性和扩展性；加强对放电过程的监控和管理，确保放电过程的安全可靠。为了减少放电所需的时间，并对因电池内部故障而影响后续机械预处理分选步骤设定限制，通常认为电池放电至 1.0V 以下后可以安全破碎，电池的化学成分和容量规格大小也会影响电池剩余电量。

目前废锂离子电池放电研究重点聚焦于探索高效且低污染的化学放电介质。但废锂电池余电释放路径不明，尚未建立影响放电效果的评价体系，并且放电介质成本高这一现实情况经常被忽略。所以，迫切需要明晰放电路径，探索清洁、低成本的放电介质，深度剖析能量 / 物质的迁移规律，以实现可控放电。

中国科学院过程工程研究所系统研究化学溶液放电过程中废锂离子电池各组分在气液固三相的迁移转化状况，基于氧化还原电位及物性参数指标，发现锂电池化学放电的 3 种电量释放路径，并以金属损失、环境威胁、介质成本等关键因素构建放电效果评价体系。

① 废锂离子电池电量释放路径包括电解水、电解液泄漏及电池短路放热三种。其中，以硫酸亚铁、硫酸铜和氯化铜为代表的电池短路放热路径效率最高，放电后溶液急剧升温；以氯化铁、氯化钾和自来水等为代表的电池腐蚀电解液泄漏造成的压降远超电解水路径，碳酸盐以电解水放电为主，效率最低。

② 放电后的气液固三相分析表明：电解过程正负极分别产生氧气和氢气，电池腐蚀过程伴随电解液泄漏分解产生少量甲烷和二氧化碳等，未腐蚀的电池有助于削减溶液中有机物含量。金属损失主要是铁、铝，放电后的固相废渣包含羟基氧化铁及少量铝、铁等金属氧化物。

③ 构建基于资源环境成本的放电效果评价体系，发现近中性硫酸钠溶液特有的电解水与电解液极少量泄漏的放电路径在放电时间、金属总损失、总磷泄漏量、溶液 TOC 值、溶液 pH 值、气体危害等级、介质成本七方面综合评分最优，适合规模化应用推广。

总体来说，锂电池放电预处理在技术和设备上不断发展，但仍面临一些挑战，需要持续的研究和创新来进一步优化和完善，为实现废锂离子电池高效循环利用提供有效支撑。

### 2.2.2 智能化拆解技术

智能化拆解技术是指在对废旧锂电池进行拆解时，采用智能化、自动化的手段，以提高拆解的效率、精准度和安全性，并实现对电池中各种材料的精细分离和回收利用。一些企业和研究机构在这方面进行了探索和创新。例如，格林美研发的“退役动力电池包柔性智能拆解系统”入选了《国家工业资源综合利用先进适用工艺技术设备目录（2021年版）》，其智能化柔性拆解生产线能够适应多种类型的动力电池拆解，降低电池包、电池模组拆解及电芯分离的损坏率，提高后续梯次利用的经济价值。巴特瑞公司自主研发的基于废动力锂电池智能存储和自动上料、带电破碎、电解液低温脱除和多级精细分选的拆解技术，以及蓄热式热力燃烧结合碱液吸收废气处理技术，形成了废动力锂电池自动化拆解及其污染控制成套技术与装备。该成果在废动力锂电池接驳智能存取和输送、免放电低温拆解、废动力锂电池电解液低温脱除、回转窑气氛的精准控制以及废气处理的安全性等方面有所创新，实现了上料和拆解过程的智能化控制，拓宽了拆解废电池的类型，提高了装备的安全性。

但是目前拆解主要将整电池进行破碎，采取“先混后分”的处理方式，将物料完全打散混合，这增加了后续物理分选的难度。外壳材料屈服强度大，破碎解离十分困难，极易被压扁并包裹卷芯材料，多次破碎及磁选致使流程繁杂，能耗极高。工业预处理废锂电池所得黑粉中铁/铜/铝含量超出标准，为了高效去除铁/铜/铝，降低正负极活性材料中的杂质含量，合肥工业大学等研究机构通过逆向制造机械自动化拆解的方式将电池外壳去除，使其不参与后续的破碎分选流程，但以切割锯片进行电池破壳时，会造成大量的切割粉尘，切割过程中易出现锯片与电池短路燃爆、电解液腐蚀锯片等严重问题，最终使得电池卷芯损伤较多，导致有价金属大量流失。

废旧锂电池精细化拆解过程中针对退役动力电池芯包、隔膜与正极片、负极片粘连，极片与隔膜起始端不定条件下膜捕获及分离等难题。广州工业智能研究院研发的叠片式芯包极片分选系统突破芯包自适应极片物理分选关键技术，对退役单体电池通过研发工艺装备实现芯包材料分选，将正极、隔膜、负极材料分离开，后续只对正极材料实施热解/破碎处理，实现待回收物料的环保净化，同时降低原料存储物流标准和成本，建立清洁、环保、能耗节约型回收新工艺，真正实现废旧锂离子动力电池全组分高效率、高质量回收，极片拆分系统实现颠覆性改变隔膜非必要物料参与热解回收现状。

电池多组元物料预先分类归集的重要目标是破壳与正负极片高效分离，传统多级破碎加工方式高危低效，杂质含量高，中国科学院过程工程研究所通过创新性地开发脉冲纳秒激光选区切割加工电池外壳技术，改善电池外壳断面织构，利于实现壳芯分离，且激光切割技术无接触腐蚀，纳秒激光束瞬时能量密度高，加工速度快，并且是局部极短时间加工，电池热效应影响较小，激光选区切割效果极好。构建激光选区切割和精准反馈的加工系统，整个外壳分离流程都进行实时红外视频监控及防火安全预警。通过调控电池外壳切割形式避免外壳杂质进入后段工艺，卷芯基本无损伤，合理利用机械摩擦力和外壳弹性形变，解决电池使用过程中壳芯黏结分离的难题，无损获得卷芯，避免卷芯内有价金属损失，为实现各组元物料的拆解预处理奠定基础，大幅改善现有多级破碎分选过程中的粉尘、燃爆、腐蚀等环境危害。

铁 / 铝 / 铜作为重要杂质，不仅影响黑粉等分选后物料的纯度，也会影响有价元素的湿法提取过程，增加除杂难度和操作步骤，通过系统研究退役锂离子电池中的物料特性与界面结合行为，开发了壳芯精细分离技术与装备。同时基于隔膜反卷特性，研究开发芯包正负极片精细拆分装备，实现电池芯包正极片、负极片与隔膜的精细化拆分，满足装备工艺智能化、精细化等要求。对退役单体电池通过研发工艺装备实施自动化拆解，简化回收工艺，降低回收成本，经拆解分类归集的正负极片可直接进行脱粉，实现正极材料等有价金属的短程高效富集。经设备精细化拆解所得正极片和负极片，通过破碎分选，所得正极材料和负极材料中铝、铜的含量分别低于 0.20%，产品质量较优。智能壳芯分离与隔膜捕获分离正负极片有效避免铁 / 铜 / 铝杂质进入其他物料及后续的有价金属湿法冶金过程，显著降低成本，缩短电池处理流程。

相比传统的破碎工艺，基于逆向制造的精细智能化拆解新工艺，在成本、安全性、经济效益、环保等方面有着明显的优势。新工艺实现了预处理的智能化拆解，壳体、正负极材料等高精细分类归集，最大程度提升材料回收价值；装备在封闭空间运转，废气、废水高效收集统一处理将环境隐患降到最低；生产全过程燃爆预警监控，降低安全风险。随着动力电池应用市场的大力发展，废旧动力电池拆解精细化、智能化以及绿色拆解设备将会迎来巨大应用前景。

### 2.2.3 破碎分选进展

**（1）破碎分选工艺**

废旧锂电池破碎过程中，通常采用机械破碎的方式，将废旧锂电池破碎成较小的颗粒。先进的破碎设备能够有效地将电池的外壳、正负极材料、隔膜等进行破碎分离，同时尽量减少对有价材料的损伤。分选环节会运用多种技术手段，常见的有磁选、风选、筛分、重选和浮选等。

① 磁选：主要用于分离出电池中的磁性物质，如含铁的部件。

② 风选：利用气流将轻质的隔膜、塑料等与较重的电极材料分开。

③ 筛分：根据颗粒大小的不同，将破碎后的物料进行分级筛选。

④ 重选：根据矿粒间密度差异，因而在运动介质中所受重力、流体动力和其他机械力的不同，从而实现按密度分选矿粒群的过程，粒度和形状会影响按密度分选的精确性。

⑤ 浮选：基于物料表面物理化学性质的差异，使特定物料浮出并得以分离。

动力锂电池中的金属组分主要分布在外壳、集流体和正极材料中。三元正极材料中一般包括锂、镍、钴、锰等金属，具有较高的回收价值，是退役动力电池金属材料回收的核心。然而正极材料中的金属均以化合物的形式存在，分离回收较为困难。如不经过预处理步骤，锂、镍、钴等有价金属组分将难以回收。为了高效选择性地富集动力电池中的有价金属，对动力电池进行预处理是十分必要的。图 2.8 为典型动力电池预处理工艺过程，机械破碎分选是目前工业上普遍使用的方法，该方法易于实现退役锂离子电池批量化处理，其工艺流程一般为三级破碎、磁选、风选、比重分选等步骤。由于电池的形状规格各不相同以及后续的回收工艺对原料的要求不同，退役锂离子电池的破碎分选流程也会有所不同。

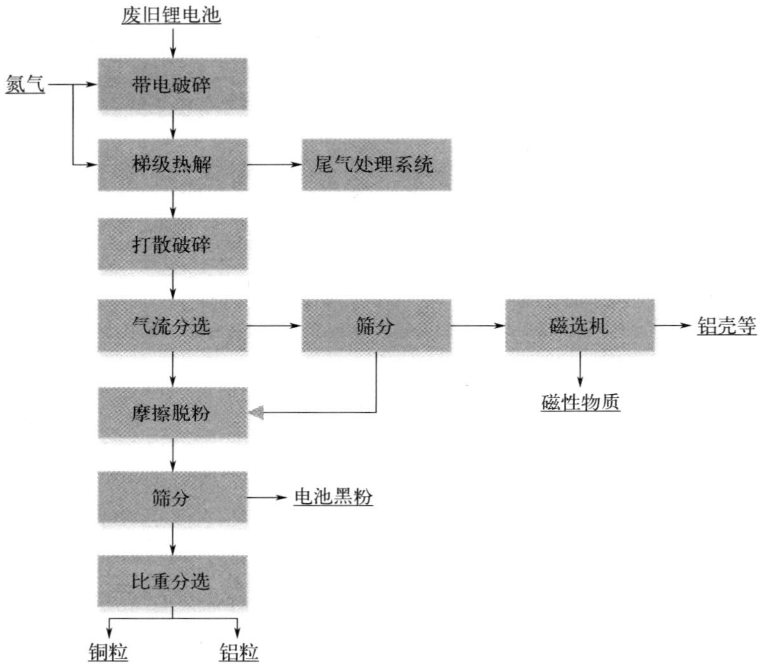


图 2.8　典型动力电池预处理流程

锂离子电池的金属外壳、铝箔、铜箔具有一定的金属延展性，因此，锂离子电池具有较好的选择性破碎性质。Wang Xue 等开展了基于尺寸参数进行锂电池机械粉碎的研究，发现钴酸锂电池中的钴含量在超细部分（＜ 0.5mm）的占比为 82%，预计可以通过预处理来提高输入湿法工艺中物料纯度。Georgi 等将电池进行预分类和分批破碎，电池在二氧化碳气氛中粉碎，释放的锂被中和。单独的组分如镍铬合金、有色金属、钴、锰氧化物和塑料由多级分选方法分离，分离后可以提纯作为工业原料回用。周旭等对报废锂电池中负极材料的分离与回收进行了研究，回收工艺为锤振破碎、振动筛分、气流分选，研究发现，铜的粒度越小纯度越高，最终铜的回收率可达 95.2%。张涛等分别对报废锂电池进行湿法破碎和干法破碎，通过比较发现干法破碎能实现报废电池的选择性破碎，钴氧化物和石墨电极材料不需过分粉碎就能从铜箔和铝箔基材上分离出来。王泽峰采用粗碎结合超声波振荡对失效锂离子电池进行资源化处理，结果显示回收得到的电极材料中的钴元素的回收率达到 92.46%。以两级破碎法得到的中间产物粒径较小（0.9～2mm），经细碎后，金属间可能存在包裹现象，不利于后续的分离处理。Ana 等对锂离子电池采用切割、研磨、筛分、磁选和重选等手段进行机械预处理，发现研磨时间 45min 和进料速度 239.4g/min 条件下所得钴、铜、铝的产品纯度较高，得到成分含量分别为 80%（< 1mm）和 66%（< 10mm）的钴和铜铝富集产物，有利于缩短湿法回收的步骤，降低成本。马成等将拆解后的电池单体破碎，实现电池内部物料的分离，然后通过低温热解无污化处理碎料中的有机成分，再通过不同的技术路线进行不同物料的归集，可实现铜、铝的回收率以及正负极粉的较高的回收率。

需要引起重视的是，机械拆解 / 破碎过程中会产生粉尘、噪声和热污染，电池中的碳酸二甲酯、碳酸二乙酯、碳酸甲乙酯、碳酸甲丙酯等挥发性有机物（VOCs）以及六氟磷酸锂的分解产物 HF 和 $PF_5$ 剧毒气体的持续释放会污染环境，实验人员长期工作于电池拆解回收实验室，可能导致严重中毒、神经官能症和心脏疾病等。因此需要对机械拆解 / 破碎过程中污染物的迁移转化规律和收集控制方法进行研究。

目前，一些企业已经开发出了较为高效的废旧锂电池破碎分选生产线。例如，某公司的生产线能够实现对不同类型、规格的废旧锂电池进行自动化破碎分选，提高了有价金属的回收率和纯度。然而，废旧锂电池破碎分选仍面临一些挑战。首先，锂电池的种类繁多、结构复杂，破碎分选的难度较大。其次，在破碎过程中可能会产生粉尘、废气等污染物，需要采取有效的环保处理措施。此外，如何进一步提高分选的精度和效率、降低成本，也是需要不断研究和改进的方向。

如图 2.9 所示，中国科学院过程工程研究所使用的摩擦分解设备是一种具有剪切、破碎研磨、粉碎细化等多种功能于一体的设备，由高速摩擦分解机、旋风卸料器、收尘系统和电柜控制装置组成。其工作原理为物料通过高速摩擦分选机上方的进料口进入粉碎室，再通过高速运转的转子与固定不动的齿内衬圈之间产生的剪切、搓擦和冲击作用分离正极材料和铝箔。粉碎后的产物随气流进入旋风卸料器进行风选，将合格的产物颗粒从管道中随气流排出，不合格的产物再次返回到粉碎室继续破碎。

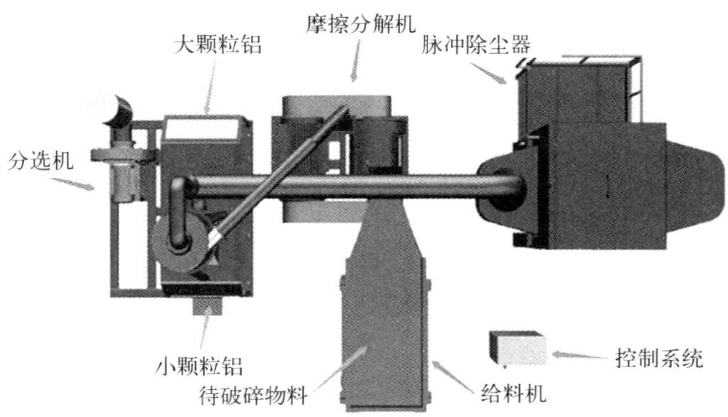


图 2.9　摩擦分解设备

使用摩擦分解设备对未经热处理和热处理后的极片进行破碎，将热处理后的极片冷却至室温后使用摩擦分解设备进行破碎。固定破碎机的破碎参数：喂料频率为 40Hz，风速频率为 40Hz，解离频率为 50Hz。将摩擦分解后得到的破碎产物使用 120 目的标准筛网进行一次筛分，得到正极活性材料和铝颗粒，对破碎产物用王水进行消解后使用电感耦合等离子体原子发射光谱仪（ICP-OES）进行元素定量分析，根据测试结果分别计算出正极材料分离率和正极材料中的铝杂质含量，结果如图 2.10 所示。

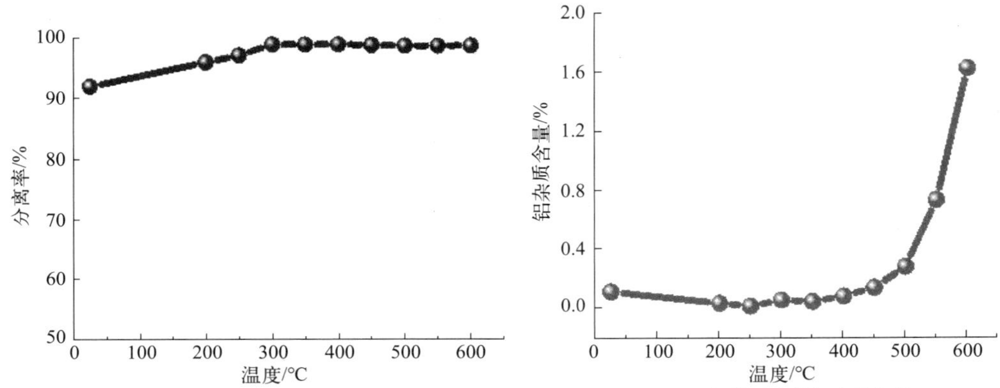


(a) 正极材料分离率　　(b) 正极材料中的铝杂质含量

图 2.10　热处理温度对分离效果的影响

从图 2.10 中可以看出，使用摩擦分解设备对未经热处理的极片进行破碎后的正极材料分离率为 91.96%，铝杂质含量仅为 0.11%。极片在 350～500℃热处理后进入摩擦分解系统破碎后得到的正极材料分离率在 98.55%～98.76% 之间，并且正极材料中的杂质 Al 含量低，最高仅为 0.28%。通过以上数据说明，除了极片经过高温易发生过粉碎，摩擦分解设备破碎出的正极材料产物中的铝杂质含量均小于 1%。说明摩擦分解后的正极材料和铝颗粒的粒径差异显著，可以实现一步筛分，得到的产品品质优异，具有良好的回收经济价值。

为了推动废旧锂电池破碎分选技术的发展，科研人员正在努力探索新的方法和工艺。例如，结合人工智能和大数据技术，对分选过程进行精准控制和优化，研发更加高效、环保的破碎和分选设备等。

**（2）低温等离子体（NTP）处理工艺**

在实际应用中，机械分选是废锂离子电池回收中主要的材料分离方法。这项技术包括粒度筛选、磁选、空气分离和浮选，从粉碎的产品中分离出铜箔、铝箔、正极材料和石墨等成分。这个过程利用冲击效应来区分复合材料中的成分。然而，有机黏结剂的存在，特别是聚偏氟乙烯（PVDF）给传统的机械分离方法带来了重大的挑战。PVDF 的不完全降解阻碍了电极材料和集流体的有效分离。这一限制强调了进一步研究以提高机械分离技术的必要性。废锂离子电池材料机械分离的主要问题是 PVDF 的降解，其在 350～550℃的温度范围内。在较高的温度下，PVDF 的黏合性能降低，从而有助于分离过程，但高温可能导致副反应发生，例如集流体的氧化 / 脆化，正极材料分解和金属氟化物的形成。有研究表明，废锂离子电池材料在 450℃，不同气氛下焙烧后，Cu 回收率可达 97.66%，其分离效果显著。此外，Zhang 等研究了使用热解 - 超声辅助浮选从电极材料表面提取有机黏结剂，从而促进其分离。然而，热处理带来了相关的挑战，例如，铝箔在高温下变脆，导致其在粉碎后与正极材料合并成微小的颗粒。这导致分离产物富集不足，此外 PVDF 可能在热处理过程中不受控制地分解，并在较高的加工温度下降解，从而导致意外污染。考虑到这些问题，低温环境似乎更适合处理废锂离子电池。

在这项研究中，中国科学院过程工程研究所提出可以使用低温等离子体处理（NTP）在接近室温的条件下实现正极材料和铝集流体的高效分离，而不是依赖于 PVDF 高温分解，详见图 2.11。在适当的 NTP 条件下可以通过降解长链分子使 PVDF 失活。在氧气气氛下，放电功率为 300W，总的处理时间约为 2000s，环境温度约为 80℃，可以避免轻微的副反应。分选率可达 95.69%，铝杂质含量仅为 0.02%（质量分数），即可获得优质正极材料。利用低温等离子体的物理和化学耦合机制在接近室温的条件下靶向分解黏合剂，既保留了集流体和正极材料的原有性能，又显著提高了破碎产物的富集程度。全流程没有额外的化学投入，是一种清洁有效的回收废旧锂离子电池材料的方法。与传统方法相比，该工艺反应迅速，大大缩短了处理时间，反应过程中的最高温度仅为 80～150℃。在 NTP 处理过程中，反应体系内通过氧电离产生了大量的活性氧自由基，导致 PVDF 失活。在这些自由基的影响下，PVDF 的主要失效模式包括 C—F 键断裂脱氟和长链结构降解。转化产物包括各种形式的苯系化合物和环烃结构。电离粒子的高动能也会破坏链结构，形成降解产物，促进 PVDF 的深度失活。

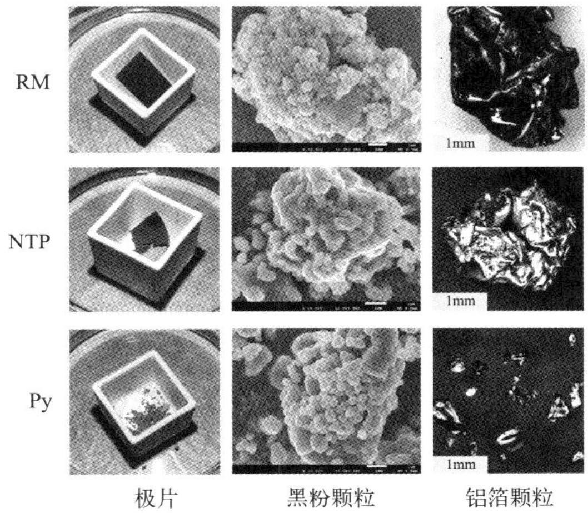


图 2.11　不同热处理条件［RM（室温）/NTP（等离子体处理）/Py（高温热解）］下极片分离效果

NTP 技术提供了一种清洁、高效的废锂离子电池回收方案，无需外部药物投入，对探索废锂离子电池回收过程中的预处理技术具有较高的参考价值。

## 2.2.4　热处理进展

在废锂离子电池回收过程中，热处理是去除电解液、隔膜和黏结剂等杂质，实现污染物前治理的关键技术。电池热解的目的是去除电池废料中的电解液、隔膜和黏结剂等杂质，得到清洁的黑粉产品，用于进一步处理如湿法冶金。锂离子电池组成结构复杂，有机物成分变化大、种类多。热解可以实现废锂离子电池中有机物成分的可控失活和安全分解，将锂离子电池废料转化为易于冶金回收、富集关键金属的黑粉产品。在预处理过程中，热处理（0～300℃）和热解（300～600℃）过程的主要产品都是纯净黑粉，同时活性物质也未发生分解和还原反应，故将这两类过程都统称为热处理过程。

在废锂离子电池回收过程中，热处理技术是实现污染物前治理的关键技术。热处理过程的温度范围通常在 0～600℃，被划分为低温段（0～200℃）、中温段（200～500℃）和高温段（500～600℃），不同热处理温度下电解液、隔膜和黏结剂组分的转化机制如图 2.12 所示。低温热处理也称为低温蒸发，只能去除电池内的电解液组分。隔膜和 PVDF 组分一般分别在 320～450℃和 425～475℃发生分解，因此中温热处理可以实现电解液、隔膜和黏结剂组分的协同脱除处理。高温热处理可以强化传热过程、提升反应速率，但同时电极材料也可能发生分解反应。在热处理过程中，HF 主要来源于 $LiPF_6$ 和 PVDF 组分的分解，其中 $LiPF_6$ 的分解、水解还会释放多种氟磷化合物。VOC 主要来源于电解液中的碳酸酯成分，而脂肪烃成分则是通过隔膜组分的热解转化形成的。

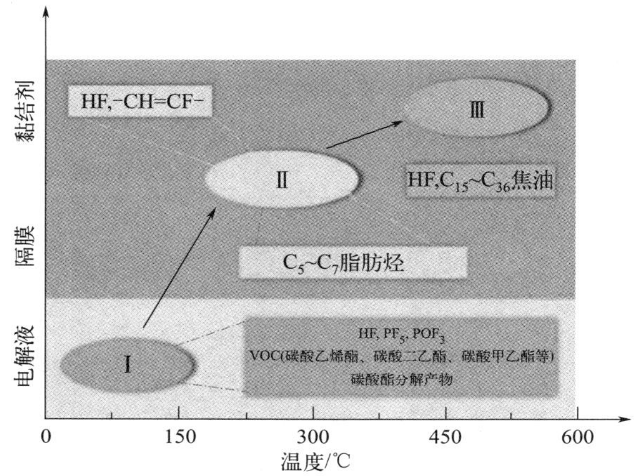


图 2.12 不同热处理温度下电解液、隔膜和黏结剂的转化机制

### （1）低温热处理

国内部分处理厂家将拆解后的废锂离子电芯置于密闭的环境中整体破碎，破碎后的正极粉在一定的温度下和密封的装置中使电解液挥发，收集后再进行集中处理，避免了电解液在回收过程中对环境和人体的直接危害。根据前人的研究发现，至少在 80℃的环境温度下才能去除溶剂的主要组分。仅在环境温度（例如 22℃）下分离不完全，在电池材料中留下 25%～50% 的电解质。又因为电解液中的不同碳酸酯类的闪点和爆炸极限不同，所以在对正极粉进行裂解等深度处理前需要尽量把大量的电解液进行挥发脱液处理，否则正极粉在较低的温度就可以燃烧，会增加火灾或爆炸的风险，中国科学院过程工程研究所通过研究确定了正极材料的具体脱液温度如图 2.13 所示。

由图 2.13（a）热重曲线（TG）和图 2.13（b）热失重率曲线（DTG）可知，正极粉中有机质存在不同的热解特性，表现出 4 个阶段的失重过程，如表 2.3 所列。第一失重阶段出现在 30～90℃温度范围内，失重率为 0.24%，该阶段主要为正极粉表面残留的低沸点电解液碳酸二甲酯、碳酸甲乙酯、碳酸二乙酯受热后的快速挥发；第二失重阶段发生在 90～150℃温度范围内，失重率为 0.75%，该阶段失重主要为锂电池充放电过程中部分低沸点电解液碳酸二甲酯、碳酸甲乙酯、碳酸二乙酯渗入到正极粉内部，第二失重阶段主要来源于这部分电解液的挥发；第三阶段失重出现在 150～380℃温度范围内，

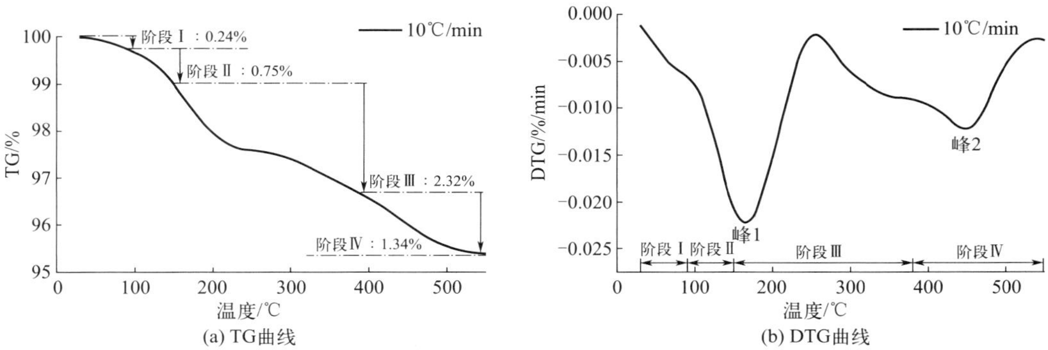


(a) TG曲线　　(b) DTG曲线

图 2.13　氮气气氛下正极粉热解曲线

失重率为 2.32%，这一阶段失重主要来源于正极粉中高沸点电解液碳酸乙烯酯、碳酸丙烯酯的挥发；第四阶段失重出现在 380～550℃温度范围内，失重率为 1.34%，这一阶段失重主要来源于正极粉中有机黏结剂 PVDF 的受热分解。

表 2.3　不同阶段热失重特性

| 阶段 | 温度区间 /℃ | 失重率 /% | 失重原因 |
|---|---|---|---|
| Ⅰ | 30～90 | 0.24 | 表面碳酸二甲酯、碳酸甲乙酯、碳酸二乙酯的挥发 |
| Ⅱ | 90～150 | 0.75 | 内部碳酸二甲酯、碳酸甲乙酯、碳酸二乙酯的挥发 |
| Ⅲ | 150～380 | 2.32 | 碳酸丙烯酯和碳酸乙烯酯的挥发 |
| Ⅳ | 380～550 | 1.34 | PVDF 的分解 |

以上情况说明了正极粉中大部分电解液简单地附着在电极材料上，有机黏结剂 PVDF 因本身的黏性和电极材料具有较强的结合能力。

如表 2.3 和图 2.14 所示，可初步确定大部分低闪点电解液在 20～200℃的温度范围内发生挥发和分解。脱液挥发后的电解液中含有少量正极粉，需要经过高温阻燃除尘，

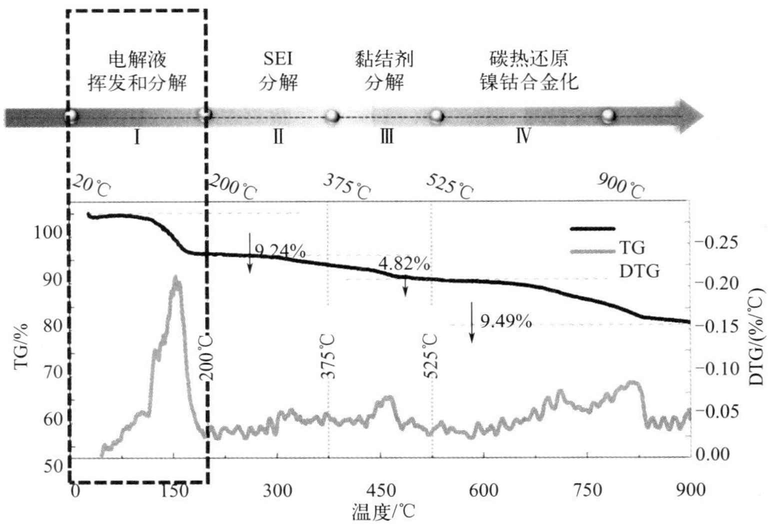


图 2.14　黑粉热解过程分析

并且高温除尘系统需要配有防爆系统。经除尘后的气体需要进行保温，防止温度降低使电解液冷凝，管道要采用下行式，防止物料残留在管道中。在电解液挥发设备中需要设置有氧检测系统，防止废气组分发生闪爆。

综合上述结果和工程实践发现在150～200℃对正极粉进行低温热解处理效果良好，可以看出脱液后的正极粉颗粒间更加松散（图2.15），且经过测定发现其闪点消失（表2.4），降低了正极粉的可燃性，说明脱液后的正极粉燃爆安全性大幅提高，可以保障工作人员的生命安全和保障设备的安全运行。

(a) 低温热解前　(b) 低温热解后

图2.15　低温热解前后正极粉样品

表2.4　闪点测试结果

| 样品 | 闪点类型 | 测试结果/℃ |
|---|---|---|
| 常温 | 闭口 | 130 |
| 低温热解 | | 无 |

**（2）中高温热解**

锂离子电池隔膜的主要成分是聚烯烃多孔材料，其具有相对稳定的化学性质和复杂的孔道结构，不溶于水，且不易与酸、碱发生反应。在废锂离子电池回收过程中，隔膜废料通常会被统一收集处理，常规的破碎分选可以实现对隔膜组分的高效分离。PVDF的化学性质在300℃下相对稳定，其高温分解过程会释放HF，产生氟污染。废锂离子电池经过破碎处理后，活性物质、PVDF和铝箔往往黏附在一起，常规分选很难对活性物质进行高效的分离回收。虽然黏结剂也可能吸附电解液造成夹带污染，但其污染性更多地体现在黑粉产品的后续处理中。

中高温热解是从废锂离子电池中去除电解质和胶黏剂以有效分离电极材料和集流体的关键步骤。废锂离子电池中含有多种含氟污染物，如电解质（$LiPF_6$在碳酸盐溶剂中）、SEI组分（例如$Li_xPF_y$，$Li_xPOF_y$和LiF）和聚偏氟乙烯（PVDF）胶黏剂。这些污染物在热解过程中经历了复杂的转化，如挥发、氧化和分解，释放出氟化氢（HF）、五氟化磷（$PF_5$）、磷酰氟（$POF_3$）和含氟烃（例如$CH_2$=$CF_2$和1,3,5-三氟苯）。同时，正极黑粉中的金属氧化物容易与这些污染物反应形成金属氟化物，如$CoF_2$和$NiF_2$/$MnF_2$，导致热解正极黑粉中的可解离氟含量高。可解离的氟严重影响正极黑粉产品的纯度，并导致浮选或浸出过程中的含氟废水。因此，对降低热解正极黑粉中可解离氟含量的热解过程提出了很大的挑战。

近年来对废锂离子电池热解的研究主要集中在动力学机理、有毒气体鉴别以及开发先进分离电极材料的热解技术上。动力学的研究表明，废锂离子电池在热解过程中，挥发电解质主要发生在 100～200℃，并分解分离剂和黏结剂一般发生在 400～500℃。在中高温热解过程中，典型的气态产物包括脂肪烃（$C_4$～$C_7$）、碳酸酯（碳酸二甲酯、碳酸二甲酯）、酸性气体（HF、$PF_5$ 和 $POF_3$）和氟烃（氟乙烷、氟乙烯和三氟苯）。为了提高正极材料从集流体中释放，已经开发了多段热解和真空热解技术，并成功应用于处理各种废锂离子电池。然而，很少有研究报道正极黑粉热解过程中含氟污染物的转化机理。Tanaka 等研究了碳酸钙（$CaCO_3$）对 PVDF 热解过程中 HF 去除的影响。结果表明，$CaCO_3$ 的加入可以降低 PVDF 分解释放时释放的 HF 含量，从 72% 降至 0.8%。值得注意的是，正极黑粉原料中存在各种形态和组成复杂的有机污染物，如吸附在孔隙中的电解质和包裹在表面上的黏结剂。这些含氟污染物需要在热解阶段被清除，以减轻它们在冶金过程中的负面影响（如设备腐蚀、有机废水）。因此，有必要研究正极黑粉热解过程中的氟转化机制，以指导正极黑粉热解脱氟过程的发展。

针对以上问题，中国科学院过程工程研究所提出了一种原位热解工艺，利用 $Ca(OH)_2$ 基材料控制正极黑粉中氟化物物种的转化途径。结果表明，所设计的氟去除添加剂［FRA@$Ca(OH)_2$］可以有效地从正极黑粉中去除 SEI 组分（$Li_xPOF_y$）和 PVDF 黏结剂。在原位热解过程中，潜在的氟化物物种（如 HF、$PF_5$ 和 $POF_3$）被吸附并转化为 FRA@$Ca(OH)_2$ 添加剂表面的 $CaF_2$，从而抑制了与电极材料的氟化反应。在最佳实验条件下［温度为 400℃，正极黑粉：FRA@$Ca(OH)_2$=1：4，保温时间 =1.0h］，正极黑粉中的可解离氟含量从 3.84%（质量分数）降低至 2.54%（质量分数）。

该研究提供了一个潜在的废锂离子电池回收过程中含氟污染物源控制策略。但是中高温热解处理无法去除正极黑粉中固有的金属氟化物，为了更好地从源头上控制金属氟化物，需要对废锂离子电池在放电及破碎过程中氟元素的迁移转化进行更多研究。

## 2.3 金属提取与分离

### 2.3.1 火法冶金技术

火法冶金是一种从矿物中回收金属的传统高温方法，使用火法冶金技术可以直接将退役锂电池材料在高温条件下进行熔炼，使得电池材料中部分有价金属还原为单质并形成金属合金，再通过进一步处理实现有价金属的回收。火法冶金回收技术已经应用了很长时间，具有操作简单、处理量大、对原料的适应性强等优势。典型的火法冶金回收技术是采用高温还原熔炼的方法使得退役锂电池材料中的钴、镍和铜形成合金，而锰和锂则会富集成渣相。火法冶金回收技术温度在 1200～1400℃。

在对退役锂电池材料进行火法冶金处理以回收有价金属时，必须考虑电池和工艺的不同特性。表 2.5 提供了一个概览，列出了火法冶金工艺的特征和不同锂电池材料的特性。

表 2.5 火法冶金回收退役锂电池材料相关特性

<table>
<tr><td rowspan="2">锂离子电池</td><td>外壳</td><td>钢壳</td><td colspan="2">铝壳</td><td>塑料壳</td></tr>
<tr><td>经过考量的电池单体化学体系</td><td>NMC333</td><td>LFP</td><td>NMCLMO</td><td>NMC811</td></tr>
<tr><td rowspan="8">火法冶金回收过程</td><td>人工拆除</td><td>无</td><td colspan="2">模块级</td><td>单元级</td></tr>
<tr><td>预处理</td><td>无</td><td>热能</td><td>机械</td><td>热能/机械</td></tr>
<tr><td>还原剂</td><td colspan="2">需要</td><td colspan="2">不需要</td></tr>
<tr><td>熔炼装置</td><td>竖炉</td><td colspan="2">电弧炉</td><td>浴式炉</td></tr>
<tr><td>炉渣添加剂</td><td colspan="2">使用</td><td colspan="2">不使用</td></tr>
<tr><td>进一步加工：炉渣</td><td>填埋</td><td>火法冶金</td><td>湿法冶金</td><td>建筑材料</td></tr>
<tr><td>进一步加工：金属相</td><td>可销售(中间)产品</td><td colspan="2">火法冶金</td><td>湿法冶金</td></tr>
<tr><td>进一步处理：炉灰</td><td>无</td><td>火法冶金</td><td>湿法冶金</td><td>循环</td></tr>
</table>

近年来国内外的研究者针对退役锂电池的火法回收开展了一系列实验室研究。Ren 等开发了一种基于 $MnO-SiO_2-Al_2O_3$ 熔渣体系的退役锂电池材料还原熔炼方法，得到 Co-Cu-Ni-Fe 合金和富 Mn 熔渣（含锂）。在这一过程中，锂的回收率约为 94.85%，锰的回收率约为 79.86%。Xiao 等将退役锂离子电池材料与造渣剂混合均匀，在 1450～1500℃条件下还原熔炼 15～40min，得到 Ni-Co-Cu 的合金。此外，还对不同的锂离子电池所适宜的熔炼工艺进行了研究，发现含铝或锰高的锂离子电池更适宜在 1450℃条件下采用 $FeO-SiO_2-Al_2O_3$ 型渣进行熔炼，钴、镍、铜回收率分别为 97.21%、98.93%、93.60%；其他类型的锂离子电池在 1500℃条件下采用 $CaO-SiO_2-Al_2O_3$ 型渣进行还原熔炼时，回收效果更为理想，钴、镍、铜回收率分别为 99.01%、99.22%、97.33%。Georgi-Maschler 等先对退役锂离子电池进行真空热处理，除去有机挥发物，然后对热处理产物进行机械破碎筛分，接着混入还原剂碳粉，压制成块，在 1700～1750℃条件下进行高温还原处理，得到了钴基合金和富含锂的烟尘和炉渣。

火法冶金回收技术已经广泛应用于各个发达国家的退役锂电池材料回收，以比利时优美科公司（Umicore）为代表。该工艺将退役锂离子电池材料投入具有 3 个温度区的竖炉中，这 3 个温度区分别为预热区、塑料热解区和熔炼还原区（图 2.16）。电池首先在低于 300℃的预热区加热，目的是对电池进行放电处理以确保不会爆炸。接着在 700℃左右的塑料热解区焙烧，目的是焚烧退役锂离子电池的塑料成分，以提供热量、维持温度和降低熔炼步骤的能耗。最后在 1200～1450℃的熔炼还原区中，电池中的有价金属被熔炼还原形成含铜、钴、镍和铁的合金以及含锂、铝、硅、钙和部分铁的炉渣。

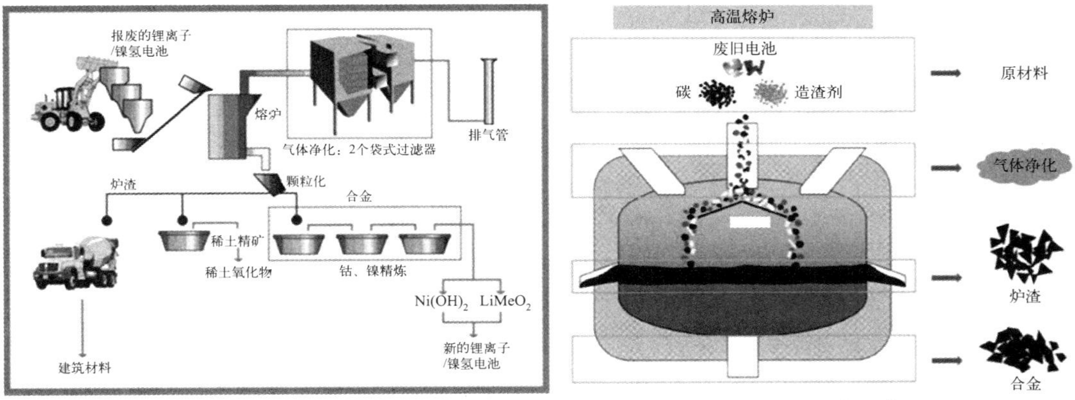


(a) Umicore 电池回收流程　　(b) 典型火法冶金回收工艺

图 2.16　优美科公司电池回收流程与典型火法冶金回收工艺

国际金属回收公司（INMETCO）经营着一个工业规模的火法冶金设施，用于回收退役锂离子电池。首先将锂离子电池破碎，并加入含有镉和镍的液体废物和碳基还原剂，将混合物造粒，并送入旋转炉。在温度为 1260℃的旋转炉中熔炼 20min。过程中有机组分和碳被燃烧或用作还原剂，最后将得到的合金从熔炉中取出。这一工艺实际上不是退役锂离子电池专用回收工艺，而是一种直接还原铁的工艺，它主要用于回收铁基合金形式的钴、镍和铁。

总体来说，退役锂电池的火法冶金回收技术具有生产规模大、生产效率高、原料适应性广、预处理要求低等优点，但该技术能耗高、设备投资大。此外，锂、锰、铝在火法冶炼过程中容易进入熔渣，难以经济回收，因此火法技术在我国未得到大规模应用。

## 2.3.2　湿法冶金技术

### （1）退役三元材料的湿法回收

湿法工艺是学术研究和工业应用中使用最广泛的工艺，相较于火法工艺，湿法工艺具有有价金属综合回收率高、产品质量好、能耗低等优点。全湿法流程是目前回收三元锂离子电池的主流方法，主要包括预处理、浸出、有价金属的分离等过程，其中浸出过程的好坏决定了有价金属回收效率的高低。按照浸出过程中使用的浸出剂种类，浸出过程主要可以划分为无机酸浸出、有机酸浸出、氨浸出。表 2.6 总结了部分文献中报道的退役三元锂电材料的湿法工艺。

表 2.6　湿法工艺总结

| 原料 | 浸出剂 + 还原剂 | 温度 /℃ | 时间 /min | 液固比 /(mL/g) | 浸出率 /% |
|---|---|---|---|---|---|
| 无机酸浸出 | | | | | |
| NCM | 4mol/L HCl | 80 | 60 | 50 | Li, Ni, Co, Mn > 99 |
| NCM | 1mol/L $H_2SO_4$ | 95 | 240 | 50 | Li: 93.4; Ni: 96.3<br>Co: 66.2; Mn: 50.2 |

续表

| 原料 | 浸出剂 + 还原剂 | 温度 /℃ | 时间 /min | 液固比 /(mL/g) | 浸出率 /% |
|---|---|---|---|---|---|
| NCM | 1mol/L $H_2SO_4$ + 1%（体积分数）$H_2O_2$ | 40 | 60 | 40 | Li, Ni, Co, Mn: 99.7 |
| NCM | 1mol/L $H_2SO_4$ + 5%（体积分数）$H_2O_2$ | 95 | 240 | 50 | Li: 94.5; Ni: 96.4; Co: 79.2; Mn: 84.6 |
| NCM | 4mol/L $H_2SO_4$ + 2mol/L $H_2O_2$ | 90 | 120 | 125 | Ni: 99; Co: 99; Mn: 97 |
| NCM | 1mol/L $H_2SO_4$ + 0.075mol/L $NaHSO_3$ | 95 | 240 | 20 | Li: 96.7; Ni: 96.4; Co: 91.6; Mn: 87.9 |
| NCM | 2.5mol/L $H_2SO_4$ + 0.8mol/L $NH_4Cl$ | 80 | 60 | 100 | Li: 99; Ni: 98; Co: 98; Mn: 97 |
| NCM | 0.8mol/L $H_2SO_4$ + 0.075mol/L $Na_2SO_3$ | 70 | 90 | 10 | Li: 99; Ni: 98.6; Co: 97.9; Mn: 99.1 |
| 有机酸浸出 | | | | | |
| NCM | 1mol/L 柠檬酸 + 12%（体积分数）$H_2O_2$ | 60 | 40 | 12.5 | Li, Ni, Co, Mn ＞ 98 |
| NCM | 1mol/L 乙酸 + 6%（体积分数）$H_2O_2$ | 70 | 60 | 50 | Li: 98.4; Ni: 97.3; Co: 97.7; Mn: 97.1 |
| NCM | 1.5mol/L 酒石酸 + 2%（体积分数）$H_2O_2$ | 80 | 30 | 40 | Li: 99.7; Ni: 6.5; Co: 2.5; Mn: 3.9 |
| 氨浸出 | | | | | |
| NCM | 1mol/L $(NH_4)_2CO_3$ + 4mol/L $NH_3$ + 0.3mol/L $Na_2SO_3$ | 80 | 5.0 | 100 | Li: 79.1; Ni: 85.3; Co: 86.4 |
| NCM | 1.5mol/L $(NH_4)_2SO_3$ + 4mol/L $NH_3$ + 0.5mol/L $Na_2SO_3$ | 80 | 5.0 | 100 | Li: 95.3; Ni: 89.8; Co: 80.7 |
| NCM | 3mol/L $(NH_4)_2SO_4$ + 1.5mol/L $(NH_4)_2SO_3$ | 180 | 2.0 | 12 | Li: 98; Ni: 98; Co: 81 |

目前工业上回收处理退役三元锂离子电池的全湿法工艺的原则流程如图 2.17 所示，具体为：

① 退役三元锂离子电池首先进行放电处理，之后通过物理分选的方法得到三元锂电黑粉、铜铝箔混合物以及电池外壳、隔膜等；

② 黑粉采用硫酸浸出，酸浸过程往往需要加入双氧水或亚硫酸钠等还原剂，浸出渣主要为负极石墨、导电剂乙炔黑的混合物；

③ 浸出液净化后，采用萃取分离其中的锰、钴、镍得到硫酸盐产品；

④ 萃余液中锂浓度很低（＜ 2g/L），而共存的钠（或铵）离子浓度很高，因此工业上一般通过浓缩、加入碳酸钠将锂以碳酸锂的形式沉淀回收。

针对全湿法工艺存在的锂回收率低（约 75%）的问题，近年来研究者们开发了火法 - 湿法联合工艺回收退役三元锂电池中的有价金属。联合工艺通常是将经过预处理后

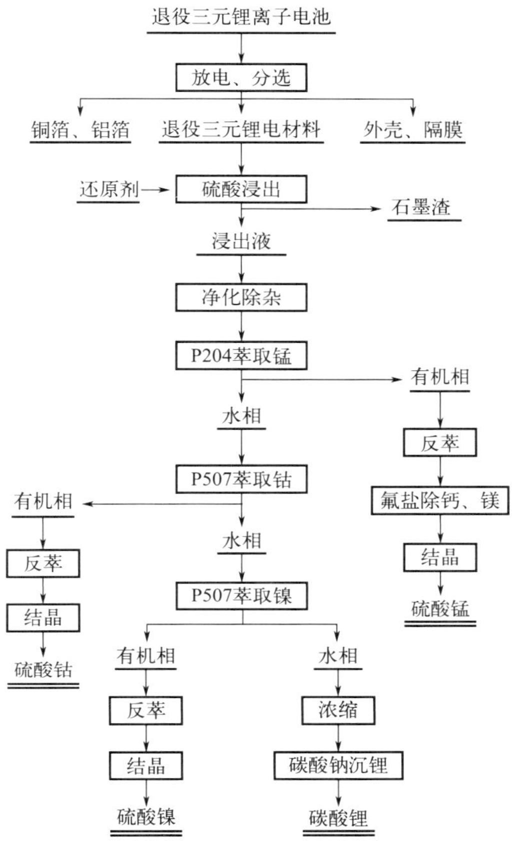


图 2.17 退役三元锂离子电池全湿法工艺流程

的电池材料先进行火法焙烧，将三元材料的相态进行解离和转化，从而可在后续的湿法浸出过程中实现优先提锂以及镍、钴、锰的高效浸出。目前最常见的联合工艺包括还原焙烧 - 碳酸化水浸提锂和硫酸化焙烧 - 水浸提锂工艺。

还原焙烧过程可将锂、镍、钴、锰三元正极材料解离并转化为碳酸锂以及镍、钴、锰的低价氧化物或金属单质形态。由于还原焙烧产物中的锂以水溶解性较差的碳酸锂形式存在，受工业生产纯碳酸锂的启发，一般在水浸时通入 $CO_2$，将碳酸锂转变为易溶于水的碳酸氢锂，进而实现锂的选择性提取。水浸提锂后可在不加入还原剂的条件下浸出镍、钴、锰，这也是该方法的一个优势。

例如 Hu 等采用褐煤还原焙烧—碳酸化水浸提锂—硫酸浸出回收镍、钴、锰的联合工艺处理退役三元锂电材料，具体流程如图 2.18（a）所示。结果表明，在碳含量为 19.9%（质量分数）的条件下于 650℃还原焙烧 3h 后，$LiNi_xCo_yMn_zO_2$ 正极材料得到解离并还原转化为 $Li_2CO_3$、Ni、Co 和 MnO。接着在 20mL/min $CO_2$、液固比 10mL/g、浸出时间 2h 和浸出温度为室温的条件下，通过碳酸化水浸从焙烧产物中选择性浸出锂。通过直接蒸发滤液获得纯碳酸锂产品。随后，将过滤后的残渣在 85℃下用 3.5mol/L $H_2SO_4$ 溶液浸出 3h。实验结果表明，通过该方法从失效三元锂电材料中回收了 84.7% 的 Li 和超过 99% 的 Co、Ni 和 Mn。

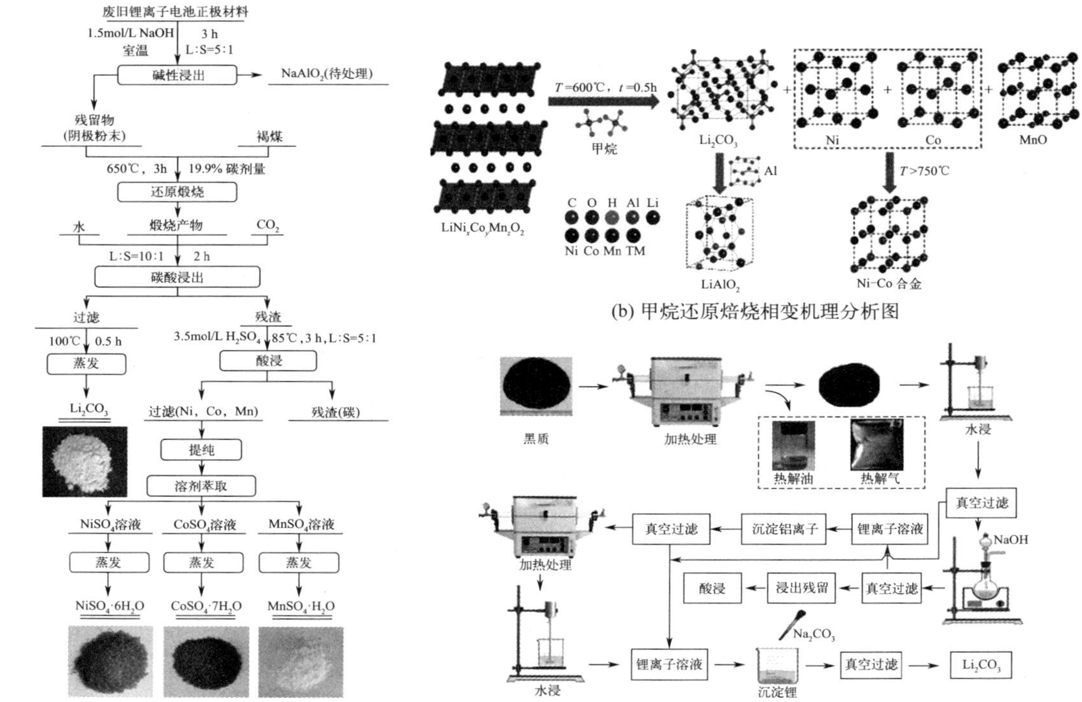


(a) 还原焙烧—碳酸化水浸—硫酸浸出工艺流程图

(b) 甲烷还原焙烧相变机理分析图

(c) 还原焙烧—多级浸出法流程示意图

图 2.18　不同还原焙烧工艺流程及机理分析

Yang 等采用甲烷作为还原剂对退役三元锂电材料进行还原焙烧，同样采用碳酸化水浸结合酸浸的方法提取有价金属。他们发现正极材料中铝的存在会严重影响锂的浸出率。图 2.18（b）为甲烷还原焙烧过程正极材料的相转变机理分析图，首先，正极材料中存在铝时，600℃的最佳焙烧温度，$LiNi_xCo_yMn_zO_2$ 分解后释放出的部分锂会与铝结合形成铝酸锂（$LiAlO_2$）。而通过预碱浸除铝后，锂可以完全转化为碳酸锂。另外，镍、钴、锰的还原过程不受铝的影响，均能转化为酸溶性金属 Ni、Co 和 MnO，但是随着焙烧温度的升高（＞750℃），镍钴会形成合金，难以被酸浸出。含铝和不含铝正极材料还原过程的具体反应方程式如下：

$$5LiNi_{0.5}Co_{0.2}Mn_{0.3}O_2+1.5CH_4(g) \xrightarrow{600^\circ C} 2LiOH+1.5Li_2CO_3+2.5Ni+Co+1.5MnO+2H_2O(l) \quad (2.1)$$

$$50LiNi_{0.5}Co_{0.2}Mn_{0.3}O_2+9CH_4(g)+16Al \xrightarrow{600^\circ C} 9Li_2CO_3+16LiAlO_2+16LiOH+25Ni+10Co+15MnO+10H_2O(l) \quad (2.2)$$

采用预碱浸法优先分离铝后，锂的浸出率由 70% 提高到 88%。后续不加还原剂酸浸过程镍、钴、锰的浸出率均超过 98%。因此，有价金属的有效浸出取决于还原焙烧过程中产物相的精确控制。

Zhang 等直接利用退役锂电池的负极石墨作为还原剂，在碳热还原焙烧后，对金属锂进行了选择性提取。由于原料中铝杂质的存在严重影响锂的浸出，因此他们采用了一种多级浸出的方法来处理铝锂化合物，具体流程如图 2.18（c）所示。在碳热还原过后，首先将生成的 $Li_2CO_3$ 水浸提取，之后采用碱浸法沉淀 $LiAlO_2$ 中的铝，部分随沉淀一起夹带的锂可通过高温焙烧转化为可溶性锂盐。整个回收流程虽然颇为烦琐，但是却可以在铝含量为 4.03% 的退役锂电材料中选择性地提取出 87.15% 的锂。

除了上文列举的一些还原剂之外，其他还原剂如焦炭、炭黑、无烟煤、氢气和生物质等也被研究用于还原焙烧。

硫酸化焙烧工艺是将锂电池正极废料与硫酸化试剂混合后焙烧，将锂转化为水溶性硫酸盐后采用水浸将锂优先提取。Yu 等将经过放电、拆解得到的正极废料与 $NaHSO_4 \cdot H_2O$ 按照质量比 1：1.4 的比例混合，在 600℃的条件下焙烧 0.5h，最终锂转化为 $LiNaSO_4$，Co 则转化为 $Co_3O_4$，通过简单水浸可以实现选择性提锂并将钴保留至水浸渣中。整个焙烧升温过程的物相转化反应方程式如下：

$$Li_2SO_4 + Na_2SO_4 \longrightarrow 2LiNaSO_4 \tag{2.3}$$

$$NaHSO_4 \cdot H_2O \longrightarrow NaHSO_4 + H_2O \tag{2.4}$$

$$2NaHSO_4 \longrightarrow Na_2S_2O_7 + H_2O \tag{2.5}$$

$$Na_2S_2O_7 \longrightarrow Na_2SO_4 + SO_3 \tag{2.6}$$

$$4LiCoO_2 + 2xSO_3 + xO_2 \longrightarrow 4\,Li_{(1-x)}CoO_2 + 2xLi_2SO_4 \tag{2.7}$$

$$Li_{(1-x)}CoO_2 \longrightarrow (1-x)Li_2O + Co_3O_4 + O_2 \tag{2.8}$$

$$Li_2O + SO_3 \longrightarrow Li_2SO_4 \tag{2.9}$$

$$Li_2SO_4 + Na_2SO_4 \longrightarrow 2\,LiNaSO_4 \tag{2.10}$$

但是这种硫酸钠化的焙烧过程需严格控制 $SO_3$ 分压以保证物相的转化，且焙烧产物的水浸液中引入的高浓度 $Na^+$ 会影响 Li 的回收效率。

也有研究者使用固体废物绿矾作为硫酸化试剂，提出了从废旧锰酸锂（LMO）电池中选择性分离金属锂的绿色回收工艺。如图 2.19（a）所示，这种工艺环境友好，整个过程没有气体污染物 $SO_2$ 的产生，在最佳实验条件下，99.50% 的锂以硫酸锂的形式被选择性提取，锰则以氧化物的形式被分离，最终制得的 $Li_2CO_3$ 产品纯度高达 99.77%。该研究为废旧 LMO 电池的环保回收提供了一条新的技术途径。

Li 等提出以硫酸代替硫酸盐为硫酸化试剂，图 2.19（b）和（c）分别为退役 LCO 和 NCM 电池硫酸化焙烧 - 水浸工艺的流程图。以退役三元锂电材料为例，正极废料与浓硫酸按照 2：1 的摩尔比混合后在 800℃下焙烧 2h，整个过程的硫酸化转型可以分为两个阶段：首先是常温下正极材料与硫酸混合时会发生反应，部分结构被破坏，Ni、Co、Mn 不同程度地还原为二价，形成硫酸根（$NiSO_4$、$CoSO_4$、$MnSO_4$）；随着温度的不断升高，最终不稳定层状结构中的所有锂离子被释放，与过渡金属硫酸盐中的 $SO_4^{2-}$ 结合生成 $Li_2SO_4$，过渡金属会反应生成 $Ni_{0.5}Co_{0.2}Mn_{0.3}O_{1.4}$。采用简单水浸进行选择性提取锂，浸出率达到 96.92%，其他过渡金属几乎不被浸出。

Chen 将经过预处理得到的正负极混合材料与浓硫酸按照 $n(H_2SO_4)$：$n(Li)$=0.95：1 的摩尔比混合，在 550℃下焙烧 3h 后，锂转化为硫酸锂，镍钴锰则转化为简单氧化物，水浸后锂的浸出率达到 90%，锰的浸出率为 10%。后续采用硫酸浸出可以进一步回收镍钴锰。由于电池原料中有还原剂碳的存在，因此硫酸化焙烧转型过程主要有 3 种途径：

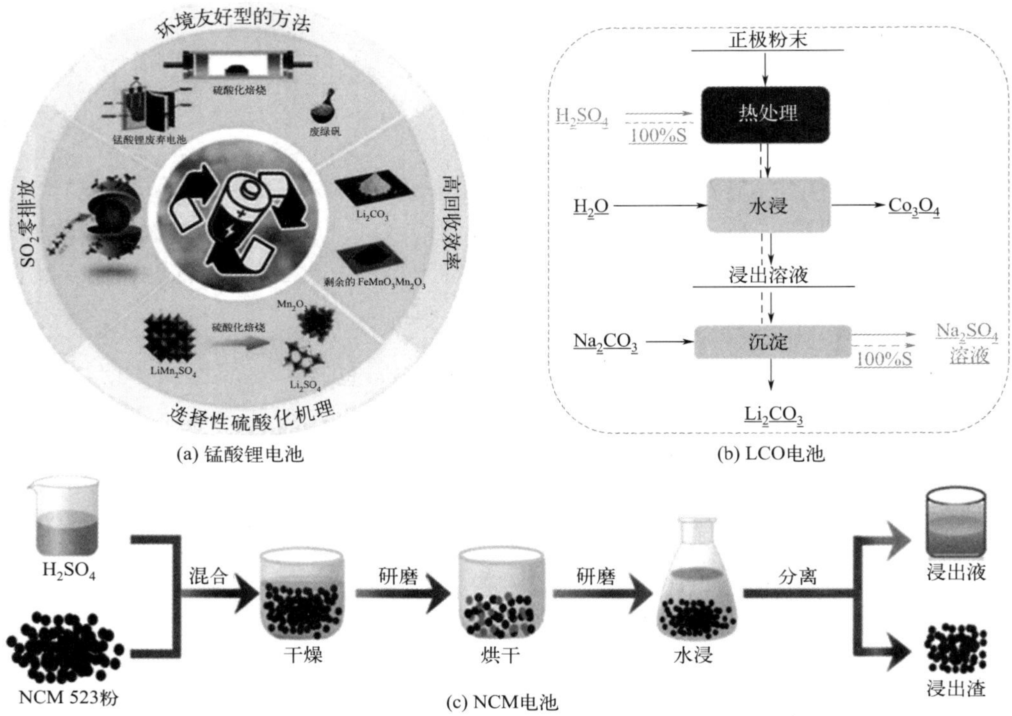


图 2.19　硫酸化焙烧工艺回收不同种类废电池

① 当焙烧温度低于 550℃，焙烧时间小于 2h 时，$LiCo_xNi_yMn_{1-x-y}O_2$ 晶体结构中的锂发生脱嵌转化为可溶性的 $Li_2SO_4$，同时 Ni、Co、Mn 首先转化为 $MnCo_2O_4$、$Ni_6MnO_8$；

② 当 $n(H_2SO_4):n(Li)>1$ 时，部分锂和锰进一步转化为水溶性 $Li_2Mn_2(SO_4)_3$，从而会影响到锂的选择性；

③ 当焙烧温度大于 550℃，焙烧时间大于 2h 的条件下，$MnCo_2O_4$ 和 $Ni_6MnO_8$ 进一步被还原为低价态的 CoO 和 $(NiO)_{0.75}(MnO)_{0.25}$。

这些机理途径分析结果进一步揭示了硫酸化焙烧的过程，为高效选择性回收退役三元锂电池中的有价金属提供了良好方案。

表 2.7 中还总结了一些文献中报道的联合工艺。近年来由于锂价的飙升，联合工艺受到工业界的广泛关注，其中基于还原焙烧 - 选择性提锂的工艺已实现了产业化应用，而基于硫酸化焙烧 - 选择性提锂的产线也在企业陆续建设，联合工艺有望取代传统的全湿法流程，成为退役三元锂电池产业化的主流方法。

表 2.7　部分火法 - 湿法联合工艺总结

<table>
<tr><th>原料</th><th>焙烧掺杂剂</th><th>焙烧条件</th><th>浸出剂</th><th>浸出条件</th><th>浸出率 /%</th></tr>
<tr><td colspan="6">还原焙烧</td></tr>
<tr><td rowspan="2">NCM</td><td rowspan="2">焦炭</td><td rowspan="2">650℃，30min，<br>焦炭用量 10%（质量分数）</td><td>$H_2O$</td><td>室温，60min，$L/S$=30</td><td rowspan="2">Li: 93.67;<br>Ni: 93.33; Co: 98.08;<br>Mn: 98.68</td></tr>
<tr><td>4mol/L $H_2SO_4$</td><td>室温，120min，$L/S$=10</td></tr>
</table>

续表

| 原料 | 焙烧掺杂剂 | 焙烧条件 | 浸出剂 | 浸出条件 | 浸出率 /% |
|---|---|---|---|---|---|
| NCM | 氢气 | 500℃，15min，氢气流量 200mL/min | $H_2O$ | 室温，10min，$L/S$=2 | Li ＞ 97；Ni、Co、Mn ＜ 0.01 |
| 硫酸化焙烧 | | | | | |
| NCM | $(NH_4)_2SO_4$ | 350℃，90min，$m[(NH_4)_2SO_4]:m(NCM)=4$ | $H_2O$ | 60℃，30min，$L/S$=200 | Li: 99.2；Ni: 99.4；Co: 98.8；Mn: 98.5 |
| LCO | $SO_2$-$O_2$-Ar | 700℃，120min，10% $SO_2$-1% $O_2$-89% Ar（体积分数） | $H_2O$ | 室温，60min，$L/S$=100 | Li: 99.5；Co: 17.4 |
| 氯化焙烧 | | | | | |
| NCM | $NH_4Cl$ | 550℃，30min，$m(NH_4Cl):m(NCM)=3$ | $H_2O$ | 常温，10min，$L/S$=25 | Li: 87; Ni、Co、Mn ＜ 1 |

**（2）退役磷酸铁锂湿法回收**

1）全浸出回收工艺

磷酸铁锂的全浸出回收工艺是指将磷酸铁锂正极废料用酸溶液溶解，得到含 $Li^+$、$Fe^{2+}/Fe^{3+}$、$PO_4^{3-}$ 的浸出液，然后通过沉淀结晶的方法将金属离子以氧化物、盐的方式回收，或者在浸出液中重新合成正极材料。全浸出回收工艺简单，对设备要求不高，然而，该方法在回收锂之前要先沉淀铁、磷等元素，而在铁、磷沉淀过程中沉淀产物不可避免地要夹带部分的锂元素，若采用水洗的方式减小夹带损失，则会产出低浓度含锂溶液难以回收，造成锂回收率降低。另外在浸出过程中需要使用大量的酸碱试剂，进而产出大量含盐废水。

2）选择性提锂技术

选择性提锂技术是在湿法全浸出的基础上提出的一种更经济有效回收锂的方法。主要思路是采用氧化、机械活化转型等方式将磷酸铁锂废料中价值较高的锂选择性提取，确保锂的高回收率。现有的主要选择性提锂方法总结如表 2.8。

表 2.8　选择性提锂方法总结

| 方法 | 试剂 | 浸出率 /% |
|---|---|---|
| 氧化剂氧化法 | $CH_3COOH$、$H_2O_2$ | Li: 95.05；Fe: 5.92 |
| 氧化剂氧化法 | $H_2SO_4$、$H_2O_2$ | Li: 96.85；Fe: 0.027；P: 1.95 |
| 氧化剂氧化法 | $Na_2S_2O_8$ | Li: 99；Fe: 0.048；P: 0.387 |
| 氧化剂氧化法 | 空气、$H_2SO_4$ | Li: 99.3；Fe: 0.02 |
| 电化学法 | NaCl | Li: 98；Fe: 4 |
| 电化学法 | $Li_2SO_4$、LiOH | Li: 96.74；Fe: 4.13；P: 3.98 |
| 高温相转化法 | $H_2SO_4$、$H_2O_2$ | Li: 98.46；Fe: 0.01；P: 26.59 |
| 机械活化法 | $H_2C_2O_4$ | Li: 99；Fe: 6 |

① 氧化剂氧化法

氧化剂氧化法是指在湿法浸出的过程中利用氧化剂将 $LiFePO_4$ 晶体中的 $Fe^{2+}$ 氧化成 $Fe^{3+}$，使晶体中嵌入的 Li 可以选择性地从 $LiFePO_4$ 中释放和浸出，实现锂、铁的高效分离。其中 $H_2O_2$ 是最常见、运用最广泛的氧化剂。Yang 等以 $H_2O_2$ 为氧化剂，对比了草酸、柠檬酸、醋酸、盐酸等对 Li 的浸出选择性，最终选择醋酸作为浸出剂，在优化条件下（0.8mol/L $CH_3COOH$，6%$H_2O_2$，液固比为 120g/L，50℃，30min）约 95.05% 的锂被浸出，最后加入 $NaCO_3$ 沉锂，得到的电池级纯度的 $Li_2CO_3$。剩余的铁、磷以 $FePO_4$ 形式存在于浸出渣中。控制溶液的氧化状态是选择性提锂技术的关键，在将 $Fe^{2+}$ 氧化为 $Fe^{3+}$ 的同时需要避免铁浸出到溶液当中。Li 等使用低浓度的 $H_2SO_4$ 浸出，以 $H_2O_2$ 为氧化剂，在硫酸浓度为 0.3mol/L 时，$n(H_2SO_4):n(Li)=0.57$、反应温度为 60℃的条件下反应 2h，锂的浸出率高达 96.85%，超过 99% 的铁和 98% 的磷以 $FePO_4$ 的形式保留在渣中，过滤后加入沉淀剂 $Na_3PO_4$ 进行锂的回收。

除了使用 $H_2O_2$ 做氧化剂以外，还有学者尝试利用其他的氧化剂进行氧化浸出。Zhang 等在不添加酸和碱的情况下，使用氧化剂 $Na_2S_2O_8$ 将 $Fe^{2+}$ 氧化为 $Fe^{3+}$。探究了液固比、氧化剂用量、温度、反应时间对锂选择性浸出率的影响，发现在 1.05 倍 $Na_2S_2O_8$ 理论用量、液固比为 300g/L、室温下反应 20min，锂的浸出率高达 99%，Al、Fe 和 P 的浸出率分别只有 0.584%、0.048% 和 0.387%，回收制成的 $Li_2CO_3$ 纯度超过 99%，能直接用于电池材料的合成。

此外，为了降低氧化剂成本，有研究者进一步提出空气氧化选择性提锂工艺，机理如图 2.20（a）所示，以最廉价、绿色的空气作为氧化剂，通过加入硫酸的方式控制体系的 pH 值实现 Li 的选择性提取，Li 浸出率可以达到 99.3%。

② 电化学法

电化学法以电能驱动，通过在电极上发生化学反应来提取锂。电流相当于浸出过程中的“氧化试剂”，诱发锂离子从原始的结构中浸出到电解液中。Li 等结合磷酸铁锂电池的充放电机制和矿浆电解技术，使用阴离子隔膜将正负极分开，以 NaCl 溶液为电解液对废旧磷酸铁锂进行电解，机理如图 2.20（b）所示。$LiFePO_4$ 浆料在阳极室中被氧化为 $FePO_4$，$Li^+$ 被释放到电解质溶液中。阴极室中则进行析氢反应，生成副产物 NaOH，用于后续沉锂过程中调 pH 除铁步骤。在优化条件下 Li 的浸出效率可达 98%，超过 96% 的 Fe 以 $FePO_4/C$ 的形式回收。

Yu 等采用了不同的电化学工艺，以氧化剂为电解对象。将磷酸铁锂正极废料加入含氧化剂 $[Fe(CN)_6]^{3-}$ 的阳极室中，$LiFePO_4$ 被氧化后分解为 $FePO_4$ 和 $Li^+$，而 $[Fe(CN)_6]^{3-}$ 被还原后在电流作用下再生，$Li^+$ 以 LiOH 的形式被回收，回收率可达 99.8%。Zhang 等将熔融态的 $Na_2CO_3$-$K_2CO_3$ 溶液作为电解液，以磷酸铁锂正极废料为阴极和阳极，在氩气流的保护下进行电解，阴极和阳极中分别生成 Fe 和 $Fe_2O_3$，电解液中生成 $CO_2$ 和 $NaLi_2PO_4$。最后锂的回收率达到了 95.2%。

电化学选择性提锂法试剂消耗量低，绿色环保，但是该方法需将废料重新涂布在电极上，步骤较为烦琐。另外该方法目前的研究中电耗仍较高，设备规模化受限，因此在总成本和工业化应用方面并不占优势。

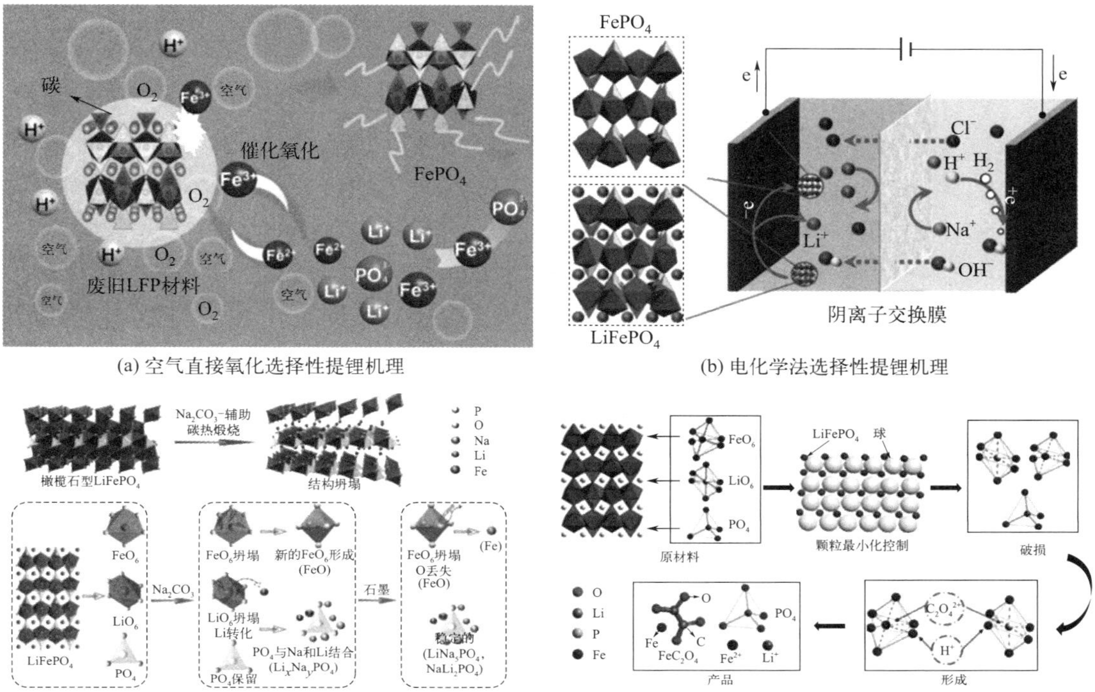


(a) 空气直接氧化选择性提锂机理　(b) 电化学法选择性提锂机理

(c) 高温相转化法选择性提锂机理　(d) 机械活化法选择性提锂机理

图 2.20　不同方法的选择性提锂机理

③ 高温相转化法

高温相转化是指在高温条件下使磷酸铁锂中的锂转换成更易溶解的物相，利用不同相的浸出差异，进行选择性提锂。Tao 等先将磷酸铁锂正极废料在空气气氛中 600℃下氧化，使 $LiFePO_4$ 转变为 $Li_3Fe_2(PO_4)_3$ 和 $Fe_2O_3$，随后使用 $H_2SO_4$ 将 $Li^+$ 和部分的 $PO_4^{3-}$ 选择性浸出到溶液中，得到的 Li 的浸出率为 98.48%、Fe 的浸出率为 0.01%、P 的浸出率为 26.59%，锂最后以 $Li_2CO_3$ 的形式回收。浸出渣中加入适量的 $H_3PO_4$，随后进行加热处理，铁以 $FePO_4$ 的形式回收。Zhang 等利用负极石墨的还原性，提出了磷酸铁锂自还原选择性提锂的方法，机理如图 2.20（c），将磷酸铁锂粉末、石墨混合，向其中添加碳酸钠，随后在氮气保护气氛下在管式炉中进行焙烧，成功地将锂转变成了可溶性的 $LiNa_5(PO4)_2$ 和不溶性的 $NaLi_2PO_4$，而铁以单质铁的形式存在；先通过磁选将铁、锂分离，再通过水浸的方法将可溶性的锂提出，不溶性的 $NaLi_2PO_4$ 再生成 $Li_3PO_4$ 沉淀，锂的综合回收率高达 99.2%。高温相转化法具有试剂消耗量少、污染小等优点，但工艺流程能耗较高。

④ 机械活化法

机械活化是指通过机械力的作用使磷酸铁锂正极材料产生相变、结构缺陷、应变、非晶化等物理、化学变化，增强材料的亲水性和界面反应性，降低反应物的反应活化能，使磷酸铁锂在较温和条件下选择性浸出锂，也可使原本理论上难以发生的反应有了实现的可能。

Fan 等采用草酸作为研磨剂（草酸与磷酸铁锂正极废料质量比为 1 : 1），球磨 2h

后进行水浸，实验结果表明超过 99% 的锂和 6% 的铁被浸出，浸出残留物的主要成分是 $FeC_2O_4 \cdot 2H_2O$，与使用草酸为浸出剂直接湿法浸出相比，机械活化工艺大大降低了酸的使用量，机理如图 2.20（d）所示。Liu 等利用 Na 和 Li 具有相似的外层电子排列和配位环境的性质，用低成本的 NaCl 为研磨剂，外加机械力诱导固相反应，使 Na 同构替代磷酸铁锂中的 Li。机械活化后加入 $Na_2CO_3$ 溶液浸出，得到 $Li_2CO_3$ 沉淀，同时也实现了 NaCl 的循环再生。

机械活化法与其他选择性提锂方法相比，酸碱的使用量较少，但机械活化大大增加了回收过程中的能量消耗。另外，机械活化后再进行浸出，使得回收流程更加复杂。

锂是磷酸铁锂正极材料中最有价值的元素，实现锂的高效回收是提高回收经济效益的关键，在上述 4 种选择性提锂方法中，机械活化法、高温相转化法、电化学法虽也能实现从废旧锂电池中高效提锂，但受限于设备规模小、能耗高等不足尚不适用于工业化应用。氧化剂氧化提锂技术因其流程短、选择性好、操作简单等优点更适合大规模的工业生产，也是目前产业化的主流工艺。

3）提锂后铁磷渣的回收利用

提锂后铁磷渣中的主要成分为磷酸铁和石墨，现阶段铁磷渣的回收技术多为湿法冶金工艺，例如，刘庆生等用盐酸直接浸出铁磷渣，过滤后再向浸出液中加碱调 pH 沉铁，得到 $FePO_4 \cdot 2H_2O$ 沉淀，在盐酸浓度 3mol/L、液固比 15mL/g、反应时间 4h、浸出温度 30℃条件下，磷酸铁的回收率为 92.4%。Yang 等则采用低浓度酸浸 - 高温去除碳的方式从提锂尾渣中回收 $FePO_4$，流程和机理如图 2.21（a）所示。在磷酸浓度 1.5mol/L、$H_3PO_4$/HCl 摩尔比 3：1、液固比 10mL/g、浸出温度 90℃、浸出时间 3h 的条件下，Ni、Cu、Mn 等杂质元素的浸出率分别为 99.53%、98.08%、97.65%，而主元素 Fe、P 的浸出率则为 0.3%、1.6%，然后把得到的浸出渣在 600℃下煅烧 1h 以去除碳渣。再生后的 $FePO_4$ 在 0.2C 时的电化学性能为 151.4mAh/g，100 次循环后容量保持率为 94.4%。

Wang 等提出了一种机械化学过程用于回收铁磷渣，流程和机理如图 2.21（b）所示。在这个过程中，铁磷渣经过球磨预处理，并用硫酸溶液浸出。在优化的球磨条件

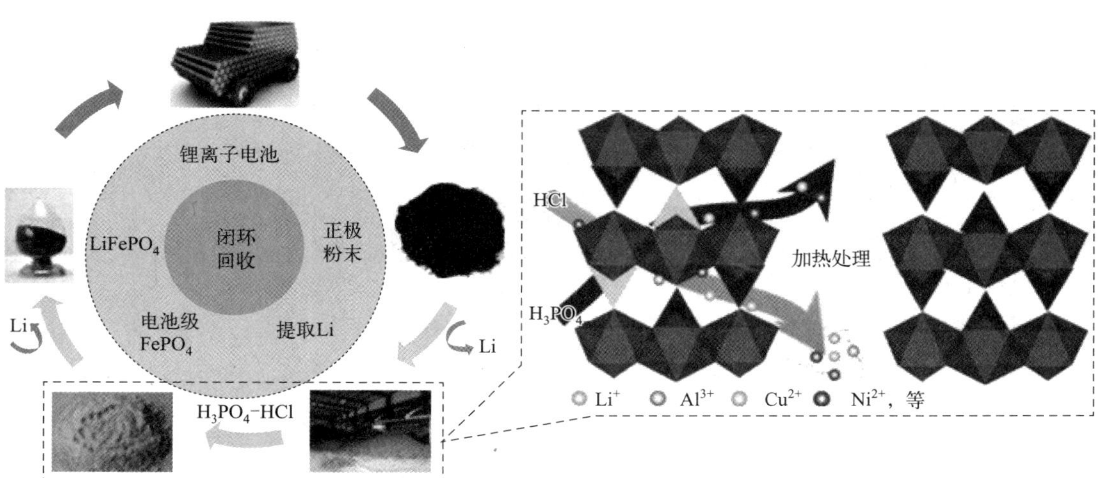


(a) 提锂后磷酸铁渣制备电池级磷酸流程和机理

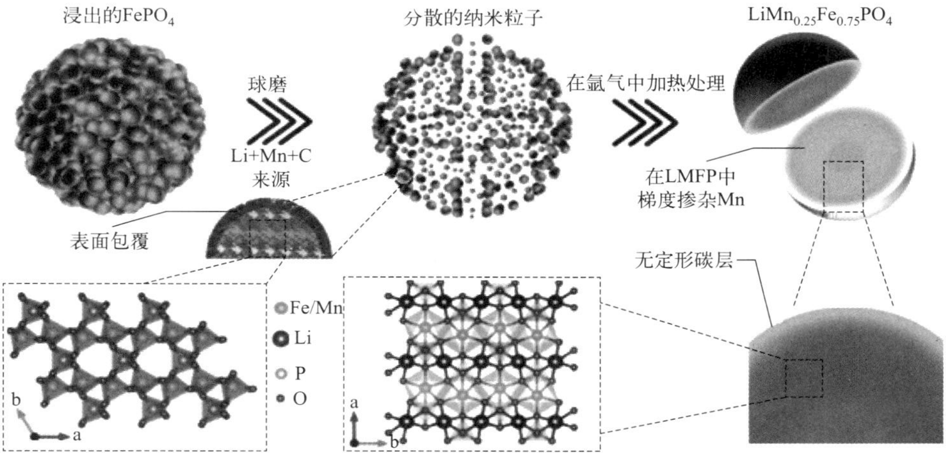


(b) 机械化学法回收铁磷渣流程

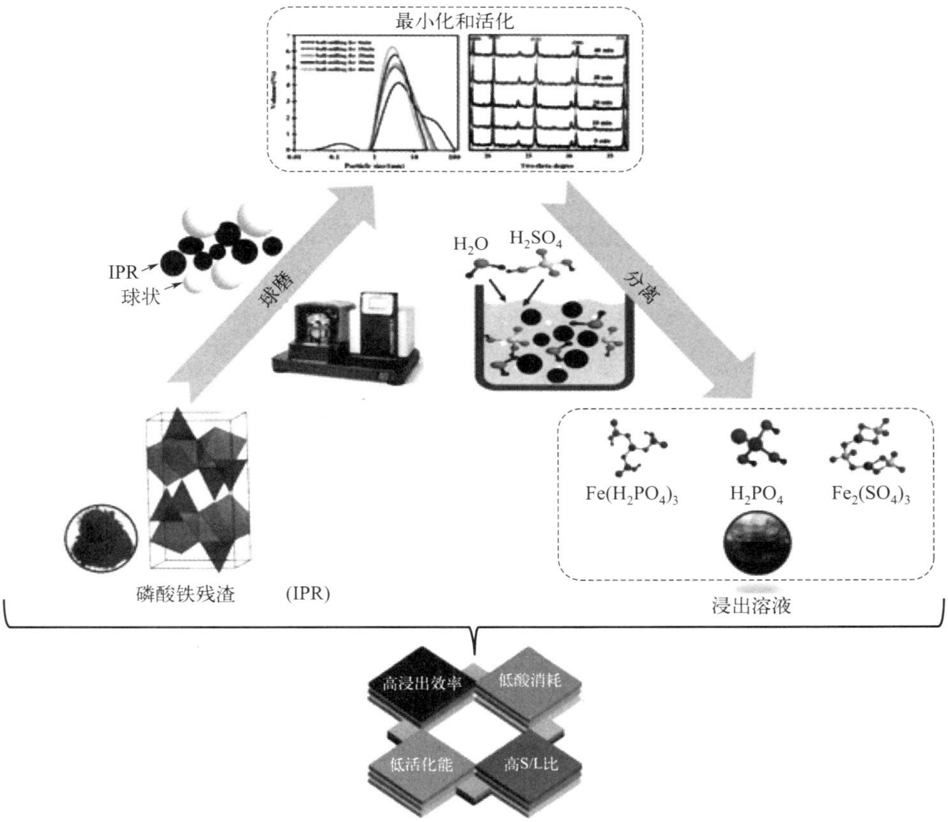


(c) 机械化学法回收铁磷渣机理

图 2.21

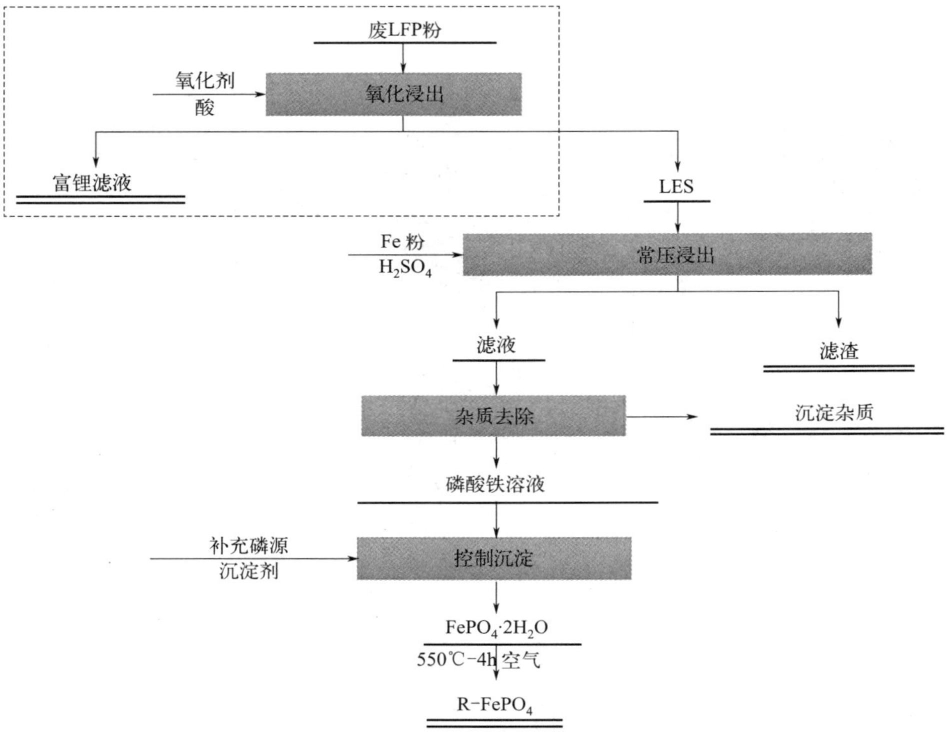


(d) 铁粉-硫酸浸出回收铁磷渣流程

图 2.21　磷铁渣回收利用技术流程

下（不锈钢球与材料与水的质量比为 2∶1∶2.5，球磨时间为 20min），铁磷渣的最大粒径从 34.265μm 降低到 13.102μm，比表面积从 11.41$m^2$/g 增加到 13.74$m^2$/g。在优化的浸出条件下（温度为 333K，浓酸与物料的比例为 0.46mL/g，液固比为 5∶1，搅拌速度为 600r/min），铁的浸出效率可达到 98%。动力学研究表明，浸出过程受扩散和化学反应控制，表观活化能为 29kJ/mol。Zhou 等通过机械化学法混合铁磷渣、$Li_2CO_3$、$MnCO_3$ 和葡萄糖，随后碳热还原合成了 $LiMn_{0.25}Fe_{0.75}PO_4$（LMFP）正极材料，流程和机理如图 2.21（c）所示。该正极材料具有 Mn 梯度掺杂和均匀的表面碳包覆层，同时具有优异的电化学性能。在 0.1C 时容量（161.3mAh/g）、5C 时倍率性能（90.1mAh/g）、1C 循环稳定性（800 次循环后容量保持率 95.6%）和能量密度（与 LFP 相比约增加 15%）几乎与商业材料相当。

Hu 发现在铁粉的辅助下可以使用低浓度的 $H_2SO_4$ 实现铁磷渣的高效浸出，从而显著降低回收成本，流程如图 2.21（d）所示。在最佳浸出条件下（$H_2SO_4$ 的物质的量浓度为化学计量的 1.4 倍，Fe 粉的用量为 1.5 倍，液固比为 5mL/g，反应温度为 60℃，反应时间为 150min），Fe 和 P 的浸出率分别达到 94.66% 和 98.23%。通过球磨、砂磨和喷雾干燥工艺合成的磷酸铁锂正极材料 1C 倍率下的放电比容量为 146.6mAh/g。在 200 次循环后，容量稳定保持在 146.7mAh/g。再生的 R-$FePO_4$ 与商业 $FePO_4$ 的质量相匹配。

姚家涛等提出了一种使用硝酸浸提铁磷渣的方法。首先在浸出液中加入甲醇电解还原浸出液中的铁离子，再向还原液中加入氢氟酸作为沉淀剂脱除酸浸液中的铝离子，脱铝后的酸浸液用过氧化氢将亚铁离子氧化为铁离子，再加入甲醛并加热沉淀出电池级磷酸铁。研究结果表明：在浸取温度 70℃、硝酸浓度 5mol/L、酸浸 40min 的条件下，Fe 的浸出率为 92.7%；经电解还原亚铁后脱铝制备出了 Al 质量分数仅为 72mg/kg 的磷酸铁，满足《电池用磷酸铁》（HG/T 4701—2021）的Ⅱ型标准。

目前对于提锂后铁磷渣回收技术的研究尚不完善，试剂消耗与废水产出量大、杂质难以深度脱除，如何高效且经济地从铁磷渣中提取出高纯度的磷酸铁产品，是铁磷渣回收未来的发展方向。

### 2.3.3 直接再生技术

火法冶金技术和湿法冶金技术虽然可以有效地从失效锂离子电池中回收锂、镍、钴、锰等有价金属，但是回收过程伴随着回收流程长、工艺成本高、造成二次污染等问题。与上述两种方法相比，直接再生技术简化了工艺流程，避免了复杂的物相解离过程，在保留正极材料本身结构的基础上直接修复正极材料的缺陷，恢复正极材料的电化学性能，可以直接获得具有商业价值的正极材料。

目前，直接再生研究针对的正极材料主要有层状结构的钴酸锂（$LiCoO_2$，LCO）和三元材料 $LiNi_xCo_yMn_zO_2$(NCM)，以及橄榄石结构的磷酸铁锂（$LiFePO_4$，LFP）。现有失效正极材料的直接修复方法包括固相修复技术、液相修复技术和电化学修复技术。

**（1）固相修复技术**

固相修复法是最典型的直接修复方法，基于锂离子电池正极材料的固相合成，该方法是将失效正极材料直接高温处理或补加元素后高温处理，修复材料的组成和结构，实现二次利用。

对于 LFP 正极材料的直接再生，一般需要先向失效 LFP 中补加锂源，然后在惰性气氛、相对较低的温度下煅烧。有时为了除去残留的导电剂、黏结剂等会进行额外的预处理。Zhang 等采用预氧化还原法对 LFP 正极材料进行了再生，预氧化去除碳涂层、导电剂、PVDF 等杂质，并且将 $LiFePO_4$/C 转化为 $Fe_2O_3$ 和 $Li_3Fe_2(PO_4)_3$。之后加入蔗糖，采用还原法制备了再生 $LiFePO_4$/C，研究了煅烧温度和蔗糖添加量对再生 $LiFePO_4$/C 微观结构和电化学性能的影响。再生 $LiFePO_4$/C 在 0.5C 下的初始放电比容量为 145.51mAh/g，循环 200 次后的放电比容量为 145.25mAh/g，容量保持率为 99.82%，具有良好的循环稳定性。Wang 等以失效 LFP 残留的导电剂、黏结剂等无定形碳作为碳包覆原料，通过直接高温煅烧的方式修复 LFP，修复后 LFP 不额外加入导电剂而是直接制成正极片，实验证明修复后 LFP 因具有碳包覆层而表现出良好的导电性，0.2C 下最大放电比容量达到 150.99mAh/g。

固相修复技术在 NCM、LCO 等正极材料的修复再生研究中也有报道。例如，Nie 等向预处理后的失效 LCO 中补加 $Li_2CO_3$ 至 Li/Co 摩尔比达到 1.05，然后在空气中进行煅烧（850～950℃，12h）得到了能满足二次商用的 LCO 正极材料。Yin 等向预处理得到的废钴酸锂正极材料添加锂盐和 $Co_3O_4$，混匀后进行焦耳加热，在 1440K 的条件下加热 8s

即可得到修复的正极材料，其电化学性能良好，且相较于传统高温固相法具有更高的时间和能源效率。Yue 等按摩尔比向预处理后的 NCM 粉末中补加了 $Li_2CO_3$，然后在 850℃下煅烧 12h 得到了修复的 NCM 材料。Chi 等没有额外添加锂源，而是通过过放电，以 NCM 颗粒表面残锂为锂源，通过直接煅烧实现了失效 NCM 正极材料的直接修复。

**（2）液相修复技术**

液相修复技术源于锂离子电池正极材料的液相合成技术，在常见失效正极材料的直接液相修复过程中，一般是将失效正极粉料直接与锂源溶液混合，并加入还原剂，通过水热反应或溶剂热反应在水溶液中重新嵌锂修复，有时会在嵌锂后再进行热处理来优化材料结构。

水热修复技术是液相修复技术的典型代表。该方法是借助高压反应容器，在锂溶液中利用水热反应恢复材料所需的化学计量比和相纯度。例如，Shi 等使用 LiOH 和 Li 混合溶液作锂源，在 220℃、10MPa 的条件下反应 4h，之后短时间退火，修复后的 $LiCoO_2$ 正极材料具有较高的容量和良好的循环稳定性。Yu 等将废 NCM 正极粉末与 LiOH 水溶液混合搅拌，加入还原剂（乙醇、过氧化氢或乙二醇），并在 90℃或 100℃下进行液相嵌锂，嵌锂后的材料与少量 $Li_2CO_3$ 混合并以 850℃退火 4h，修复后的再生 NCM 正极材料具有较好的电化学性能。

在磷酸铁锂的液相修复方面，Yang 等以低成本的 $Na_2SO_3$ 作还原剂、$Li_2SO_4$ 作锂源采用水热法直接再生了 LFP 正极材料，该方法通过在液相环境中使 $Li^+$ 与废 LFP 完全接触来实现靶向修复，使得废 LFP 正极材料的化学结构和电化学性能都能得到恢复。系统研究了还原剂用量、锂浓度和水热温度对 LFP 再生的影响，以获得再生阴极材料的最佳条件（图 2.22）。再生 LFP 正极材料在 0.1C 下首圈放电比容量为 145.1mAh/g，100 次循环后的容量保持率在 99% 以上。Jing 等则在极低液固比条件下，通过一步水热法就实现了失效 LFP 有效修复。最优水热条件下，修复后 LFP 显示出优良的放电能力，0.2C 下首周容量为 146.2mAh/g，1C 下进行 100 次充放电循环后，容量仍维持在初始值的 98.6%。

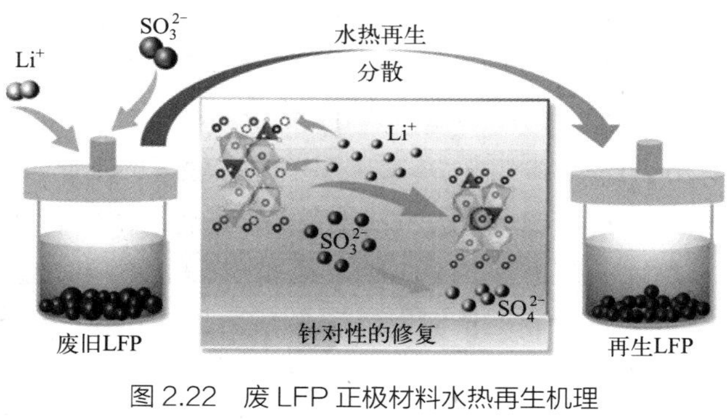


图 2.22 废 LFP 正极材料水热再生机理

液相修复法可实现材料中缺失锂的靶向嵌锂，不需要根据缺锂量进行化学计量，因而操作上更为方便。同时因为温度条件更温和，反应时间更短，大大降低了能耗。然而，该方法需要进一步优化以证明大规模应用过程的技术和经济可行性，设备的高成本也带来了投资回收期的经济问题。此外，液体的可重复使用性值得进一步研究，以促进可持续性，避免水溶液造成的二次污染。

**（3）电化学修复技术**

失效正极材料由于其特殊的主体结构和电化学特性具有再生的潜力。锂离子可以被电化学驱动回正极材料的主体结构中，从而实现元素回收。

LFP 电化学修复技术的实质是基于其充放电原理，通过外加电压将负极中的锂嵌入失效 LFP 正极中来实现修复。例如，Zhou 等以 H 形电解槽为回收装置、锌板为阳极，将失效的 LFP 悬浮液视为阴极，电解质为锂盐水溶液，其中阴极和阳极电解质通过阴离子交换膜分离。修复后的 LFP 正极材料在 1C 条件下放电容量为 134.0mAh/g，循环 300 次后容量保持率为 85.5%。

Zhang 等以浸在 $Li_2SO_4$ 溶液中的失效 $Li_xCoO_2$ 板作工作电极，铂板作反电极，恒流补锂后分离出失效正极粉末，进行短时间退火。得到的修复 LCO 材料具有良好的电化学性能，在 0.2C 下可稳定循环 200 次以上。该结果证明了电化学嵌锂直接再生 $LiCoO_2$ 材料的可行性，并提出了电化学再锂化的潜在机理（图 2.23）。来自电源的电子通过导电剂被传输到阴极，电驱动使 $Li^+$ 向 $Li_xCoO_2$ 结构中锂的空位迁移。当电极提供的能量超过反应的 $E_a$ 时，游离 $Li^+$ 可以突破电化学插入反应的能垒，嵌入到 $Li_xCoO_2$ 的缺陷晶格中。一些没有进入 $Li_xCoO_2$ 晶格的 $Li^+$ 可能嵌入在 $Li_xCoO_2$ 层状结构的间隙中。而在电化学插入过程中可能形成氢键，导致 $LiCoO_2$ 颗粒膨胀，因此通过退火去除结晶水并恢复 $LiCoO_2$ 的晶格结构。

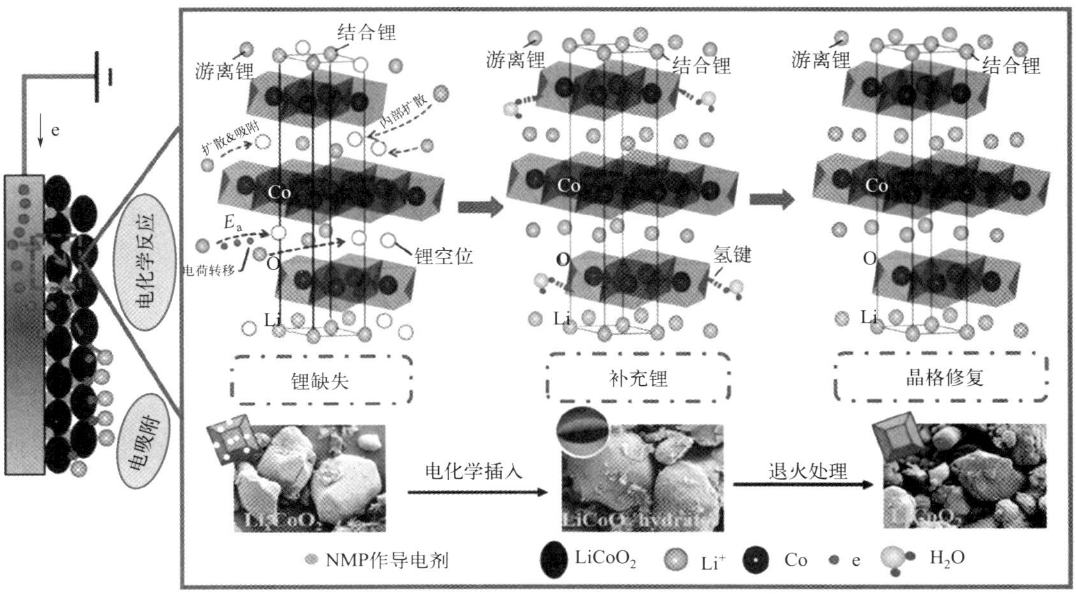


图 2.23　废 $Li_xCoO_2$ 电极电化学再生的机理

与液相修复过程相比，电化学方法采用相同的液相环境，但在室温下通过电化学还原代替化学试剂还原。正极粉末中损失的锂可以在温和的条件下恢复，并且在不同的电流密度下的反应速率可调。

总的来说，对于含杂质较少、原料来源一致性高的失效锂电池材料，修复再生法相比于湿法工艺具有工序简单、酸碱等化学试剂消耗量低、污染物产出量小等优势，更加符合绿色、低碳的要求。产业化方面，国内如深圳鑫茂、武汉瑞科美已建成失效磷酸铁锂材料高温修复生产线，但目前企业只处理边角料和报废极片，而数量更为巨大的退役磷酸铁锂电池仍无法进行有效修复回收。实现退役锂电池的自动化精细分选是直接修复法规模化应用的首要前提，此外仍需进一步丰富退役磷酸铁锂材料修复再生的基础理论，突破产品稳定性难题。

## 2.4 环境风险和污染防治

锂离子电池作为新能源汽车和可再生能源存储系统的核心组件，在全球能源结构转型与低碳发展战略中占据了至关重要的位置。随着全球对绿色可持续发展和环境保护意识的增强，废旧锂离子电池的回收显得尤为关键。这不仅有助于减少自然资源的开采压力，实现电池原材料的循环利用，还能显著降低废弃电池对环境的污染风险。废旧锂离子电池的回收和利用直接关系到资源的可持续管理和环境保护。通过科学的回收流程可以有效回收废旧锂离子电池中的钴、锂、镍等有价金属，这些金属资源的再利用能够减少对原矿开采的依赖，从而降低采矿活动中的环境破坏和能源消耗。在废旧锂离子电池的回收过程中，各个阶段如拆解、破碎、焙烧和化学处理都会产生含有氟化物、重金属颗粒物及有机挥发物等有毒有害废气。这些废气若未经妥善处理直接排放，不仅会对大气质量造成严重污染，还可能对人类健康构成威胁。同时，化学处理过程中使用的溶剂和酸类物质会增加废水中的重金属和有毒化学物含量，从而对水体生态系统的稳定性和水质安全造成负面影响。此外，电池拆解和处理过程中产生的固体废物，如不进行适当处置，也将增加对土壤和地下水的污染风险。表 2.9 总结了废旧锂离子电池中各组成材料的化学特性和潜在污染性。总体而言，在废旧锂离子电池回收过程中产生的废气、废水和固体废物若没有得到妥善处理，将对水体、大气和土壤造成严重的污染。因此，采取有效的废气、废水和固体废物处理措施是保护环境和公共健康的重要措施。

表 2.9 锂离子电池材料的化学特性和潜在污染性

| 材料名称 | 主要化学特性 | 可能产生的污染 |
|---|---|---|
| 电极材料 | | |
| $LiCoO_2$ | 与水、酸或氧化剂发生化学反应；燃烧或受热分解产生有毒的锂、钴氧化物 | 锂污染；重金属钴污染；使环境 pH 值升高 |
| $LiNiCoMnO_2$ | 与有机溶剂或还原剂或强氧化剂（双氧水、氯酸盐等）、金属粉末等发生反应；受热分解产生氧气；与水、酸或氧化剂发生化学反应；燃烧或受热分解产生有毒的锂、镍氧化物、钴氧化物和锰氧化物等 | 锂污染；重金属镍、钴和锰污染；使环境 pH 值升高 |

续表

| 材料名称 | 主要化学特性 | 可能产生的污染 |
| --- | --- | --- |
| 碳材料 | 粉尘和空气的混合物遇热源或火源可发生爆炸；可与强氧化剂发生反应，燃烧产生 CO 和 $CO_2$ 气体 | 粉尘污染 |
| 石墨 | 与强氧化剂可发生反应，燃烧产生 CO 和 $CO_2$ 气体 | 粉尘污染 |
| 嵌锂石墨 | 与水作用生成强碱，自燃，可与氧气、氮气、$CO_2$ 和酸等物质发生反应 | 粉尘污染；使环境 pH 值升高 |
| 电解液 | | |
| $LiPF_6$ | 有强腐蚀性，遇水可分解产生 HF，与强氧化剂发生反应，燃烧产生 $P_2O_5$ 等有毒物质 | 氟磷污染；使环境 pH 值降低 |
| $LiBF_4$ | 有强腐蚀性，与水、酸发生剧烈反应产生 HF 气体，燃烧或受热分解会产生 $Li_2O$ 和 $B_2O_3$ 等有害物质 | 氟污染；使环境 pH 值降低 |
| $LiClO_4$ | 与强还原剂、硝基甲烷和肼等物质发生剧烈反应，燃烧后会产生 LiCl、$O_2$ 和 $Cl_2$ | 有毒气体 |
| $LiAsF_6$ | 溶于水，吸湿性强，与酸反应可产生有毒气体 HF、砷化合物等 | 氟污染；砷污染 |
| $LiCF_3SO_3$ | 燃烧产物为 CO、$CO_2$、$SO_2$、HF，与氧化剂、强酸发生反应生成 HF | 氟污染；有毒气体 |
| 碳酸乙烯酯 | 与酸、碱、强氧化剂、还原剂发生反应，水解产生醛和酸，燃烧可产生 CO、$CO_2$ | 醛、有机酸污染 |
| 碳酸丙烯酯 | 与水、空气、强氧化剂发生反应，燃烧产生 CO、$CO_2$，受热分解会产生醛、酮等有害气体，引燃可引起爆炸 | 醛、酮有机物污染 |
| 二甲基碳酸酯 | 与水、强氧化剂、强酸、强碱和强还原物质发生剧烈反应，水解可生成甲醇，燃烧产生 CO、$CO_2$ | 甲醇等有机物污染 |
| 二乙基碳酸酯 | 与水、强氧化剂、强酸、强碱和强还原物质发生剧烈反应，燃烧产生 CO、$CO_2$ | 醇等有机物污染 |
| 二甲氧基乙烷 | 与水、强碱、强氧化还原剂发生反应，易燃、易爆，见光或受热易形成爆炸性的过氧化物 | 甲醇等有机物污染 |
| 二乙氧基乙烷 | 易燃、易爆，见火、光或受热易形成爆炸性的过氧化物，与强酸、强氧化剂发生剧烈反应 | 醇等有机物污染 |
| 甲基乙基碳酸酯 | 与水、强酸、碱、强氧化剂发生反应，水解产物有甲醇，可燃 | 甲醇等有机物污染 |
| 乙酸乙酯 | 与氯磺酸、氢化铝锂、发烟硫酸等物质反应，遇水或潮会分解，遇火、受热会发生燃烧或分解，产生 CO 等有毒气体 | 有机酸污染 |
| 甲酯丙炔酸 | 与碱、强氧化剂反应，燃烧产生 CO 和 $CO_2$ | 甲酸有机物污染 |
| 1,4- 丁内脂 | 与强氧化剂、强酸、强碱会发生剧烈反应，燃烧产生 CO、$CO_2$、NO 等有害气体 | 醇、酸有机物污染 |
| 其他材料 | | |
| 隔膜 PP/PE | 燃烧可产生 CO、醛、有机酸等 | 有机物污染、塑料污染 |
| 黏结剂 PVDF/CMC/SBR | PVDF 受热分解产生 HF；CMC/SBR 燃烧产生 CO、醛、烃类物质 | 有机物污染、氟污染 |

### 2.4.1 废气污染源分析和防治技术

废旧锂离子电池的回收工艺涉及多个阶段，每个阶段均可能产生不同类型的废气。

① 拆解和破碎过程：在电池拆解和破碎过程中，会释放出含有氟磷化物和非甲烷总烃的废气（例如碳酸二甲酯、碳酸丙烯酯和叔戊基苯），以及含有重金属（镍、钴、锰、锂）的颗粒物。

② 焙烧和热解过程：此阶段主要排放颗粒物、氟化物（例如氟化氢和 1,3,5- 三氟苯）以及各种烃类有机气体，颗粒物中含有的重金属可能对环境和人体健康构成严重威胁。

③ 酸浸过程：通过酸处理提取有价金属时，会产生含硫酸等无机酸的废气。

④ 萃取与干燥过程：在萃取 Ni、Co 金属和干燥成品过程中，主要排放各种挥发性有机废气。

在处理废气排放时，有效的废气净化技术显得尤为重要。颗粒物废气处理主要采用物理方法，如旋风除尘器、布袋除尘器及水喷淋塔。旋风除尘器利用气体的旋转运动，通过离心力将气体中的颗粒物与气体分离，适用于较大颗粒物的去除。而布袋除尘器则采用微细纤维布料，通过过滤作用拦截气流中的细小颗粒，效率较高。水喷淋塔通过液体与气体的接触作用，将颗粒物吸附在水滴上，从而达到净化效果。这些技术各有优势，能够根据不同工业环境中颗粒物的物理特性进行选择和优化。

酸性废气处理则通常采用碱液喷淋塔技术。该技术通过喷射碱性溶液，与废气中的酸性气体如硫酸雾、盐酸雾等发生中和反应，形成无害的盐类和水，从而达到净化目的。根据废气中酸性成分的浓度和性质，喷淋塔的设计可为单级、二级或三级系统，以保证排放标准达到环保要求。

有机废气处理技术包括活性炭吸附和催化燃烧等方法。活性炭吸附是利用活性炭强大的表面吸附能力，有效捕捉废气中的有机化合物。催化燃烧则通过催化剂加速有机物的氧化反应，转化为二氧化碳和水，适用于处理中低浓度的有机废气。这些方法不仅可以显著减少有害物质的排放，而且能够有效控制环境中的臭气和潜在的有害气体。

综合以上废气处理技术，不仅能有效减轻回收活动对环境的影响，提高废旧锂离子电池的回收利用率，还能为可持续发展战略提供技术支持。此外，监管部门的角色至关重要，应制定和实施更为严格的排放标准和回收指南，以监督和引导废电池回收等相关行业的环境保护和技术升级，进一步推动环境治理和资源循环利用的进程。

### 2.4.2 废水污染源分析和防治技术

按照来源分类，废旧锂离子电池回收过程产生的废水主要包括放电废水、浮选废水、浸出废水和萃取废水等。其中，预处理放电废水中的污染物构成相对单一，主要是氯化钠或硫酸钠等盐类。但由于放电腐蚀，锂离子电池外壳会发生损伤，电解液成分会进入到放电废水中。电解液中的 $LiPF_6$ 会发生一系列的水解反应，形成 HF、$PF_5$、$POF_3$ 和 $H_3PO_4$。同时，碳酸酯类有机物也会发生溶解和水解，成为有机污染物。更严重的是，部分金属元素，如 Li、Co 和 Mn 也会进入到放电溶液中，造成金属离子污染。在电极材料的浮选过程中，伴随正极材料和负极材料的分离，部分可溶性锂会进入水体中。浸出过程主要产生大量酸性和含盐废水。萃取废水中的污染物成分主要是有机萃取剂和重金属离子。重金属离子（如 Ni、Co 和 Mn）的环境危害已经受到了广泛关注。但更不能被忽视的是，浮选和浸出环节中的锂污染问题，锂对水生动植物具有毒性效应，并且会干扰陆生植物的养分吸收和水分平衡。总体而言，废旧锂离子电池回收过程产生的典型废水具有高盐分、化学需氧量（COD）和重金属等特征，同时还含有一定的氮、氟和磷污染物。

在处理含高盐、COD、重金属、氮、氟和磷的废水时，为了满足严格的环保标准并促进水资源的循环利用，采用多种综合技术至关重要。首先，对于高含盐废水，膜分离技术［包括反渗透（RO）和电渗析（ED）］是理想的选择。这些技术能有效去除废水中的溶解盐，为后续处理步骤提供了基础。为了有效降低废水中的 COD，需要结合生物处理和化学氧化方法。生物处理，如厌氧消化和好氧生物处理，依赖于微生物活性分解有机物质，从而减少 COD。此外，化学氧化技术，例如 Fenton 反应和臭氧化，通过强化氧化过程快速分解有机物。在重金属的处理上，化学沉淀法常用于形成不溶性沉淀物，从而有效地去除废水中的重金属离子。同时，吸附技术（尤其是使用活性炭或生物质材料）也极具效率，可进一步降低废水中的重金属浓度。对于氮和磷的去除，生物脱氮和化学沉淀技术则显得尤为关键。这些方法不仅有效去除废水中的氮和磷，还有助于控制水体富营养化的风险。此外，针对含氟废水，离子交换、沉淀和吸附技术能够有效地从废水中去除氟离子，避免氟化物对环境造成潜在危害。总体而言，锂电回收过程中废水处理技术的选择应基于废水成分的具体分析和处理目标，同时考虑经济性和操作的可行性，以确保技术解决方案的综合性和高效性，从而达到环保目标并实现资源的最大化回收利用。

### 2.4.3　固体废物污染源分析和防治策略

废旧锂离子电池回收过程中产生的二次固体废弃物主要包括电池外壳、电路板、聚烯烃隔膜和浸出废渣等。对于这些固体废物的处理，一般根据废物的性质和潜在风险，将其分类为一般工业固体废物和危险废物。一般工业固体废物在贮存过程中必须采取有效的环保措施，如防渗漏、防雨淋和防扬尘，以避免环境污染。此类废物应根据其物理和化学特性，优先进行资源化利用，转化为可再生资源，实现废物减量化和资源回收。对于危险废物，其处理要求更为严格，必须实施全过程环境管理。收集后的危险废物应在专门设计的暂存间或库房内进行分类贮存，这些设施需符合《危险废物贮存污染控制标准》（GB 18597—2023）的严格要求。此外，危险废物在转移过程中必须严格遵守《危险废物转移管理办法》（部令第 23 号）等相关政策，确保其安全、规范地转移至具备相应资质的单位进行处理。在处理具有高环境风险的废旧锂离子电池的回收过程中，应从源头控制污染物的产生，通过优化生产工艺减少废物输出。此外，实施分区防渗措施是关键，这可以有效防止污染物渗透至土壤和地下水环境中。同时，必须按照环保要求进行土壤和地下水的持续监测，一旦检测到污染，应立即采取措施切断污染源，以保护土壤和地下水资源不受污染物的长期影响。总之，固体废物处理不仅需要遵循现有的法规标准，还应采取先进的技术和管理策略，以实现废物的安全处理、资源化利用及环境污染的最小化。

## 2.5 安全风险溯源与防控

由于在锂离子电池回收过程中主要存在电、化学、热和爆炸四种风险，所以安全性在锂离子电池回收过程中尤为重要。放电环节对于回收过程的安全性至关重要，因为电池不放电就会一直存在正极和负极短路的风险，从而释放储存的化学能。这种突然释放的能量非常强大可能会导致温度突然升高、气体释放、火灾甚至是爆炸。破碎预处理对于锂离子电池的回收也是必不可少的，目前已经提出了不少方法来最大限度地减小破碎电池时产生的风险。包括在真空或者在惰性气氛（如氩气或一氧化碳）下对锂离子电池进行破碎，或在破碎电池前使用液氮对锂离子电池进行冷冻。因此在放电和拆解环节需采用精细的预处理策略，并选择适当的工艺介质，可以防止温度升高、火灾以及剧烈化学反应或爆炸事件的发生。

在拆解锂离子电池的过程中，需要经过专业的培训及使用适当的工具，以最大限度地降低触电及短路风险。机械处理不当，如穿孔或挤压，会产生短路。电气处理不当会引发焦耳热，从而提高电池温度，并可能导致热失控。热失控遵循链式反应的机制，在此期间电池组件材料的反应一个接一个地发生，其主要反应机理可以总结为图 2.24。如

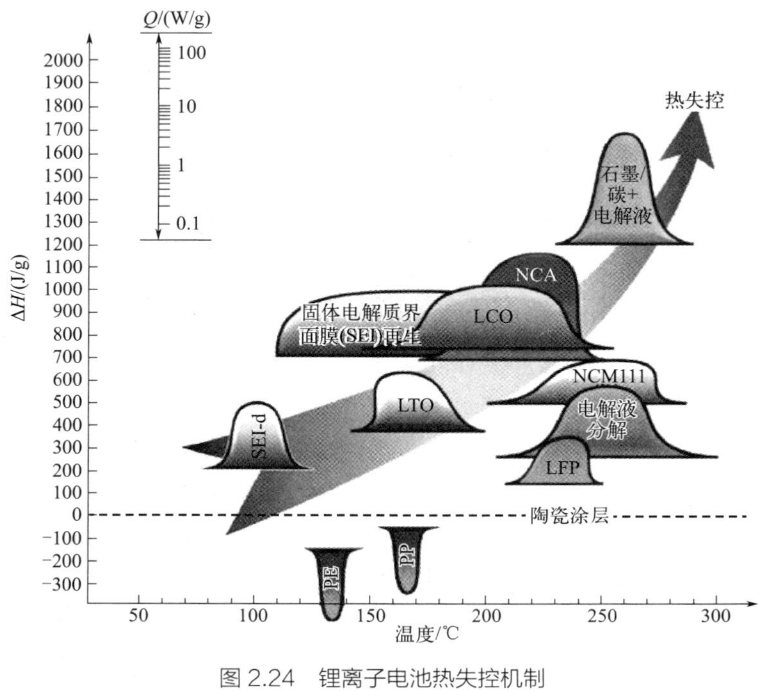


图 2.24　锂离子电池热失控机制

果废旧锂离子电池过热到着火的程度，它们将在不需要外部氧气供应的情况下燃烧自己的燃料，从而导致热量、有毒和腐蚀性化合物合成和释放，以及理论上可回收的组分（如电解质和聚合物）因燃烧而损失，具有气密性外壳的内部因热失控释放气体会导致电池“爆裂”或爆炸。因此需要有针对性地分析锂电池预处理过程中的各个风险点，避免在该过程中引发热失控导致火灾和爆炸等事故。

### 2.5.1　工艺过程安全风险分析

**（1）电池放电**

废旧锂电池在拆解前未进行放电处理，可能存在较大的触电、燃烧、爆炸风险。废旧锂电池系统仍然具有高能量，即便外部没有能量输入，本身也会因能量非正常释放而产生巨大破坏力。锂离子电池短路或以其他方式快速放电可能会使电池自热到热失控点。在热失控期间，锂离子电池自热到着火的程度，并在自己的燃料下燃烧，不需要外部氧气供应，释放有毒气体。热失控中释放的气体可能与空气形成爆炸性混合物，来自受损锂离子电池的各种关键气体混合物包括苯、苯乙烯、碳酸甲乙酯（EMC）、碳酸二乙酯（DEC）、联苯、碳酸乙烯酯（EC）、丙烯醛、甲苯、一氧化碳（CO）、硫化碳（COS）和氟化氢等。此外，锂离子电池内部的材料本身也会造成化学危害。Ni 和 Co 粉末具有致癌性，电解质易燃，电解质添加剂可能有毒且易燃，锂单质会在空气中燃烧。此外，如果废锂离子电池放电不充分，锂离子会以锂化石墨（Li-GICs）的形式积聚在正极中。在拆解和破碎后，高活性的 Li-GICs 与空气中的水蒸气反应产生巨大的热量，也会导致热失控。1 只额定容量为 120Ah 的锂离子电池所含的电能相当于 329g TNT 炸药的能量。所以放电是整个回收过程的第一步，目的是释放废锂离子电池中的残余电量，防止出现短路和自燃现象，确保后续工序的安全。当放电后的电压低于 1.0V（SOC ＜ 5%）时，电池剩余容量很少，可以安全拆卸。几种主要的放电方式如图 2.25 所示。

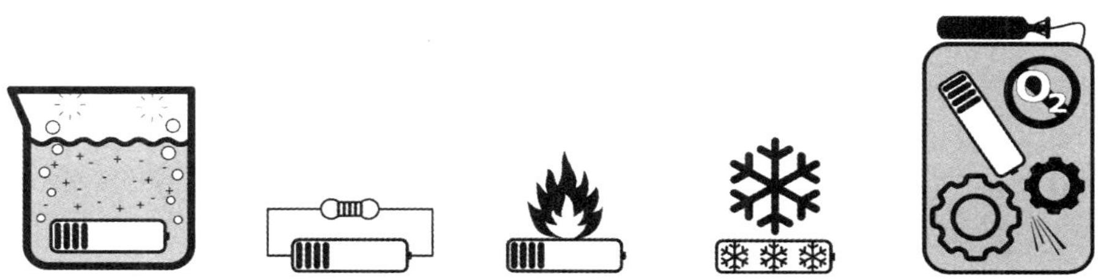


图 2.25　放电方式

放电过程有物理放电和化学放电两种方法。表 2.10 列出了废旧锂电池常见放电预处理方法及可能存在的安全风险。其中外接负载法和溶液放电是工业上常用的放电方式。外接负载法的原理是将电量进行放热消耗；溶液放电是通过电解过程来消耗电池中的残余电量。对外部结构完整、功能完好、没有冒烟、过火、漏电、浸水等现象的电池宜采取外接负载法，采用专业的放电器或者自动放电系统，在放电过程中应对热能散发环境做好隔热、导热或热转换措施。对受损严重、无法连接放电器如外观出现破损、鼓胀、扭曲变形、冒烟、过火、漏电、浸水等现象的废旧动力电池采取溶液放电的方式。

表 2.10　废旧锂电池常见放电预处理方法及存在的安全风险

| 方法 | 放电途径 | 放电对象 | 放电方式 | 安全风险 |
|---|---|---|---|---|
| 物理放电 | 高倍率充放电测试柜 | 电池包 | 以 1.0C 恒流放电 1h，搁置 20min，再以 0.5C 恒流放电至电压为 0V | 操作不当，引起触电 |
| | 负载放电器 | 电池模组 | 放电至电压 3V 以下以及电流 0.2A 以下 | 操作不当，引起触电 |
| | 电阻放电 | 电池单体 | 每只电池先接入 0.100 电阻，再接入 0.05 电阻单位 | 操作不当，引起触电 |
| 化学放电 | 溶液浸泡 | 单体电池 | 在电解质（NaCl、$Na_2SO_4$、NaOH 等）溶液中的浸泡失效 | 废旧锂电池短路放电，正负极的极耳处会发生剧烈反应，产生气泡甚至爆炸 |
| | 电解放电 | 单体电池 | 将废旧锂电池正负极分别用导线引出，与镍片连接，再将镍片分别放入硫酸盐电解液中 | 电解过程释放氢气、氧气，氢气为易燃气体，大量集聚可能引起爆炸 |

物理放电通过外接负载消除电量，将电池与电阻相连，通过放热消耗电池电量或使用电阻法及液氮低温强制放电法放电，该方法成本高、使用条件有限。一部分企业选用外接电阻的放电柜形式，将电能转换为热能或者将电能升压后并网使用，进行物理放电，该种方式放电速度较慢，且放电后电压、电量回升较快，后续预处理过程中仍然有较大概率出现短路爆燃。化学放电即将电池的正负极金属置于溶液中，通过电解来消耗电池中残余的电量。由于其高效率和堪称典范的安全性而备受关注，常用的溶液有 NaCl、$Na_2SO_4$、$Na_2CO_3$ 等，但上述化学溶液在放电过程中产生氢气 / 甲烷等可燃气。且在废锂离子电池溶液放电过程中，电解液容易由于电池外壳的损坏或腐蚀而泄漏，造成污染。$LiPF_6$ 从电解液内扩散迁移到溶液相中并迅速水解，释放出 HF、$POF_3$、$PO_2F$ 和 $H_3PO_4$ 等氟磷化合物。同时，一些有机物如 DME、EC 等也会溶解在导电溶液中。在放电过程中，碳酸酯类溶剂的迁移主要以挥发和溶解的形式发生，并可能伴有分解或水解反应，具体反应方程如下：

$$LiPF_6 + H_2O \longrightarrow LiF + POF_3 + 2HF \tag{2.11}$$

$$LiPF_6 \longrightarrow LiF + PF_5 \tag{2.12}$$

$$PF_5 + H_2O \longrightarrow POF_3 + 2HF \tag{2.13}$$

$$POF_3 + H_2O \longrightarrow PO_2F + 2HF \tag{2.14}$$

$$PO_2F + 2H_2O \longrightarrow H_3PO_4 + HF \tag{2.15}$$

针对盐溶液放电方式，大多企业关于放电溶液的研究都关注表观电压变化而不是后续工序的实际热安全性，综合分析安全、放电效率及环境影响间的平衡。在高电荷或受损电池的情况下，通过盐溶液放电还存在挑战。如果电池外壳受损，带电电池的锂化正极有可能与水发生剧烈反应。且由于与氯离子的反应，正极可能发生腐蚀，因此电池外壳可能会受到损害。锂电池在放电过程中很可能会与电解质溶液发生反应，生成有毒有害物质。加之锂电池密度大，批量处理废旧锂离子电池的过程会造成电池的急剧放电，有可能导致局部过热甚至发生爆炸。

从安全角度来看，在 LCO 或 NCM- 石墨电池中稳定降到 2.5V OCV 或更低时，在电池中留下的能量最低（< 2%），因此将热失控的风险降到最低。且不同的电池化学成分会有不同的安全放电状态或放电电压。在某些情况下，即使电池经过放电后在某些区域也可能由于出现高锂化的活性材料导致在电池打开后着火。

在拆卸前使用液氮冷却电池可以降低发生火灾的风险，原理是通过低温将电解质固化，金属锂的反应性也显著降低，这种方法提供了一种安全拆分电池的方式。Umicore、Toxco 等公司采用低温冷冻的方法，将废旧锂离子电池在液氮中冷冻至极低温度使电池失活，然后再进行安全破碎。液氮冷却失活的放电方式对设备要求较高，成本较高，且不易进行大批量操作。为防止氧气接触导致的火灾和爆炸，可以在氩气等惰性环境中对废锂离子电池进行带电破碎处理，直接省去放电环节，虽然该方法相对于低温环境便宜，但成本较高。

因此，针对工业上常用的负载电路法和溶液放电方法提出防控火灾及燃爆的安全措施。在使用负载电路法进行放电时，应采取以下方法降低安全事故风险：

① 在电池放电过程中要做好相应的绝缘措施、保证放电设备与电池导电部件之间接触良好，避免造成放电电路出现短路、断路的情况；

② 要做好隔热、导热等工作，避免在放电过程中造成热量聚集导致冒烟、起火事故的发生；

③ 电池包放电时，需要连接正极黑粉和供电线束，根据电池包的电压以及容量情况选择配套的放电设备，同步调整放电等参数条件；

④ 在电池放电完成后电压的回升限制不得超过截止电压。

在使用溶液放电法进行放电过程时，需要将电池包和模组拆解成单体后再进行溶液放电，应采取以下降低安全事故风险措施：

① 严格按照企业制定的作业指导书进行放电，并始终保持放电液面的液面没过电池；

② 在放电时，要及时补充或更换放电溶液，同步收集放电过程中产生的废气；

③ 放过电的电池要及时滤干残留的放电溶液。

**（2）带电破碎**

在工业上由于处理规模大，常用的溶液放电法存在放电周期长、废水产生量大等缺点，因此带电破碎更适于满足工业上大规模处理的需求。常见的机械拆卸就是机器直接粉碎，但也会存在不可忽视的安全和环境问题，如电击、短路、热失控、火灾及有害气体等，尤其是在带电破碎时，风险发生的概率更大。

由于未经放电的锂离子电池残余能量较高，在带电破碎时，电池在受挤压、剪切等物理过程中可能导致电池中正负极片短路，电池中残余的电量会急速释放产生大量热量。如图 2.26 所示，随着温度的升高，电池经历以下化学转变：SEI 层分解；正极材料与电解质之间的反应；负极材料与电解质之间的反应；电解质分解以及正极材料与黏合剂之间的反应。当温度高于电池某些材料的自燃点时，这些电池材料会首先起火，再点燃其他电池材料，极有可能引发冒烟现象。当电池内部气体无法及时逸散时，加上空气中电解液分解释放产生的有毒有害气体（如电解质、碳酸酯类、苯及其衍生物等）会导致破碎过程中发生放热、起火、爆炸等现象，影响了破碎过程的安全性，直接威胁操作人员和设备的安全。其中，各种电池材料的燃点如表 2.11 所示，由表可知电池材料中电解液的燃点最低，为 403K（129.85℃），因此在动力电池破碎过程中，温度超过 403K 后就可能会产生燃爆风险。

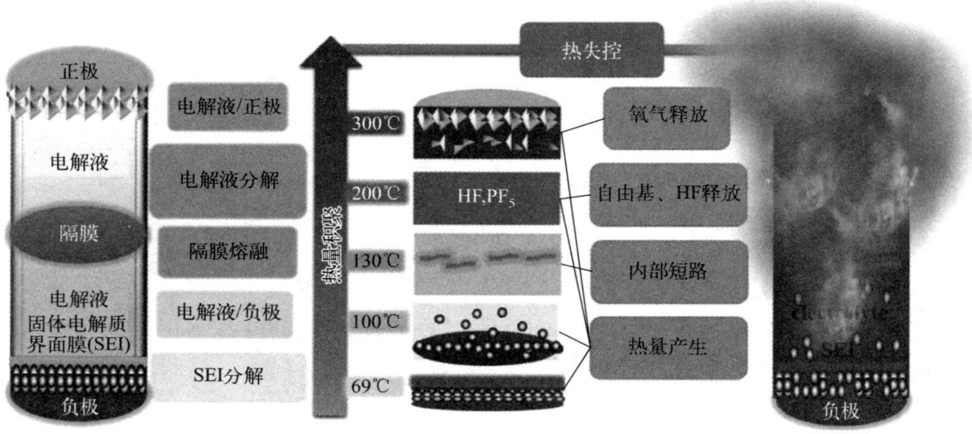


图 2.26　电池热失控过程概述

表 2.11　各种电池材料的燃点

| 物质 | 热力学温度 /K | 物质 | 热力学温度 /K |
| --- | --- | --- | --- |
| 正极活性物质 | 473 | 隔膜（PE） | 623 |
| 导电剂 | 1023 | 隔膜（PP） | 548 |
| 石墨 | 1023 | 电解液 | 403 |
| 嵌锂碳 | 523 | — | — |

通常在破碎过程中利用工程控制来限制风险，主要采用惰性气体层和抽真空两种方式来防止粉碎过程中电池短路产生的起火、爆炸等风险。目前在工业回收过程中使用较多的是氮气等惰性气体保护，惰性气体的主要作用是隔绝氧气杜绝助燃气，同时借助大量惰性气体稀释破碎腔体内有机可燃气体的浓度，并借助低温或常温气流带走热量降低物料温度。这些预防措施通过抑制热失控来提高安全性，并防止材料因热失控引起的燃烧气体副产物损失。且由于 Li 与水和空气具有高度反应性，因此可以被惰性环境减慢或抑制。当锂暴露在空气或水中时，它会发生大量的放热反应，可能产生氢气，从而增加火灾风险。在可调控的惰性环境中进行带电破碎，包括氩气、氮气和二氧化碳等气体，以使 Li 及其副产物惰性化，避免自燃或产生危险气体。另外，锂离子电池深度放电通常也与惰性气体破碎相结合，因为即使深度放电将电池威胁降至最低，电解质中的易燃元素仍可能被微小的火花点燃，所以要对破碎机仓内含氧量、含水量及有机组分间的反应情况进行监测和考察，对挥发及分解的电解液成分进行有

效分析，抑制火灾事故的发生。另外，锂电池带电破碎装置需要装有防爆装置，破碎装置位于防爆装置内部，防爆装置与换热装置通过冷水管和抽气管相连，防止出现意外造成不必要的人员伤亡。

**（3）低温热解**

在电池回收过程中，将破碎后的电池料进行低温热解是一种常见的处理方法，目的是将电池中的有机材料和金属材料分离开来，以便进行更有效的回收和利用。通常低温热解的温度在 200～500℃之间，将电池中的隔膜、塑料以及电解液等有机组分加热分解，同时保留电池中的镍、钴、锂等金属材料，提高了回收效率和经济效益。

在低温热解过程中，电池中的电解液和有机材料可能会分解产生可燃气体，如果这些气体没有得到及时的排放或处理，就可能会在热解设备中积聚，形成可燃混合物，一旦遇到火源就可能发生燃爆事故。常用的电解质由有机溶剂如碳酸乙烯酯（EC）、碳酸二乙酯（DEC）、碳酸甲乙酯（EMC）、碳酸二甲酯（DMC）、碳酸丙烯酯（PC）和乙酸乙酯（EA），以及溶解在溶剂中的盐类如六氟磷酸锂（$LiPF_6$）、六氟砷酸锂（$LiAsF_6$）、高氯酸锂（$LiClO_4$）和四氟硼酸锂（锂离子电池 $F_4$）组成。其中，溶剂的化学式和其他参数如表 2.12 所列，其中 $\Delta H_C$ 是燃烧热，$\Delta H_{vap}$ 是蒸发热，而 $\Delta_f G^0$ 是形成的标准吉布斯自由能。如表 2.12 中数据所列，EC、DMC 和 EMC 具有低闪点，挥发性很强，因此很容易点燃。因此，废锂离子电池中电解液的处理是低温处理过程中不可忽视的安全问题。

表 2.12　常规溶剂的热化学和物理性质

| 溶剂 | 公式 | 化学结构式 | 闪点 /℃ | 沸点 /℃ | $\Delta H_C$/(MJ/kg) | $\Delta H_{vap}$/(MJ/kg) | $\Delta_f G_0$/(kJ/mol) |
|---|---|---|---|---|---|---|---|
| EC | $C_3H_4O_3$ | 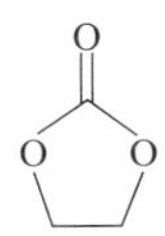 | 146 | 248 | 12.66 | 0.62 | −276.19 |
| DMC | $C_3H_6O_3$ | 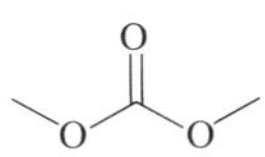 | 18 | 91 | 14.88 | 0.43 | −365.54 |
| EMC | $C_4H_8O_3$ | 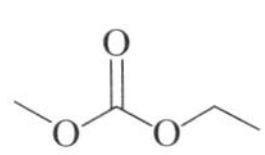 | 23 | 110 | 18.41 | 0.34 | −356.12 |
| DEC | $C_5H_{10}O_3$ | 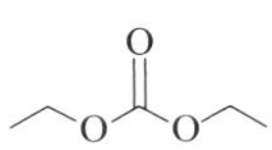 | 445 | 126 | 21.63 | 0.34 | −347.70 |
| PC | $C_4H_6O_3$ | 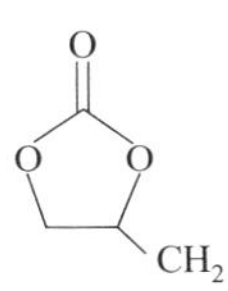 | 455 | 242 | 16.56 | 0.55 | −275.48 |
| EA | $C_4H_8O_2$ | 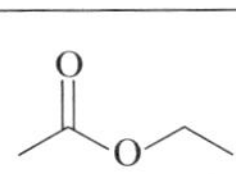 | 427 | 77 | 23.77 | 0.35 | −251.12 |

除了在热失控期间由于电池材料之间的反应而释放的能量外，一些有机成分可能代表重要的能量来源。特别是有机电解质溶剂可在空气存在下点燃和燃烧，当电解质或电池暴露在高温下时，溶剂会蒸发，且电解质蒸汽及其分解产物的混合物可以通过点火源点燃。其中许多反应是并行发生的，废锂离子电池电解液及 PVDF 热解反应方程式如表 2.13 所列。

表 2.13　废锂离子电池电解液及 PVDF 热解反应

| 类型 | 反应式 | |
|---|---|---|
| 电解液 | $LiPF_6 \rightleftharpoons LiF+PF_5$ | （2.16） |
| | $LiPF_6+H_2O \rightleftharpoons LiF+2HF+POF_3$ | （2.17） |
| | $C_2H_5OCOOC_2H_5+PF_5 \longrightarrow C_2H_5OCOOPF_4HF+C_2H_4$ | （2.18） |
| | $C_2H_5OCOOC_2H_5+PF_5 \longrightarrow C_2H_5OCOOPF_4+C_2H_5F$ | （2.19） |
| | $C_2H_5OCOOPF_4 \longrightarrow HF+C_2H_4+CO_2+POF_3$ | （2.20） |
| | $C_2H_5OCOOPF_4 \longrightarrow C_2H_5F+CO_2+POF_3$ | （2.21） |
| | $C_2H_5OCOOPF_4+HF \longrightarrow PF_4OH+CO_2+C_2H_5F$ | （2.22） |
| | $C_2H_5OH+C_2H_4 \longrightarrow C_2H_5OC_2H_5$ | （2.23） |
| PVDF | $—CH_2—CF_2—+Li \longrightarrow LiF+—CH{=}CF—+0.5H_2$ | （2.24） |

随着上述反应的发生和气态分解产物的积累，这些释放的气体可能容易被点燃并进一步增加燃爆的风险。最易燃的电池成分为烃基电解质，其他可燃组分包括聚合物隔膜、黏合剂和石墨。因此，有机溶剂是锂离子电池热失控引发的燃烧过程的主要燃料，易燃电解质立即暴露在火源中，显著增加了现有火灾的大小。此外，电解质的分解以及活性物质之间的反应，特别是嵌入的锂与溶剂之间的反应，可以释放出各种易燃气体，包括氢气、一氧化碳和烃类化合物。易燃气体和溶剂蒸汽与氧气混合，可能被点燃并导致火灾。

此外，为避免在低温热解过程中发生燃爆，除了控制混合气体浓度尽量低于爆炸下限 3.18% 外，还可以采取以下措施：

① 定期对低温热解设备进行维护和检查，确保设备的安全性；

② 严格遵守操作规程，确保操作过程的安全，避免因错误操作导致的燃爆危险；

③ 控制热解的温度和时间，避免过度加热导致可燃气体的产生；

④ 在低温热解设备中设置防爆装置，防止可燃气体积聚和爆炸；

⑤ 确保热解设备的通风良好，及时排出可燃气体，避免积聚。

**（4）破碎脱粉**

电池成分复杂且铝集流体的化学性质活泼，在发生剧烈氧化反应后可能存在爆炸的风险，并且电池内部组分具有一定毒性，需要特别注意回收过程中的条件控制。铝粉爆炸在化学危险物品管理中被列为二级易燃物品，火灾危险性为乙类，是爆炸危险性最大的粉末类。铝粉粉尘分散在空气中，与空气中的氧气混合易形成爆炸性混合物，达到可爆浓度时，在一定能量点火源作用下，即可发生爆炸。

细小的铝颗粒粉尘在空气中遇到较小的着火源即能起火燃烧；在空气中沾有油脂的铝粉，如长期堆集存放，集热不散，也易引起自燃或爆炸，而且铝粉的颗粒度越小爆炸危险性越大，当其在空气中浓度达到 $40g/m^3$ 以上时，遇明火即能爆炸。火焰温度高、燃烧速度快、爆炸威力大、辐射热强。燃烧时，一般呈绿蓝色火焰，放出银白色强光，爆炸压力可达 $6.3kg/cm^2$。对周围建筑物及人身安全均具有较大的破坏力和危害性。因此，需要控制小颗粒粒径的大小及占比，防止爆炸事故的发生。

**（5）烟气处理**

废电解液在电池破碎过程中挥发，产生大量成分复杂的尾气，其中含高浓度的挥发性有机组分和较多的极粉，还存在氟、磷、氮氧化物和二噁英等有害物质，易对环境造成巨大危害。且需要对破碎处理过程中产生的粉尘及飘逸的废气进行净化处理，避免粉尘及废气直接排放到空气中对环境造成污染问题。

为了减少以上危害，在电池回收过程中常采用以下措施进行烟气处理：

① 使用适当的废气处理设备如洗涤器、除尘器、吸附器等对烟气进行处理，去除酸性气体、重金属和颗粒物；

② 提供良好的通风系统，确保工作区域的空气流通，减少有害气体和颗粒物的积聚；

③ 对工作环境进行定期监测，确保空气中的有毒有害物质浓度符合安全标准；

④ 操作人员应佩戴适当的个人防护装备，如防护口罩、防护眼镜、手套等，以减少对有害物质的接触。

**（6）湿法冶金**

为实现材料循环利用，湿法冶金过程经常使用硫酸等无机酸对含铜铝单质的正极材料进行浸出提取高价值金属元素。铝 / 铜和硫酸溶液反应过程放热并产生氢气。其反应方程式为式（2.25）和式（2.26）。

$$2Al + 6H^+ \longrightarrow 2Al^{3+} + 3H_2\uparrow \tag{2.25}$$

$$Cu + 2H^+ \longrightarrow Cu^{2+} + H_2\uparrow \tag{2.26}$$

铝 / 铜与硫酸反应释放氢气及热量，如果氢气在密闭的环境中积聚，并遇到火源或静电放电等触发因素，可能会引发燃爆。且在浸出过程中，可能会产生热量，导致溶液的温度上升，氢气的燃爆风险也相应增加。如果浸出区域的通风不良，产生的氢气无法逸散，积聚在局部区域形成可燃气体混合物，也会增加燃爆的可能性。浸出过程中最主要的安全风险在于液体腐蚀性较强，工艺设备锈蚀泄漏的安全风险较大，另外酸性物质具有化学灼烫危害，需采取有效的安全措施予以应对。

**（7）萃取分离**

萃取分离工段溶剂油与萃取剂具有可燃性，涉及易燃易爆介质的车间，需根据相应防火等级建立专项应急预案和现场处置方案。按要求增大 VOC 气体收集设施处理能力，避免无组织排放。

### 2.5.2　储运 / 生产过程危险辨识

**（1）中毒窒息**

锂电池回收过程中涉及的天然气具有窒息性，尾气中含有氟化氢等有毒物质，电池中的电解液等具有一定的毒性。电池破碎过程中，如发生电解液泄漏，误入作业人员口中或人员长时间无防护接触，可能造成人员中毒。

生产或储存过程中，如电池发生破裂，导致电解液泄漏，人员吸入可能造成中毒事故。

副产品石墨粉具有一定的毒性，如生产、包装、储存、运输等过程发生泄漏，人员接触可能引发中毒事故。

**（2）火灾爆炸**

生产过程中，部分工序需通入氮气进行保护，如通入的氮气不足或氮气纯度较低，易造成火灾爆炸事故。电解液气体在进入焚烧炉之前含有各类溶剂气体，电解液和黏结剂挥发、气体输送过程中如密封不良等造成气体泄漏，遇明火、高温、静电等点火源，易发生火灾爆炸事故。

电池热解过程中会产生火花，因此，如热解过程中尾气管道未设置阻火器，可能造成火花串入含易燃气体的尾气管道中，引发火灾爆炸事故。三元锂电池在热解过程中，如温度失控、氮气保护不足、人员违章操作或热解过程中着火而未及时采用氮气灭火等，可能造成火灾爆炸事故。热解炉以天然气为燃料，如热解炉点火熄火保护系统失效、仪表和控制系统中报警和紧急事故处理装置损坏失效，致使生产不正常、操作错误不被发现，引发火灾事故。热解过程中，如冷却系统不足、热解炉质量不满足要求、热解炉周边堆放可燃物、热解炉及高温尾气发生泄漏等，易造成火灾爆炸事故。

电池拆解和物料储存过程中，涉及塑料、电池、电解液等可燃物，如人员违章在车间、仓库吸烟或使用打火机、物料堆放在焚烧炉等高温部位周边等，可能造成火灾爆炸事故。

在储存过程中，由于违规操作、管理不善或其他原因，可能会引发火灾、爆炸等危害。例如：人员违章在仓库内吸烟，引起火灾爆炸事故；车辆进入仓库未设置阻火器等。此外若库房堆垛不合理、通道不畅、货架固定不牢、通风不良、物料未先进先出长时间储存，电气设备不良，防雷设施接地不良等，也存在一定的事故隐患，如货物跌落砸伤人，人员触电伤害，静电火花引起火灾事故等。

工艺生产过程涉及使用硫酸，如设备材质选用不当，发生化学反应会放出氢气，氢气聚集达到火灾爆炸极限范围内，遇点火源引起爆炸。

### 2.5.3　安全风险防控措施

通过优化生产工艺、装备，建立应急处置预案，解决生产过程存在多因素耦合的燃爆风险，在关键环节设计设备温度、压力、气体在线实时监测系统，对上述过程的温度、压力和易燃气体进行系统检测，明确起火源和起火过程反应机制，针对性去除起火源。

① 建立火情监控环境和监测物理量的检测方法；

② 针对以上风险点辨识建立安全等级和对应的判识标准；

③ 建立工艺过程火情发展模型，实现火情预测。

组建废锂电电池安全循环利用研发小组，开展安全风险点梳理、典型过程燃爆机制、安全生产关键技术攻关、安全生产管理制度、安全生产智能管控平台等研究，进一步优化完善生产安全控制系统。

**（1）源头感知优化，解决信息捕捉不准确、不敏捷、不全面等问题**

① 过程源解析：识别过程风险点位、关键物料组分，梯级监测，异常指标预警。

② 软传感建模：对于无法快速获取的部分物料属性和过程参量，进行数据机理双驱动的软传感建模，快速预测目标变量，实时监测。

③ 图像实时感知：多维度的可视化实时监测、RFID 射频扫描、热成像、异常对象识别。

**（2）智能控制优化，解决反应控制不精准、工艺运行不稳定、系统性能欠优化等问题**

① 过程模拟：基于混合驱动建模方法，进一步优化局部反应动力学，单元物质流、能量流模型，流场模拟，装置设备仿真模型；形成全流程、全指标动态模拟预测与优化体系。

② 智能控制：基于 AI 算法，简化控制系统建模程序，进行 PID 参数快速整定；开发多变量预测控制的先进控制系统 APC。

**（3）预警与响应模块优化，解决事故预测不及时、趋势评估不准确、规避响应不科学等问题。**

进一步综合物料监测、过程参量、环境感知等信息，升级或重构装置预警模型，对事件的发展趋势以及影响范围进行分析，阈值比对，隐患排查、事故预警，并建立多目标优化响应模型，快速响应，生成异常状态处理与事故规避方案。

针对上述安全风险点，具体的防控措施如下所述。

① 贮存时应保证废蓄电池正、负极相互隔离，以防短路引起火灾。应避免贮存大量的废蓄电池或贮存时间过长，长期贮存时间最长不应超过一年。

② 漏电的废旧电池应先进行绝缘等防护处理后放置在绝缘、防火、隔热的容器。

③ 放电区域周边设置防护和安全通道，作业安全距离应按照 GB/T 23821 的要求执行。浸泡放电法的放电区或场地应设置废水泄漏应急收集池。放电前应对放电区域及设备设施进行全面检查，确保环境安全、设备设施运转正常；放电前应对电池状态进行检查和检测，根据退役车用动力锂离子蓄电池的安全性、电压、剩余电量等特性参数选择合适的放电方式。电池放电过程中的设备设施、放电工艺、放电方法、作业流程、作业要求、截止条件等应符合《车用动力电池回收利用 再生利用 第 3 部分：放电规范》《退役动力电池拆解 放电技术与安全规范》等的有关要求。

④ 热解炉应有观察孔或火焰监测装置，并设置自动点火装置和熄火保护装置。焚烧炉上应有热工检测仪表，加热工艺需要和条件允许时，应设置燃烧过程的自动调节装置。焚烧炉停止运行前（包括正常停炉和安全程序停炉）必须有对燃烧室冷却的程序，当燃烧室温度下降到设定值时，冷却程序结束，焚烧炉停止工作。

⑤ 在浸出过程中，应该采取以下措施：

Ⅰ. 确保浸出区域具有良好的通风，将产生的氢气及时排除，防止积聚；

Ⅱ. 采用适当的静电消除措施，减少静电放电的可能性；

Ⅲ. 在浸出区域禁止使用明火、吸烟或产生火花的操作；

Ⅳ. 安装氢气检测仪器，实时检测，一旦发现异常及时采取措施，防止易燃氢气的聚集造成火灾及爆炸风险；

Ⅴ. 对操作人员进行培训，使其熟悉浸出过程中的安全要求和应急处理措施。

⑥ 具有超压危险的设备和管道应设计安全阀、爆破片等泄压系统。输送可燃性物料并有可能产生火焰蔓延的放空管和管道间应设置阻火器、水封等阻火设施。

⑦ 在易燃易爆区域应设置“禁止烟火”等警告标志；在可能存在散发可燃有毒气体的区域设置相应检测介质的可燃有毒气体检测仪，并设超限报警。在门卫设置可燃气体、有毒气体报警盘，且现场设置声光报警。

## 参考文献


[1] 2023 年我国共产生二手动力电池 16.8 万吨，同比增长 78.3% [J/OL]. 新浪财经，2024, 02.

[2] 工业和信息化部，国家标准化管理委员会 . GB/T 34015.2—2020 车用动力电池回收利用 梯次利用 第 2 部分：拆卸要求 . 北京：中国标准出版社，2020.

[3] 工业和信息化部，国家标准化管理委员会 . GB/T 34015.3—2021 车用动力电池回收利用 梯次利用 第 3 部分：梯次利用要求 . 北京：中国标准出版社，2020.

[4] 工业和信息化部，国家标准化管理委员会 . GB/T 34015.4—2021 车用动力电池回收利用 梯次利用 第 4 部分：梯次利用产品标识 . 北京：中国标准出版社，2020.

[5] 宋华伟，李江会，敖秀奕，等 . 退役动力电池包柔性化拆解多机器人协同仿真研究 [J]. 现代机械，2023(2): 1-6.

[6] 姜舟 . 梯次利用电池筛选及综合性能评估方法研究 [D]. 北京：北京交通大学，2021.

[7] 徐佳宁 . 基于特征提取的退役电池健康状态快速评价方法研究 [D]. 哈尔滨：哈尔滨工业大学，2022.

[8] 段双明，王恩吉，朱微，等 . 基于锂电池电压片段的退役电池快速筛选重组 [J]. 电网技术 . 2024, 48(10): 4264-4274.

[9] Gu X, Li J, Zhu Y, et al. A quick and intelligent screening method for large-scale retired batteries based on cloud-edge collaborative architecture[J]. Energy, 2023, 285: 129342.

[10] 高勇，毛艺，孔祥馗，等 . 退役动力电池 BMS 的开发与测试 [J]. 机电技术，2021(4): 57-60.

[11] 李建林，王哲，许德智，等 . 退役动力电池梯次利用相关政策对比分析 [J]. 现代电力，2021, 38(3): 316-324.

[12] 工业和信息化部、科技部、生态环境部、商务部、市场监管总局 . 新能源汽车动力蓄电池梯次利用管理办法 . 工信部联节〔2021〕114 号 .

[13] 邹振耀，周亚鹏 . 欧盟电池和废电池法规解读 [J]. 上海轻工业，2024(2): 63-65.

[14] Kwon O S, Sohn I. Fundamental thermokinetic study of a sustainable lithium-ion battery pyrometallurgical recycling process[J]. Resources, Conservation and Recycling, 2020, 158: 104809.

[15] Reinhart L, Vrucak D, Woeste R, et al. Pyrometallurgical recycling of different lithium-ion battery cell systems: economic and technical analysis[J]. Journal of Cleaner Production, 2023, 416: 137834.

[16] Ren G, Xiao S, Xie M, et al. Recovery of valuable metals from spent lithium-ion batteries by smelting reduction process based on MnO-$SiO_2$-$Al_2O_3$ slag system [C]// Advances in Molten Slags, Fluxes, and Salts: Proceedings of the 10th International Conference on Molten Slags, Fluxes and Salts. John Wiley & Sons, Inc. 2016.

[17] Georgi Maschler T, Friedrich B, Weyhe R, et al. Development of a recycling process for Li-ion batteries[J]. Journal of Power Sources, 2012, 207: 173-182.

[18] Sonoc A, Jeswiet J, Soo VK. Opportunities to improve recycling of automotive lithium ion batteries[J]. Procedia CIRP, 2015, 29: 752-757.

[19] Zhou M, Li B, Li J, et al. Pyrometallurgical technology in the recycling of a spent lithium ion battery: Evolution and the challenge[J]. ACS ES&T Engineering, 2021, 1(10): 1369-1382.

[20] Li W, Guo X, Song K, et al. Binder-induced ultrathin SEI for defect-passivated hard carbon enables highly reversible sodium-ion storage[J]. Advanced Energy Materials, 2023, 13(22): 2300648.

[21] Li L, Zhang X, Li M, et al. The recycling of spent lithium-ion batteries: A review of current processes and technologies[J]. Electrochemical Energy Reviews, 2018, 1(4): 461-482.

[22] Wang R, Lin Y, Wu S. A novel recovery process of metal values from the cathode active materials of the lithium-ion secondary batteries[J]. Hydrometallurgy, 2009, 99(3): 194-201.

[23] Meshram P, Pandey BD, Mankhand TR. Recovery of valuable metals from cathodic active material of spent lithium ion batteries: Leaching and kinetic aspects[J]. Waste Management, 2015, 45: 306-313.

[24] He L, Sun S, Song X, et al. Leaching process for recovering valuable metals from the $LiNi_{1/3}Co_{1/3}Mn_{1/3}O_2$ cathode of lithium-ion batteries[J]. Waste Management, 2017, 64: 171-181.

[25] Meshram P, Abhilash, Pandey BD, et al. Comparision of different reductants in leaching of spent lithium ion batteries[J]. JOM, 2016, 68(10): 2613-2623.

[26] Yang Y, Xu S, He Y. Lithium recycling and cathode material regeneration from acid leach liquor of spent lithium-ion battery via facile Co-extraction and Co-precipitation processes[J]. Waste Management, 2017, 64: 219-227.

[27] Meshram P, Pandey BD, Mankhand TR. Hydrometallurgical processing of spent lithium ion batteries (Libs) in the presence of a reducing agent with emphasis on kinetics of leaching[J]. Chemical Engineering Journal, 2015, 281: 418-427.

[28] Lv W, Wang Z, Cao H, et al. A Sustainable process for metal recycling from spent lithium-ion batteries using ammonium chloride[J]. Waste Management, 2018, 79: 545-553.

[29] 施丽华，孙水裕，卢创鑫，等. 用硫酸 - 亚硫酸钠从废旧三元锂离子电池材料中浸出镍钴锰锂 [J]. 湿法冶金，2018, 37(5): 384-387.

[30] Yao L, Feng Y, Xi G. A new method for the synthesis of $LiNi_{1/3}Co_{1/3}Mn_{1/3}O_2$ from waste lithium ion batteries[J]. RSC Advances, 2015, 5(55): 44107-44114.

[31] Li L, Bian Y, Zhang X, et al. Economical recycling process for spent lithium-ion batteries and macro- and micro-scale mechanistic study[J]. Journal of Power Sources, 2018, 377: 70-79.

[32] Chen X, Kang D, Li J, et al. Gradient and facile extraction of valuable metals from spent lithium ion batteries for new cathode materials re-fabrication[J]. Journal of Hazardous Materials, 2020, 389: 121887.

[33] Wang C, Wang S, Yan F, et al. Recycling of spent lithium-ion batteries: selective ammonia leaching of valuable metals and simultaneous synthesis of high-purity manganese carbonate[J]. Waste Management, 2020, 114: 253-262.

[34] 郑晓洪 . 基于氨-铵盐体系选择性浸出的动力电池正极废料回收的基础研究 [D]. 北京：中国科学院过程工程研究所，2017.

[35] Chen Y, Liu N, Hu F, et al. Thermal treatment and ammoniacal leaching for the recovery of valuable metals from spent lithium-ion batteries[J]. Waste Management, 2018, 75: 469-476.

[36] Hu J, Zhang J, Li H, et al. A promising approach for the recovery of high value-added metals from spent lithium-

ion batteries[J]. Journal of Power Sources, 2017, 351: 192-199.

[37] Yang C, Zhang J, Yu B, et al. Recovery of valuable metals from spent $LiNi_xCo_yMn_zO_2$ cathode material via phase transformation and stepwise leaching[J]. Separation and Purification Technology, 2021, 267: 118609.

[38] Zhang G, Yuan X, Tay CY, et al. Selective recycling of lithium from spent lithium-ion batteries by carbothermal reduction combined with multistage leaching[J]. Separation and Purification Technology, 2023, 314: 123555.

[39] Liu P, Xiao L, Tang Y, et al. Study on the reduction roasting of spent $LiNi_xCo_yMn_zO_2$ lithium-ion battery cathode materials[J]. Journal of Thermal Analysis and Calorimetry, 2019, 136(3): 1323-1332.

[40] Liu P, Xiao L, Chen Y, et al. Recovering valuable metals from $LiNi_xCo_yMn_{1-x-y}O_2$ cathode materials of spent lithium ion batteries via a combination of reduction roasting and stepwise leaching[J]. Journal of Alloys and Compounds, 2019, 783: 743-752.

[41] Zhao Y, Liu B, Zhang L, et al. Microwave-absorbing properties of cathode material during reduction roasting for spent lithium-ion battery recycling[J]. Journal of Hazardous Materials, 2020, 384: 121487.

[42] Liu F, Peng C, Ma Q, et al. Selective lithium recovery and integrated preparation of high-purity lithium hydroxide products from spent lithium-ion batteries[J]. Separation and Purification Technology, 2021, 259: 118181.

[43] Zhao Y, Liu B, Zhang L, et al. Microwave pyrolysis of macadamia shells for efficiently recycling lithium from spent lithium-ion batteries[J]. Journal of Hazardous Materials, 2020, 396: 122740.

[44] Yu Y, Wang D, Chen H, et al. Mechanism of lithium and cobalt recovery from spent lithium-ion batteries by sulfation roasting process[J]. Chemical Research in Chinese Universities, 2020, 36(5): 908-914.

[45] He M, Zhang P, Duan X, et al. Selective recovery of lithium from spent lithium-ion battery by an emission-free sulfation roasting strategy[J]. Process Safety and Environmental Protection, 2023, 177: 1035-1044.

[46] Lin J, Li L, Fan E, et al. Conversion mechanisms of selective extraction of lithium from spent lithium-ion batteries by sulfation roasting[J]. ACS Applied Materials & Interfaces, 2020, 12(16): 18482-18489.

[47] Lin J, Liu C, Cao H, et al. Environmentally benign process for selective recovery of valuable metals from spent lithium-ion batteries by using conventional sulfation roasting[J]. Green Chemistry, 2019, 21(21): 5904-5913.

[48] Chen Y, Shi P, Chang D, et al. Selective extraction of valuable metals from spent Ev power batteries using sulfation roasting and two stage leaching process[J]. Separation and Purification Technology, 2021, 258: 118078.

[49] Tang Y, Qu X, Zhang B, et al. Recycling of spent lithium nickel cobalt manganese oxides via a low-temperature ammonium sulfation roasting approach[J]. Journal of Cleaner Production, 2021, 279: 123633.

[50] Shi J, Peng C, Chen M, et al. Sulfation roasting mechanism for spent lithium-ion battery metal oxides under $SO_2$-$O_2$-Ar atmosphere[J]. JOM, 2019, 71(12): 4473-4482.

[51] Xiao J, Gao R, Niu B, et al. Study of reaction characteristics and controlling mechanism of chlorinating conversion of cathode materials from spent lithium-ion batteries[J]. Journal of Hazardous Materials, 2021, 407: 124704.

[52] Yang Y, Meng X, Cao H, et al. Selective recovery of lithium from spent lithium iron phosphate batteries: A sustainable process[J]. Green Chemistry, 2018, 20(13): 3121-3133.

[53] Li H, Xing S, Liu Y, et al. Recovery of lithium, iron, and phosphorus from spent $LiFePO_4$ batteries using stoichiometric sulfuric acid leaching system[J], ACS Sustainable Chemistry & Engineering. 2017, 5(9): 8017-8024.

[54] Zhang J, Hu J, Liu Y, et al. Sustainable and facile method for the selective recovery of lithium from cathode scrap of spent $LiFePO_4$ batteries[J]. ACS Sustainable Chemistry & Engineering, 2019, 7(6): 5626-5631.

[55] Jin H, Zhang J, Yang C, et al. Selective recovery of lithium from spent $LiFePO_4$ battery via a self-catalytic air oxidation method[J]. Chemical Engineering Journal, 2023, 460: 141805.

[56] Li Z, Liu D, Xiong J, et al. Selective recovery of lithium and iron phosphate/carbon from spent lithium iron phosphate cathode material by anionic membrane slurry electrolysis[J]. Waste Management, 2020, 107: 1-8.

[57] Li Z, He L, Zhu Y, et al. A green and cost-effective method for production of LiOH from spent $LiFePO_4$[J]. ACS Sustainable Chemistry & Engineering, 2020, 8(42): 15915-15926.

[58] Tao S, Li J, Wang L, et al. A method for recovering $Li_3PO_4$ from spent lithium iron phosphate cathode material through high-temperature activation[J]. Ionics, 2019, 25(12): 5643-5653.

[59] Fan E, Li L, Zhang X, et al. Selective recovery of Li and Fe from spent lithium-ion batteries by an environmentally friendly mechanochemical approach[J]. ACS Sustainable Chemistry & Engineering, 2018, 6(8): 11029-11035.

[60] Zhang B, Qu X, Chen X, et al. A sodium salt-assisted roasting approach followed by leaching for recovering spent $LiFePO_4$ batteries[J]. Journal of Hazardous Materials, 2022, 424: 127586.

[61] Yu J, Wang X, Zhou M, et al. A redox targeting-based material recycling strategy for spent lithium ion batteries[J]. Energy & Environmental Science, 2019, 12(9): 2672-2677.

[62] Zhang B, Qu X, Qu J, et al. A paired electrolysis approach for recycling spent lithium iron phosphate batteries in an undivided molten salt cell[J]. Green Chemistry, 2020, 22(24): 8633-8641.

[63] Li L, Lu J, Zhai L, et al. A facile recovery process for cathodes from spent lithium iron phosphate batteries by using oxalic acid[J]. CSEE Journal of Power and Energy Systems, 2018, 4(2): 219-225.

[64] Liu K, Tan Q, Liu L, et al. Acid-free and selective extraction of lithium from spent lithium iron phosphate batteries via a mechanochemically induced isomorphic substitution[J]. Environmental Science & Technology, 2019, 53(16): 9781-9788.

[65] 刘庆生 , 喻修远 , 肖浩 , 等 . 磷酸铁锂电池废料提锂尾渣的回收及磷酸铁的制备 [J]. 稀有金属与硬质合金 , 2022, 50(4): 17-23.

[66] Yang L, Feng Y, Wang C, et al. Closed-loop regeneration of battery-grade $FePO_4$ from lithium extraction slag of spent Li-Ion batteries via phosphoric acid mixture selective leaching[J]. Chemical Engineering Journal, 2022, 431: 133232.

[67] Wang X, Zheng S, Zhang Y, et al. Sulfuric acid leaching of ball-milling activated $FePO_4$ residue after lithium extraction from spent lithium iron phosphate cathode powder[J]. Waste Management, 2022, 153: 31-40.

[68] Zhou J, Xing C, Huang J, et al. Direct upcycling of leached $FePO_4$ from spent lithium-ion batteries toward gradient-doped $LiMn_xFe_{1-x}PO_4$ cathode material[J]. Advanced Energy Materials, 2024, 14(7): 2302761.

[69] Hu G, Huang K, Du K, et al. Efficient recovery and regeneration of $FePO_4$ from lithium extraction slag: Towards sustainable $LiFePO_4$ battery recycling[J]. Journal of Cleaner Production, 2024, 434: 140091.

[70] 姚家涛 , 张勇 , 韩培林 , 等 . 基于磷酸铁锂提锂渣的电池级磷酸铁制备工艺研究 [J]. 化工矿物与加工 , 2023, 52(9): 1-5.

[71] Lu Y, Peng K, Zhang L. Sustainable recycling of electrode materials in spent Li-Ion batteries through direct regeneration processes[J]. ACS ES&T Engineering, 2022, 2(4): 586-605.

[72] Li J, Hu L, Zhou H, et al. Regenerating of $LiNi_{0.5}Co_{0.2}Mn_{0.3}O_2$ cathode materials from spent lithium-ion batteries[J]. Journal of Materials Science: Materials in Electronics, 2018, 29(20): 17661-17669.

[73] Zhou H, Zhao X, Yin C, et al. Regeneration of $LiNi_{0.5}Co_{0.2}Mn_{0.3}O_2$ Cathode Material from Spent Lithium-Ion Batteries[J]. Electrochimica Acta, 2018, 291: 142-150.

[74] Zhang X, Xue Q, Li L, et al. Sustainable recycling and regeneration of cathode scraps from industrial production of lithium-ion batteries[J]. ACS Sustainable Chemistry & Engineering, 2016, 4(12): 7041-7049.

[75] Zhang H, Wang L, Chen Y, et al. Regenerated $LiFePO_4$/C for scrapped lithium iron phosphate powder batteries by pre-oxidation and reduction method[J]. Ionics, 2022, 28(5): 2125-2133.

[76] Wang L, Li J, Zhou H, et al. Regeneration cathode material mixture from spent lithium iron phosphate batteries[J]. Journal of Materials Science: Materials in Electronics, 2018, 29(11): 9283-9290.

[77] Nie H, Xu L, Song D, et al. $LiCoO_2$: Recycling from spent batteries and regeneration with solid state synthesis[J]. Green Chemistry, 2015, 17(2): 1276-1280.

[78] Yin Y C, Li C, Hu X, et al. Rapid, direct regeneration of spent $LiCoO_2$ cathodes for Li-Ion batteries[J]. ACS Energy Letters, 2023, 8(7): 3005-3012.

[79] Yue L, Lou P, Xu G, et al. Regeneration of degraded $LiNi_{0.5}Co_{0.2}Mn_{0.3}O_2$ from spent lithium ion batteries[J]. Ionics, 2020, 26(6): 2757-2761.

[80] Chi Z, Li J, Wang L, et al. Direct regeneration method of spent $LiNi_{1/3}Co_{1/3}Mn_{1/3}O_2$ cathode materials via surface lithium residues[J]. Green Chemistry, 2021, 23(22): 9099-9108.

[81] Gao H, Yan Q, Xu P, et al. Efficient direct recycling of degraded $LiMn_2O_4$ cathodes by one-step hydrothermal relithiation[J]. ACS Applied Materials & Interfaces, 2020, 12(46): 51546-51554.

[82] Zhang Z, He W, Li G, et al. Renovation of $LiCoO_2$ crystal structure from spent lithium ion batteries by ultrasonic hydrothermal reaction[J]. Research on Chemical Intermediates, 2015, 41(6): 3367-3373.

[83] Shi Y, Chen G, Chen Z. Effective regeneration of $LiCoO_2$ from spent lithium-ion batteries: A direct approach towards high-performance active particles[J]. Green Chemistry, 2018, 20(4): 851-862.

[84] Yu X, Yu S, Yang Z, et al. Achieving low-temperature hydrothermal relithiation by redox mediation for direct recycling of spent lithium-ion battery cathodes[J]. Energy Storage Materials, 2022, 51: 54-62.

[85] Yang Y, Liu Z, Zhang J, et al. Economical and low-carbon regeneration of spent $LiFePO_4$ materials by hydrothermal relithiation[J]. Journal of Alloys and Compounds, 2023, 947: 169660.

[86] Jing Q, Zhang J, Liu Y, et al. Direct regeneration of spent $LiFePO_4$ cathode material by a green and efficient one-step hydrothermal method[J]. ACS Sustainable Chemistry & Engineering, 2020, 8(48): 17622-17628.

[87] Zhao Q, Hu L, Li W, et al. Recovery and regeneration of spent lithium-ion batteries from new energy vehicles[J]. Frontiers in Chemistry, 2020, 8: 807.

[88] Xu P, Yang Z, Yu X, et al. Design and optimization of the direct recycling of spent Li-Ion battery cathode materials[J]. ACS Sustainable Chemistry & Engineering, 2021, 9(12): 4543-4553.

[89] Thompson D, Hyde C, Hartley JM, et al. To shred or not to shred: A comparative techno-economic assessment of lithium ion battery hydrometallurgical recycling retaining value and improving circularity in lib supply chains[J]. Resources, Conservation and Recycling, 2021, 175: 105741.

[90] Zhou S, Du J, Xiong X, et al. Direct recovery of scrapped $LiFePO_4$ by a green and low-cost electrochemical re-lithiation method[J]. Green Chemistry, 2022, 24(16): 6278-6286.

[91] Zhang L, Xu Z, He Z. Electrochemical relithiation for direct regeneration of $LiCoO_2$ materials from spent lithium-ion battery electrodes[J]. ACS Sustainable Chemistry & Engineering, 2020, 8(31): 11596-11605.

[92] Zhou S, Fei Z, Meng Q, et al. Collaborative regeneration of structural evolution for high-performance of $LiCoO_2$ materials from spent lithium-ion batteries[J]. ACS Applied Energy Materials, 2021, 4(11): 12677-12687.

[93] 李洪枚，姜亢．废旧锂离子电池对环境污染的分析与对策 [J]. 上海环境科学，2004, 23(5): 201-203.

# 第3章 退役动力电池循环利用产业特征分析

目前，中国退役动力电池循环利用产业已经初具规模，产业链呈现多元化发展趋势。在生产者责任延伸制度的引导下，新能源汽车生产企业、原材料生产企业、动力电池生产企业、报废汽车回收拆解企业、梯次利用企业以及再生利用企业等都在退役电池循环利用各环节起到了重要作用。其中，新能源汽车生产企业或电池生产企业通过开发/优化技术直接介入或通过投资等方式间接介入动力电池回收（如比亚迪/宁德时代）；原材料生产企业一般通过技术开发/优化直接将动力电池回收作为其产线的延伸；其他新入行业的企业通过投资等方式介入动力电池回收，这类企业前期多为化学品生产/贸易企业等。

本章旨在对目前废旧动力电池回收产业链中各环节涉及的主体、对应职责及其作用进行梳理，同时从产业链上游电池原材料，到中游动力电池制造集成再到下游新能源汽车生产制造对产业格局及集中度、分布情况及聚集区进行分析；为动力电池循环利用全产业链的布局优化以及健康发展提供理论依据。

## 3.1 全球锂电池产业概况

近年来，受全球锂电池产业爆发性增长的影响，全球主要锂电池市场——中国、日本、韩国、欧洲、美国纷纷出台针对电池产业的可持续发展战略规划，并通过相关政策、法规的陆续出台，以实现为本国/本地区电池产业的可持续发展提供指引及保障。日本和韩国是电池产业的传统强国，近年来随着中国锂电池产业的崛起，日韩企业的市场份额逐年下降。

韩国政府为应对全球范围战略性电池产业的市场竞争，发布了《2030二次电池产业发展战略》《充电电池产业革新战略》，并明确了“到2030年韩国占据全球电池产业40%市场份额”的发展目标，通过公私合作、投资拉动，促进企业科技创新，加速抢占下一代电池技术的战略高地，加快产能和供应链体系建设。

日本电池企业的市场份额目前位于中韩两国之后，处于逐渐滑落态势。日本政府为实现碳中和目标以及应对未来的可再生能源需求，出台了《2050碳中和绿色增长战略》及《能源基本规划》，为日本全国绿色低碳转型和可再生能源的发展提供了顶层战略设计。针对电池产业，日本政府在《蓄电池产业战略》中提出“到2030年日本国内产能达到150GWh，日本企业在全球产能达到600GWh”的目标，以抢占未来的市场份额。同时，日本全力投入全固态电池技术的研发，旨在到2030年达到产业化能力，以期实现电池技术“弯道超车”。

欧盟早在2017年就成立了欧洲电池联盟，统筹欧盟内部的产业资源，形成电池产业发展战略合力，并提出了旨在加强欧盟电池全产业链竞争力的《电池战略行动计划》，构建从原材料获取、加工到废旧电池回收利用的“从摇篮到坟墓”全生命周期产业体系。2023年，欧盟出台了《绿色协议产业计划》，其中《净零工业法案》和《关键原材料法案》旨在提升欧盟自身清洁能源技术的制造规模，强化清洁能源的本土制造能力，设立了“到2023年欧盟本土电池制造产能达550GWh”的目标，并针对关键原材料和矿产资源设定了在欧盟本土开采、加工和回收的产能目标，全面打造欧盟本土清洁能源和电池供应链体系。此外，欧盟还通过了《欧盟电池和废电池法规》(以下简称“新电池法”)，以立法的形式对未来电池进入欧盟市场提出了更高的要求，明确了将从2024年到2036年陆续开始实施对产品声明、供应链尽职调查、碳足迹、电池护照、生产者责任制度和电池回收再生利用等的全生命周期合规和信息披露要求。

美国政府于2022年12月31日后开始执行《通胀削减法案》，对电池中的核心矿物与组件来源和产地做出了明确要求，旨在提升美国本土和贸易伙伴国的供应链能力。此外，美国能源部发布《美国国家锂电发展蓝图（2021—2030)》，提出了五大发展目标，包括保障关键原材料的供应与开发替代产品、建立原材料加工基地、建立核心组件制造基地、建立回收利用体系，以及支持技术研发和提升劳动力素质。

中国在21世纪初就提出了节能与新能源汽车的发展思路，并将其列入了2006年发布的《国家中长期科学和技术发展规划纲要（2006—2020年)》。随后，国务院陆续印发了《节能与新能源汽车产业发展规划（2012—2020年)》《关于加快新能源汽车推广应用的指导意见》等顶层战略规划与意见，启动了一系列针对电动汽车和动力电池技术的国家重点科技研发专项和示范推广项目。2020年，国务院印发了《新能源汽车产业发展规划（2021—2035年)》，提出了提升锂电池产业基础能力、强化循环利用体系建设、推动全价值链发展的要求。

## 3.2 产业集中度

近几年，中国新能源汽车行业呈现出引人注目的发展趋势。供给端产品丰富度得到了显著提升，同时作为供给侧的充换电基础设施的加速覆盖也将进一步支撑新能源发展和终端消费者接受度的提升。与之而来的针对退役动力电池处理，企业积极拥抱动力电池的回收浪潮和潜在市场价值机遇，打造产业闭环。新能源汽车生产企业、原材料生产企业、动力电池生产企业、报废汽车回收拆解企业、梯次利用企业以及再生利用企业等纷纷布局废动力电池回收行业。由于磷酸铁锂电池装机量的增加，新上产线中处理退役磷酸铁锂电池的产能增加。

如图3.1和表3.1所示，据不完全统计，2023年全国共有42个项目通过环境影响评价报告，涉及的处理规模达67.28万吨。

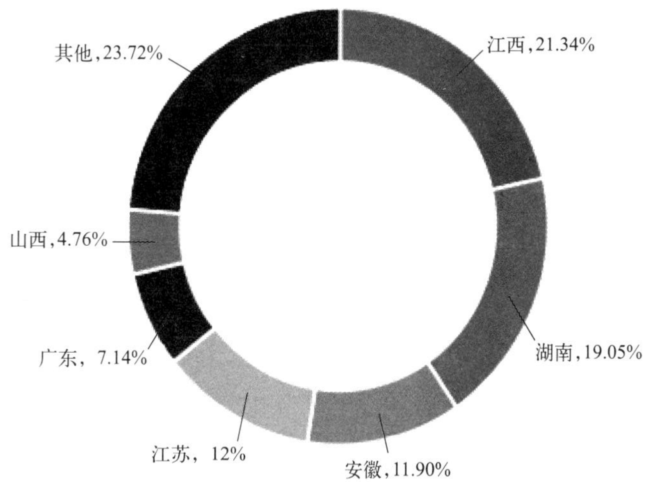


图 3.1　2023 年通过环境影响评价项目数量各省分布情况

表 3.1　全国电池回收利用最新环评及产能分布情况

| 序号 | 项目名称 | 建设地点 | 建设单位 | 建设内容 | 公示日期 |
|---|---|---|---|---|---|
| 1 | 河北富来康新材料科技有限公司再生资源综合利用项目 | 河北省石家庄市晋州市经济开发区 | 河北富来康新材料科技有限公司 | 年处理废旧锂电池及金属废料 3 万吨 | 2023 年 9 月 12 日 |
| 2 | 山西尧兴新能源科技有限公司报废机动车回收拆解及锂离子动力电池回收、拆解、梯次利用项目 | 山西省临汾经济开发区甘亭新型工业园区 | 山西尧兴新能源科技有限公司 | 年拆解机动车 11000 辆、锂离子电池梯次利用 50000t | 2023 年 9 月 28 日 |
| 3 | 烟台众成锦锂新能源科技有限公司 1.5 万吨废旧锂电池回收利用项目 | 山东省烟台市蓬莱区大辛店镇经济技术开发区 | 烟台众成锦锂新能源科技有限公司 | 年处理回收梯次利用电池包 5000t/a，回收处理锂离子电池 10000t/a，项目建成后，年可回收电池模组 800t、电池箱体 1000t、正负极混合粉约 7110t | 2023 年 8 月 25 日 |
| 4 | 江苏锂辉科技有限公司储能电池 PACK 制造及动力电池梯次利用项目 | 江苏省南京市栖霞区栖霞街道广月路 3 号 | 江苏锂辉科技有限公司 | 动力及储能电池 6 万套、0.5GWh 工商业能源系统集成 | 2023 年 9 月 5 日 |

续表

| 序号 | 项目名称 | 建设地点 | 建设单位 | 建设内容 | 公示日期 |
|---|---|---|---|---|---|
| 5 | 江苏北越新能源科技有限公司年综合利用退役锂电池 30000t 项目 | 江苏省无锡市江阴市月城镇月山路 158 号 | 江苏北越新能源科技有限公司 | 回收利用退役锂电池 30000t/a，一期 8000t，二期 22000t | 2023 年 9 月 7 日 |
| 6 | 池州小布新材料科技有限公司年回收处理 40000t 废旧动力锂电池及其正极片项目（一期工程） | 安徽省池州经济技术开发区金安生态工业园 | 池州小布新材料科技有限公司 | 年回收处理 20000t 废旧动力锂电池正极片 | 2023 年 9 月 14 日 |
| 7 | 丽水瑞云新能源科技有限公司 5 万吨动力电池综合利用项目 | 浙江省遂昌经济开发区龙板山区块 P（2022）73 号地块 | 丽水瑞云新能源科技有限公司 | 年综合利用 5 万吨动力锂电池及年产 4 万吨锂电池专用材料 | 2023 年 9 月 25 日 |
| 8 | 江西铃瑞再生资源开发有限公司年处理 3000t 新能源动力电池梯次利用项目 | 江西省南昌市南昌县小蓝经济开发区金沙大道 199 号 | 江西铃瑞再生资源开发有限公司 | 年处理 3000t 新能源废旧动力电池 | 2023 年 5 月 9 日 |
| 9 | 江西富格新能源有限公司年处理 18000t 锂电池极片及退役锂电池项目 | 江西省新余市高新开发区三强路 1068 号江西协企房屋租赁有限公司三号厂房 | 江西富格新能源有限公司 | 年处理 18000t 锂电池极片及退役锂电池 | 2023 年 7 月 21 日 |
| 10 | 湖南申联环保科技有限公司 $2\times10^5$t/a 废旧动力电池资源再生利用项目 | 湖南省永兴稀贵金属再生资源利用产业开发区柏林工业园 | 湖南申联环保科技有限公司 | 年处理废旧锂电池 20 万吨，分三期建设，一期年处理 2 万吨废旧锂电池，二期年处理 8 万吨废旧锂电池，三期年处理 10 万吨废旧锂电池 | 2023 年 9 月 26 日 |
| 11 | 娄底金弘新材料有限公司 24000t/a 废旧磷酸铁锂电池回收利用项目 | 湖南省娄底高新技术产业开发区 | 娄底金弘新材料有限公司 | 24000t/a 废旧磷酸铁锂电池回收利用 | 2023 年 9 月 6 日 |
| 12 | 佛山市顺德鑫还宝资源利用有限公司年回收破碎 5000t 废旧锂电池新建项目 | 广东省佛山市顺德区杏坛镇德富路 75 号三号车间 | 佛山市顺德鑫还宝资源利用有限公司 | 主要回收拆解废旧 3C 产品锂电池和报废汽车动力电池，包括钴酸锂电池、三元锂电池和磷酸铁锂电池。本项目年回收破碎 5000t 废旧锂电池项目，其中：梯级利用 2000t/a、回收拆解钴酸锂电池 500t/a、回收拆解三元锂电池 500t/a、回收拆解磷酸铁锂电池 2000t/a | 2023 年 9 月 11 日 |
| 13 | 江西龙晟新材料有限公司年处理 10 万吨废旧磷酸铁锂电池综合利用项目 | 江西省龙南经济技术开发区富康工业园 | 江西龙晟新材料有限公司 | 项目年处理磷酸铁锂电池粉 4.5 万吨（对应废旧磷酸铁锂电池量为 10 万吨），年产硫酸锂 24000t、磷酸铁锂正极材料 25235.3t；同时副产无水硫酸钠 19888.16t/a | 2023 年 9 月 25 日 |

续表

| 序号 | 项目名称 | 建设地点 | 建设单位 | 建设内容 | 公示日期 |
|---|---|---|---|---|---|
| 14 | 柳州市废旧锂电池资源化综合利用项目 | 广西壮族自治区柳州市柳江区成团镇大荣村雅中屯原大荣采石场区域 | 中城恒赢新能源（广西）有限公司 | 年处理废旧锂电池 $4\times10^4$t，拟分两期建设，每期各 $2\times10^4$t/a | 2023 年 8 月 3 日 |
| 15 | 年处理 3 万吨退役磷酸铁锂动力电池循环利用一体化项目 | 江西省赣州经济技术开发区新能源汽车科技城 | 赣州赛可韦尔科技有限公司 | 年处理 3 万吨磷酸铁锂电池粉料（其中包括 1 万吨磷酸铁锂电池废正极片和 2 万吨磷酸铁锂电池粉料），主要产品为工业级碳酸锂、电池级磷酸铁，副产品为元明粉（无水硫酸钠） | 2023 年 7 月 19 日 |
| 16 | 20 万吨废旧锂电池梯次利用及综合回收项目 | 湖南省永兴稀贵金属再生资源利用产业开发区柏林工业园 | 湖南岭源新能源科技有限公司 | 年处理 20 万吨废旧锂电池，分三期建设：一期年处理 6 万吨废旧锂电池，二期年处理 6 万吨废旧锂电池，三期年处理 8 万吨废旧锂电池。产品为硫酸锰、硫酸钴、硫酸镍、碳酸锂、硫酸钠、磷酸铁锂黑粉、石墨、可梯次利用电池等 | 2023 年 9 月 27 日 |
| 17 | 循环再造 5 万吨磷酸铁锂黑粉制备高性能磷酸铁项目 | 湖北省荆门市掇刀区格林美城市矿产资源循环产业园 | 荆门动力电池再生技术有限公司 | 项目建成达产后处置黑粉 $5\times10^4$t/a，可年产电池级磷酸铁 40454t、电池级碳酸锂 9836t，年副产硫酸钠 62120t | 2023 年 9 月 15 日 |
| 18 | 10 万吨 / 年废旧锂电池回收利用项目一期 | 四川省遂宁射洪锂电高新产业园 | 四川蜀矿环锂科技有限公司 | 2 万吨 / 年废旧锂电池回收利用 | 2023 年 9 月 6 日 |
| 19 | 废旧动力锂电池资源循环利用智能化生产线项目 | 贵州省铜仁市大龙经济开发区北部工业园 | 贵州星茂新材料有限公司 | 年处理废旧动力锂电池 5 万吨（其中废旧三元锂电池 3 万吨、废旧磷酸铁锂电池 2 万吨），生产出 12000t 三元黑粉及 8000t 磷酸铁锂黑粉。同时，项目年综合利用 1.2 万吨三元黑粉和 8000t 磷酸铁锂黑粉及 3 万吨含锂中间物料，年产出电池级硫酸钴 4520t、电池级硫酸镍 12950t、电池级碳酸锂 4750t，电池级硫酸锰 5340t、氧化钴 300t、副产品工业硫酸钠 38580t | 2023 年 3 月 17 日 |

续表

| 序号 | 项目名称 | 建设地点 | 建设单位 | 建设内容 | 公示日期 |
|---|---|---|---|---|---|
| 20 | 江西银锂科技香屯园区废旧锂离子电池资源循环利用项目 | 江西省上饶市德兴经济开发区香屯工业园区 A03-02 | 江西银锂科技有限公司 | 年处理废旧三元锂电池 2 万吨、废旧磷酸铁锂电池 2 万吨和废旧锂电池正负极片 1 万吨；年产 16535t 梯次利用电池（其中包括梯次利用磷酸铁锂电池包 3000t/a、梯次利用磷酸铁锂电池模组 1050t/a 和梯次利用磷酸铁锂电池单体电芯 1890t/a，梯次利用三元锂电池包 2100t/a、梯次利用三元锂电池模组 980t/a 和梯次利用三元锂电池单体电芯 2205t/a）以及黑粉 17912.179t/a，其中磷酸铁锂黑粉（电池正、负极混合物）4506.514t/a、三元锂黑粉（电池正、负极混合物）6854.064t/a、磷酸铁锂黑粉（极片正极混合物）1847.833t/a、三元锂黑粉（极片正极混合物）212030.833t/a、锂电池负极黑粉 2672.934t/a 等 | 2023 年 6 月 16 日 |
| 21 | 上饶溢骏鑫环境科技有限公司年利用 2 万吨锂退役电池资源循环项目 | 江西省上饶市茶亭经济开发区华兴路西侧 | 上饶溢骏鑫环境科技有限公司 | （1）锂电池处理线：年处理 2 万吨退役锂电池和电池正负极片及边角料，其中年产 4554.794t 梯次利用电池（其中包括梯次利用磷酸铁锂电池包 1190.476t、梯次利用磷酸铁锂电池模组 700t、梯次利用磷酸铁锂电池单体电芯 276t、梯次利用三元锂电池包 1326.985t、梯次利用三元锂电池模组 793.333t、梯次利用三元锂电池电芯 268t）以及黑粉 7114.896t/a，其中磷酸铁锂黑粉（电池正、负极混合物）1733.647t/a、三元锂黑粉（电池正、负极混合物）1715.785t/a、磷酸铁锂黑粉（未注液电池正、负极混合物）411.275t/a、三元锂黑粉（未注液电池正、负极混合物）402.377t/a、磷酸铁锂黑粉（极片正极混合物）494.826t/a、三元锂黑粉（极片正极混合物）475.888t/a、锂电池负极黑粉 1881.098t/a 等。<br>（2）铜精矿配料处理线：年处理 3 万吨铜精矿原料，年产铜精矿 29858.235t/a | 2023 年 6 月 16 日 |

续表

| 序号 | 项目名称 | 建设地点 | 建设单位 | 建设内容 | 公示日期 |
|---|---|---|---|---|---|
| 22 | 年处理 5 万吨废旧动力锂电池综合回收利用项目（一期） | 湖南省岳阳市湘阴高新技术产业开发区洋沙湖片区湖南定宇新材料科技有限公司厂区现有五号厂房 | 湘阴江冶新材料科技有限公司 | 1 条 2000t/a 的锂离子电池包拆解及梯次利用生产线，1 条 10000t/a 废旧三元锂电池破碎分选生产线和 1 条 10000t/a 废旧磷酸铁锂电池破碎分选生产线，项目建成后可回收处理废旧锂电池 2.2 万吨 / 年 | 2023 年 4 月 11 日 |
| 23 | 江西宜源新能源科技有限公司磷酸铁锂材料及电池回收综合利用项目 | 江西省宜春袁州工业园康安路 1 号 | 江西宜源新能源科技有限公司 | 年回收 40000t/a 废旧磷酸铁锂电池，年产 30000t 磷酸铁锂 | 2023 年 9 月 28 日 |
| 24 | 广东印象华云新能源环保科技有限公司年回收、再生综合利用 3 万吨废旧锂电池项目 | 广东省梅州市五华县安流镇龙中村黄牛塘光大环保侧 03 地块 | 广东印象华云新能源环保科技有限公司 | 年回收 30000t 废锂电池，其中可梯次利用 3000t，不可梯次利用的废旧锂离子电池约 27000t/a 进行破碎分选 | 2023 年 9 月 25 日 |
| 25 | 固体废物资源再生循环利用二期项目 | 陕西省咸阳市礼泉县西张堡镇陕西资源再生产业园中心路 001 号 | 陕西东恒盛实业发展有限公司 | 3 万吨 / 年，其中阶梯利用 5000t/a，拆解资源回收 25000t/a | 2023 年 9 月 26 日 |
| 26 | 年处理 2 万吨废电池及 1 万吨极片破碎分选综合利用建设项目 | 湖南省汨罗高新技术产业开发区新市片区 | 湖南顺锂科技有限公司 | 梯次利用磷酸铁锂电池包 200t/a、梯次利用磷酸铁锂电池模组 350t/a、磷酸铁锂电池黑粉（磷酸铁锂电池正、负极混合物，Li ≥ 2.0%）4299.3t/a、磷酸铁锂黑粉（磷酸铁锂正极混合物，Li ≥ 3.0%）2400t/a、三元锂黑粉（三元锂电池正、负极混合物，Ni ≥ 15%、Co ≥ 4%、Li ≥ 2%）4401.8t/a、三元锂电池黑粉（三元锂正极混合物，Ni ≥ 20%、Co ≥ 5%、Li ≥ 3%）2476.5t/a、锂电池负极黑粉（C ≥ 85%）2671.6t/a、铜粉 2835.8t/a、铝粉 3638.5t/a | 2023 年 9 月 22 日 |
| 27 | 湖南锂汇通新能源科技有限责任公司汨罗分公司年处理 1.5 万吨废旧动力蓄电池回收拆解破碎项目 | 湖南省岳阳市汨罗高新技术产业开发区新市片区 G107 国道东侧，即湖南宇威精密制造有限公司现有厂区内 | 湖南锂汇通新能源科技有限责任公司汨罗分公司 | 年处理 1.5 万吨废旧动力蓄电池 | 2023 年 9 月 27 日 |

续表

| 序号 | 项目名称 | 建设地点 | 建设单位 | 建设内容 | 公示日期 |
|---|---|---|---|---|---|
| 28 | 岳阳厚浦废旧锂电池三元正极材料再生利用项目 | 湖南定宇新材料科技有限公司标准化厂房（1#厂区）7500m$^2$及湖南洋沙湖投资控股集团有限公司标准化厂房（2#厂区） | 岳阳厚浦新材料科技有限公司 | 年再生利用1万吨废三元锂电池、年产2万吨三元前驱体和1万吨四氧化三钴 | 2023年9月28日 |
| 29 | 岳阳厚浦国兴废旧锂电池材料综合回收利用项目 | 湖南省湘阴高新技术产业开发区洋沙湖片区顺天大道北侧 | 岳阳厚浦国兴科技有限公司 | 拟新建废旧锂离子电池三元正极粉循环回收生产线1条，电池级碳酸锂制备生产线1条。项目建成后，可形成7000t/a废旧电池粉（废三元正极粉）回收利用规模，电池级碳酸锂1万吨/年产能 | 2023年11月20日 |
| 30 | 重庆远达催化剂综合利用有限公司废旧动力锂电池全自动精细化拆解项目 | 重庆市潼南工业园区东区 | 重庆远达催化剂综合利用有限公司 | 建设废旧动力锂电池全自动精细化拆解生产线1条，建成后年处理废旧动力锂电池1000t | 2023年9月22日 |
| 31 | 年处理25000t废旧锂电池、2500t废旧锂电池正极片、2500t废旧锂电池负极片再利用项目 | 江苏省淮安市淮阴区淮安高新技术产业开发区淮河东路706号 | 江苏格润新材料有限公司 | 年处理25000t废旧锂电池、2500t废旧锂电池正极片、2500t废旧锂电池负极片 | 2023年9月22日 |
| 32 | 退役动力锂电池梯次拆解利用生产线改扩建项目 | 经济开发区 | 南京无限动力科技有限公司 | 新增年处理8000t退役动力锂电池 | 2023年9月22日 |
| 33 | 安徽泽君新能源科技有限公司动力锂电池梯次利用项目 | 安徽省淮北市杜集区经济开发区青春路南侧 | 安徽泽君新能源科技有限公司 | 年处理4000t废旧锂电池，其中三元电池年处理量2000t，磷酸铁锂电池年处理量2000t | 2023年10月13日 |
| 34 | 江苏尚鼎新能源科技有限公司锂电池资源化综合利用项目 | 江苏省张家港市南丰镇东沙常福路南侧5# | 江苏尚鼎新能源科技有限公司 | 10万组/年废旧锂离子电池梯次利用能力、1万吨/年报废锂离子电池的处置能力，产品均为梯次利用电池0.2GWh/a、废旧锂离子电池中可利用部分（年产极粉4000t、铜箔1600t、铝箔2200t、钢壳900t） | 2023年9月19日 |

续表

| 序号 | 项目名称 | 建设地点 | 建设单位 | 建设内容 | 公示日期 |
|---|---|---|---|---|---|
| 35 | 黑龙江省牡丹江市开发区新能源汽车电池梯次回收利用项目 | 黑龙江省牡丹江市东安区胜利三条路中俄信息产业孵化中心加速器一区 | 隆翰（黑龙江）环保科技有限公司 | 回收梯次利用锂电池 2 万吨 | 2023 年 9 月 5 日 |
| 36 | 安徽理士资源循环利用科技有限公司年处理 5 万吨废旧锂电池清洁回收综合利用项目 | 安徽省淮北市濉溪经济开发区巴河路 2 号 | 安徽理士资源循环利用科技有限公司 | 年处理 5 万吨废旧锂电池 | 2023 年 8 月 11 日 |
| 37 | 江西石湾环球陶瓷寻乌县年处理 5 万吨废旧锂电池综合回收利用项目 | 江西省赣州市寻乌县文峰乡石排工业园区 | 江西省石湾环球陶瓷有限公司 | 年处理 5 万吨废旧锂电池或极片 | 2023 年 9 月 13 日 |
| 38 | 广东海绿鑫新能源环保科技有限公司年综合利用 6000t 新能源废旧锂电池项目 | 广东省梅州市梅县区南口镇车陂村敬基工业园 | 广东海绿鑫新能源环保科技有限公司 | 年综合利用 6000t 废旧锂电池，包括可梯次利用废旧锂电池 2000t/a，剩余不可梯次利用的废旧锂离子电池约 4000t/a 进行破碎分选 | 2023 年 9 月 11 日 |
| 39 | 江西富格新能源年处理 18000t 锂电池极片及退役锂电池项目 | 江西省新余市高新开发区三强路 1068 号江西协企房屋租赁有限公司三号厂房 | 江西富格新能源有限公司 | 年处理 18000t 锂电池极片及退役锂电池 | 2023 年 7 月 21 日 |
| 40 | 山西兴亨环保科技有限公司废旧锂电池回收综合利用项目 | 山西省晋中市山西综改示范区晋中开发区潇河产业园区修文路 139 号（山西晋岳建材科技公司一号车间东侧） | 山西兴亨环保科技有限公司 | 租赁山西晋岳建材科技公司一号车间东侧现有车间 2900$m^2$，购置 1 条废旧锂电池回收处理生产线及配套设施 | 2023 年 7 月 24 日 |
| 41 | 年循环利用 8000t 锂电池负极片项目 | 安徽省巢湖经济开发区花山工业园振兴路与花山路交口 | 合肥乾川碳素科技有限公司 | 年循环利用 8000t 锂电池负极片 | 2023 年 9 月 7 日 |
| 42 | 安徽鑫辉源循环技术有限公司年处理 15GWh 动力电池梯次利用及再生项目 | 安徽省安庆潜山市开发区河西新区经二路与纬三路交口 001 号 | 安徽鑫辉源循环技术有限公司 | 新增电池拆解线 2 条，电池粉碎线 1 条 | 2023 年 8 月 2 日 |

# 3.3 产业链分析

## 3.3.1 新能源汽车环节

### （1）新能源汽车产销情况

2024 年，我国新能源汽车产销累计完成 1288.8 万辆和 1286.6 万辆，同比分别增长 34.4% 和 35.5%，新能源汽车新车销量达到汽车新车总销量的 40.9%。

我国新能源汽车市场在 2013～2024 年间经历了爆发式增长（图 3.2），从 2013 年不足 2 万辆的产销规模起步，2015 年突破 30 万辆实现初步商业化，2018 年突破百万辆大关；经历 2019 年短暂调整后，2020 年恢复增长，2021 年起进入加速发展期，产销规模连续突破 300 万辆、700 万辆和 900 万辆，2024 年达近 1300 万辆。十一年间产销规模增长超 700 倍，年均复合增长率超 60%，且产销量始终保持高度匹配，展现出政策引导下市场供需的精准平衡和产业成熟度的快速提升。

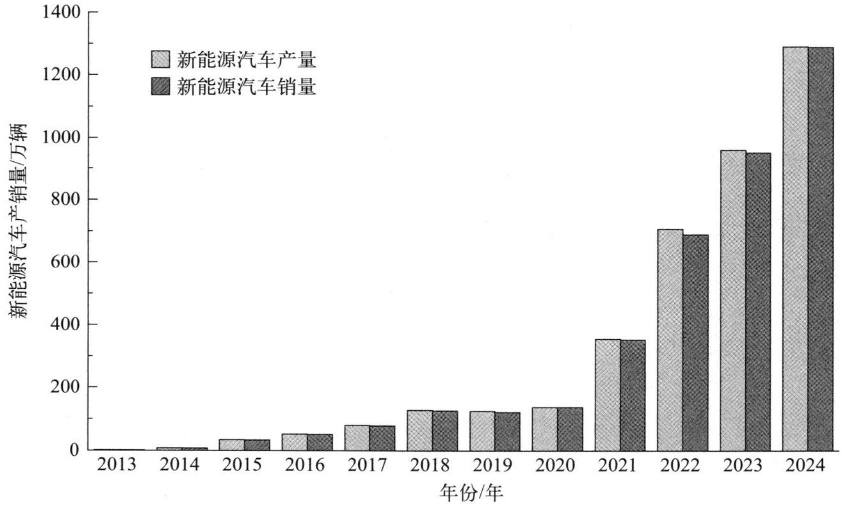


图 3.2　2013～2024 年中国电动汽车产销量

（数据来源：中国汽车工业协会）

图 3.3 展示了我国新能源汽车市场的技术路线分布格局：纯电动汽车占据绝对主导地位（60.00%），插电式混合动力汽车作为重要补充占 39.96%，两者共同构成市场主流（合计 99.96%），而燃料电池汽车仍处于极早期发展阶段（0.04%）。这种“纯电主导 + 混动辅助”的结构既反映了充电基础设施普及和电池技术进步带来的纯电车型优势，也显示出当前用户对续航补充方案的实际需求，同时预示着氢能汽车产业化仍面临重大技术突破挑战。

从地域看（图 3.4），广东省以 361.78 万辆的绝对优势领跑全国，占 26 省市总产量的近 30%；上海、陕西、江苏三省（市）产量均超 110 万辆，构成第二梯队；重庆、

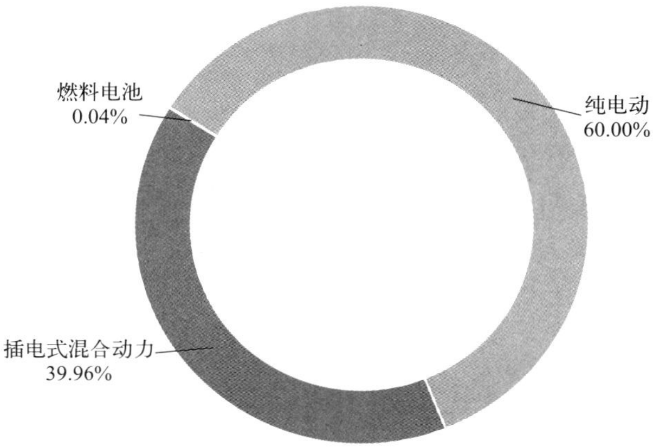


图 3.3　2024 年不同动力类型新能源汽车销量占比

浙江、广西、安徽等中部省份产量集中在 50 万～100 万辆区间，呈现区域均衡发展态势；而黑龙江、云南、内蒙古等省份产量不足 1 万辆，显示产业发展仍存在显著的区域不平衡。整体上，产量排名前四的省市合计占比接近 55%，凸显新能源汽车产业高度集聚于长江三角洲、珠江三角洲和西部工业重镇的特点。

| 排名 | 地区 | 产量/万辆 |
|---|---|---|
| 1 | 广东 | 361.78 |
| 2 | 上海 | 122.46 |
| 3 | 陕西 | 119.8 |
| 4 | 江苏 | 118.67 |
| 5 | 重庆 | 95.32 |
| 6 | 浙江 | 92.11 |
| 7 | 广西 | 76.46 |
| 8 | 安徽 | 73.41 |
| 9 | 湖北 | 50.73 |
| 10 | 河北 | 35.67 |
| 11 | 山东 | 29.95 |
| 12 | 北京 | 29.43 |
| 13 | 江西 | 16.47 |
| 14 | 吉林 | 14.67 |
| 15 | 湖南 | 13.8 |
| 16 | 四川 | 13.36 |
| 17 | 辽宁 | 13.29 |
| 18 | 河南 | 12.3 |
| 19 | 贵州 | 10.23 |
| 20 | 天津 | 6.37 |
| 21 | 山西 | 5.99 |
| 22 | 福建 | 2.48 |
| 23 | 甘肃 | 1.12 |
| 24 | 黑龙江 | 0.52 |
| 25 | 云南 | 0.36 |
| 26 | 内蒙古 | 0.03 |

图 3.4　2024 年全国各省新能源汽车产量

（数据来源：国家统计局）

2024 年中国新能源汽车市场呈现显著的“一超多强”格局（图 3.5）：比亚迪以 348.9 万辆产量（占比 32.5%）的绝对优势领跑，其单家产量甚至超过第 2～第 5 名厂商总和（234.3 万辆）。市场增速呈现两极分化，赛力斯增长超过 3 倍，零跑汽车和吉利汽车实现倍增式增长，而广汽埃安成为排名前十企业中唯一负增长企业。厂商梯队差距明显，第二名上汽通用五菱与第十名零跑汽车相差 2.5 倍。值得注意的是，理想、赛力斯和零跑三家造车新势力合计占据 11% 市场份额，标志着新势力已从市场挑战者成长为重要产业力量。

| 排名 | 厂商 | 产量/辆 | 市场份额/% |
|---|---|---|---|
| 1 | 比亚迪 | 3488596 | 32.5 |
| 2 | 上汽通用五菱 | 684099 | 6.4 |
| 3 | 特斯拉(中国) | 657496 | 6.1 |
| 4 | 理想汽车 | 504837 | 4.7 |
| 5 | 吉利汽车 | 496513 | 4.6 |
| 6 | 赛力斯汽车 | 413721 | 3.8 |
| 7 | 长安汽车 | 360892 | 3.4 |
| 8 | 广汽埃安 | 345945 | 3.2 |
| 9 | 长城汽车 | 289400 | 2.7 |
| 10 | 零跑汽车 | 269814 | 2.5 |

图 3.5　2024 年新能源汽车产量前十厂商

（数据来源：WAYS 监测零售量）

**（2）新能源汽车发展趋势简析**

展望未来，中国新能源汽车将继续高歌猛进，行业将围绕品牌再向上、技术新体验、出海深扎根和售后新需求四大关键主题，为未来价值链各环节的进一步重塑带来有力支撑。

1）新能源助力品牌再向上

2025 年，自主品牌在新能源助力下，将实现品牌再向上，“技术平权”“精准定位”将持续影响 2025 年的车市品牌格局，尤其是领先车企将利用新能源时代下的电动化、智能化、体系化的优势，在高价位区间逐步稳固地位，并寻求向更高区间突破，自主汽车品牌正在开创前所未有的新阶段，中国将诞生一批承载着领先新能源技术的中高端车型。这背后离不开中国自主品牌在技术、产品和客户三大层面的突破。

首先，技术革新构建品牌底色。随着几代中国“汽车人”几十年来的不断攻坚，乘着新能源的产业东风，中国车企在技术方面已取得显著进步。各领先车企打造自主研发的全新模块化平台，实现核心零部件的自研自制。同时，积极搭载驾驶辅助、智能座舱等前沿技术，并不断巩固新能源与电驱电控等技术。

其次，产品升级导致品牌承载加强。自主品牌新能源产品已从 A 级以下车型为主的发展格局向更多元的车型覆盖转变，中国汽车的品质、配置、科技与设计等正以新能源车型为代表，在全球范围内得到认可。

最后，客群破圈带来品牌受众扩展。自主品牌过去的受众群体注重产品实用，追求性价比，且对价格敏感。伴随消费者理念的转变，新能源汽车市场的客群也在发生变化。高中端城市成为新能源车销量增长的主力军，复购人群也逐渐成为市场的重要力量，而中产家庭和年轻消费者对于新能源车的需求也在增长，消费者更加注重品质、舒适和个性化，并且愿意为此买单，这为自主品牌在新能源领域的价位段上攻奠定了消费群体基础。

2）新能源搭载技术新体验

中国新能源市场的技术竞争还将持续，军备竞赛将愈发激烈。然而，各品牌将从单纯地“卷”配置向“卷”体验进阶。中国新能源汽车的产品将围绕空间体验、驾乘体验、使用体验三大主题，搭载新能源与智能化领域的前沿技术，将技术堆叠转变为成套的体验升级方案。

① 新能源汽车空间体验。领先自主品牌在“车内空间重塑”与“车外空间融合”两大方向展开竞争。每一位乘客的体验需求都将得到足够的重视，同时对于车外环境的感知结合车身信息的呈现，将推动车外环境与车辆产品的交互升级，提高安全性和个性化水平。

② 新能源汽车驾乘体验。在新能源与智能化的加持下，结合中国汽车产业过去几十年的积淀，以往外资品牌引以为傲的汽车机械素质与操控感受正为我国自主品牌逐步突破。以智能悬架、线控技术等为代表的一系列底盘车身创新与技术突破为中国新能源汽车的驾控与乘坐带来全新的体验，使中国新能源车真正实现“好开、好坐、好安全”。

③ 新能源汽车使用体验。2025 年，新能源“800V 高压平台”技术应用将逐步普及，预计未来 5～10 年的新车搭载率可攀升至 30%，高压平台将带来更快的充电速度、更长的续航以及更低的成本，配合各主机厂的高压超充站持续布局，2025 年部分高端车型的消费者在产品补能使用方面将获得更优体验。

3）新能源工厂出海深扎根

目前，出海窗口机遇仍将持续。在整车和产能出海双模式下，预计中国自主车企的整体和新能源销量有望双升，同时产能出海也将为全球体系化能力构建奠定基础。

随着中国乘用车整体出口量快速攀升，新能源车型凭借产品力逐步收获海外用户认可，愈加成为出口增量驱动力。中国车企将凭借相对领先的技术积累和供应链韧性，在海外市场的产品和品牌竞争力上不断获得认可。与此同时，相较缓慢增长的汽车市场，出口为领先车企提供了第二增长引擎。

而在产能出海领域，多家车企已布局或正在布局包括欧洲、独联体、中南美和亚太等在内全球主要区域的海外产能。中国汽车的出海模式加速迈入产能全球化布局新阶段，“研供产销服”的一体化能力构建正成为中国新能源车企全球化竞争的新赛道。

4）新能源售后放量临界点

近年来，随着中国新能源产品的新车销售不断上涨，燃油车新车销量占比受到挤压，预计 2026 年或将达到中国燃油车保有量的顶峰，而后呈现下行趋势，传统燃油车售后的相关需求将逐步放缓。反观新能源产品，2026 年将成为我国新能源产品保有量占比快速上升的关键节点，因此亦将可能成为新能源售后的放量元年。

新能源汽车的售后需求将集中于动力电池故障、电机电控故障和中控屏故障等，整体约占售后故障类型的75%。新能源售后维修技术相对封闭，配件更为标准化、模块化，供应商也更为集中，且新能源维修所需的人才和设备的专业性要求相对较高。因此，自2026年起，新能源售后的授权渠道变得更为关键，主机厂和核心零部件供应商的主导地位更加明显，售后维修服务行业呈现出标准化、集中化、专业化的发展特征。

## 3.3.2 电池制造环节

### （1）电池制造

我国动力电池装机量在2014～2024年间呈现爆发式增长（图3.6），十年间增长近150倍。从2014年仅3.7GWh的起步规模，经过2015～2017年的快速爬坡期（年均增速超60%），2018年突破50GWh大关。在2019～2020年经历短暂平台期后，2021年起进入超高速增长阶段，连续三年实现倍增式突破。2024年，我国动力电池累计装车量548.4GWh，累计同比增长41.5%。其中三元电池累计装车量139.0GWh，占总装车量25.3%，累计同比增长10.2%；磷酸铁锂电池累计装车量409.0GWh，占总装车量74.6%，累计同比增长56.7%。这一指数级增长曲线清晰展现了我国新能源汽车产业从政策培育期（2014～2017年）到市场调整期（2018～2020年）再到全面爆发期（2021～2024年）的发展轨迹，其中2021年后的陡峭上升尤其凸显“双碳”政策对产业链的强力驱动作用。

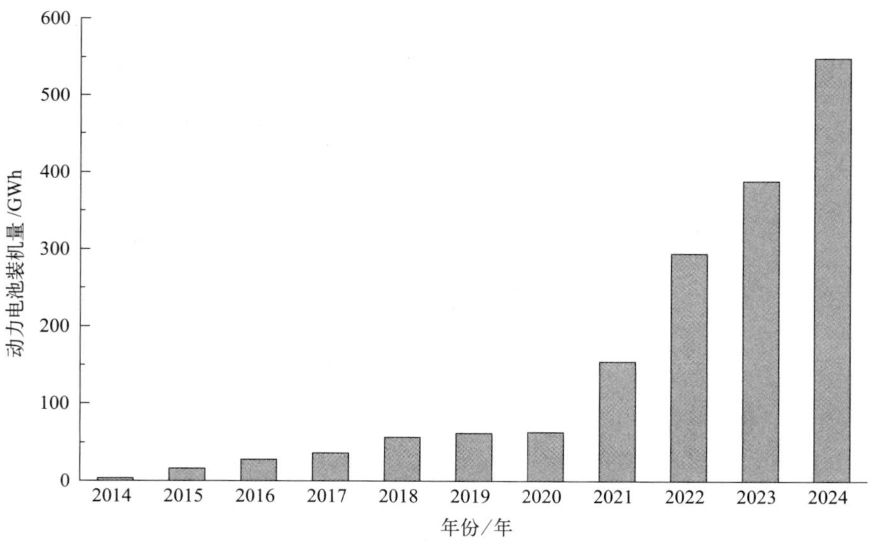


图3.6 2014～2024年我国动力电池装机量

（数据来源：中国汽车动力电池产业创新联盟）

表3.2详细展示了按车型划分的动力电池装车量占比，其中纯电动乘用车占比最大，达到66.0%，占据主导地位；插混乘用车以21.7%位居第二；而燃料电池车型的占比极小。在环比增长方面，插混客车增速最高，暴涨751.6%，纯电动客车也表现出色，增

长 151.6%，但燃料电池客车却大幅下降 100.0%。同比增长数据显示，插混客车和插混乘用车分别增长 652.2% 和 65.1%，凸显强劲扩张，而燃料电池客车和乘用车分别下跌 100.0% 和 83.8%。此外，累计同比增长中，插混专用车增长 204.1% 最为显著，但燃料电池客车下降了 22.6%。总体而言，新能源汽车动力电池装车量以纯电动和插混车型为主，尤其是插混客车和专用车高速增长，而燃料电池领域表现低迷。

表 3.2　2024 年按车型划分的动力电池装车量占比　　单位：%

| 车辆种类 | 占比 | 环比增长 | 同比增长 | 累计同比增长 |
| --- | --- | --- | --- | --- |
| 纯电动乘用车 | 66.0 | 9.1 | 44.4 | 26.2 |
| 插混乘用车 | 21.7 | −0.5 | 65.1 | 81.9 |
| 燃料电池乘用车 | 0.0001 | — | — | −83.8 |
| 纯电动客车 | 1.7 | 151.6 | 154.4 | 46.4 |
| 插混客车 | 0.0162 | 751.6 | 652.2 | 11.6 |
| 燃料电池客车 | 0.02 | −100.0 | −100.0 | −22.6 |
| 纯电动专用车 | 10.3 | 27.4 | 113.8 | 101.5 |
| 插混专用车 | 0.1 | 60.6 | 141.3 | 204.1 |
| 燃料电池专用车 | 0.10 | 62.9 | 1.5 | 18.3 |
| 合计 | 100.00 | 12.2 | 57.3 | 41.5 |

2024 年，我国新能源汽车市场共计 55 家动力电池企业实现装车配套，较去年增加 4 家，排名前三家、前五家、前十家动力电池企业动力电池装车量分别为 417.51GWh、461.25GWh 和 524.05GWh，占总装车量比分别为 76.5%、84.52% 和 96.01%，见表 3.3。

表 3.3　2024 年国内电池企业装车量前十五名

| 序号 | 企业名称 | 装车量 /GWh | 占比 /% |
| --- | --- | --- | --- |
| 1 | 宁德时代 | 246.01 | 45.08 |
| 2 | 比亚迪 | 135.02 | 24.74 |
| 3 | 中创新航 | 36.48 | 6.68 |
| 4 | 国轩高科 | 25.04 | 4.59 |
| 5 | 亿纬锂能 | 18.70 | 3.43 |
| 6 | 蜂巢能源 | 17.36 | 3.18 |
| 7 | 欣旺达 | 15.79 | 2.89 |
| 8 | 瑞普兰均 | 12.14 | 2.22 |
| 9 | 正力新能 | 9.85 | 1.80 |
| 10 | 爱尔集新能源 | 7.66 | 1.40 |
| 11 | 极电新能源 | 6.27 | 1.15 |
| 12 | 孚能科技 | 3.44 | 0.63 |
| 13 | 多氟多 | 3.08 | 0.56 |
| 14 | 因湃电池 | 2.23 | 0.41 |
| 15 | 耀能新能源 | 1.97 | 0.36 |

三元动力电池装车量数据显示（表3.4），排名前三家、前五家、前十家动力电池企业动力电池装车量分别为114.95GWh、125.92GWh和136.97GWh，占总装车量比分别为84.32%、92.36%和99.73%。

表3.4 2024年国内三元动力电池企业装车量前十五名

| 序号 | 企业名称 | 装车量/GWh | 占比/% |
|---|---|---|---|
| 1 | 宁德时代 | 94.38 | 69.23 |
| 2 | 中创新航 | 12.91 | 9.47 |
| 3 | 爱尔集新能源 | 7.66 | 5.62 |
| 4 | 蜂巢能源 | 6.96 | 5.10 |
| 5 | 欣旺达 | 4.01 | 2.94 |
| 6 | 孚能科技 | 3.27 | 2.40 |
| 7 | 亿纬锂能 | 2.57 | 1.88 |
| 8 | 国轩高科 | 2.39 | 1.75 |
| 9 | 正力新能 | 1.63 | 1.20 |
| 10 | 比亚迪 | 0.19 | 0.14 |
| 11 | 巨湾技研 | 0.16 | 0.11 |
| 12 | 荣盛盟固利 | 0.07 | 0.05 |
| 13 | 北电爱斯特 | 0.05 | 0.04 |
| 14 | 多氟多 | 0.04 | 0.03 |
| 15 | 星恒电源 | 0.02 | 0.01 |

磷酸铁锂动力电池装车量数据显示（表3.5），排名前三家、前五家、前十家动力电池企业动力电池装车量分别为310.04GWh、348.82GWh和397.63GWh，占总装车量比分别为75.79%、85.27%和97.20%。

表3.5 2024年国内磷酸铁锂动力电池企业装车量前十五名

| 序号 | 企业名称 | 装车量/GWh | 占比/% |
|---|---|---|---|
| 1 | 宁德时代 | 151.63 | 37.07 |
| 2 | 比亚迪 | 134.84 | 32.96 |
| 3 | 中创新航 | 23.57 | 5.76 |
| 4 | 国轩高科 | 22.65 | 5.54 |
| 5 | 亿纬锂能 | 16.13 | 3.94 |
| 6 | 瑞普兰均 | 12.14 | 2.97 |
| 7 | 欣旺达 | 11.78 | 2.88 |
| 8 | 蜂巢能源 | 10.40 | 2.54 |
| 9 | 正力新能 | 8.22 | 2.01 |
| 10 | 极电新能源 | 6.27 | 1.53 |
| 11 | 多氟多 | 3.04 | 0.74 |

续表

| 序号 | 企业名称 | 装车量 /GWh | 占比 /% |
|---|---|---|---|
| 12 | 因湃电池 | 2.23 | 0.55 |
| 13 | 耀宁新能源 | 1.97 | 0.48 |
| 14 | 安驰新能源 | 1.04 | 0.25 |
| 15 | 楚能新能源 | 0.76 | 0.19 |

**（2）正极材料**

1）正极材料产量

近 10 年，我国锂电池正极材料产量快速增长，这主要得益于锂电池下游行业中手机、笔记本电脑、电动车等的快速发展，企业对锂电池正极材料的投资加大等。

2024 年，我国正极材料产量同比增长超过 55%。据统计，2024 年，我国正极材料总产量约 323.7 万吨，同比增长 56.9%。其中，磷酸铁锂材料产量为 234.0 万吨，同比增长 84%；三元材料产量为 68.6 万吨，同比增长 10.5%。锰酸锂产量 12.1 万吨，同比增长 30.4%；钴酸锂产量 8.8 万吨，同比增长 14.8%。

从近 10 年我国正极材料产量的变化看（图 3.7），在电池材料市场中，自 2021 年产量超过三元电池材料后，磷酸铁锂（LFP）以强劲势头主导格局，从 2015 年 3.8 万吨飙升至 2024 年 258.1 万吨，十年增长为原来的 67 倍。三元材料近几年增速放缓，2023 年和 2024 年稳定在 63 万～65 万吨，市占率降至 18.8%。驱动因素包括 2020 年和 2021 年磷酸铁锂电池技术突破、成本优势及热稳定性优化，叠加 2022 年后政策转向和储能需求暴发。钴酸锂受消费电子饱和限速影响，近几年稳定在 10 万吨左右，而锰酸锂在低成本储能和两轮车中稳步增长，2024 年达到 13.0 万吨。展望 2025 年，磷酸铁锂预计占比超 80%，由动力和储能需求驱动产能向 500 万吨迈进，三元材料向高端化（如高镍）转型。

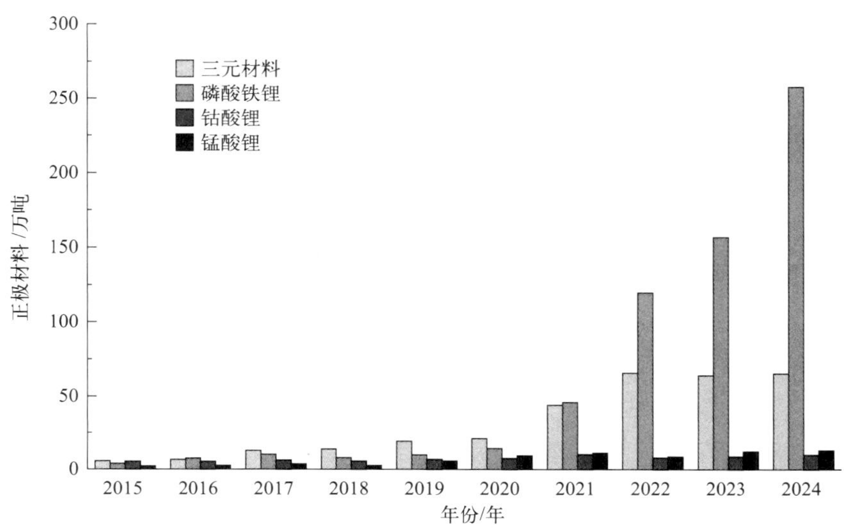


图 3.7　2015～2024 年我国正极材料产量

（数据来源：中国有色金属工业协会锂业分会、高工产研锂电研究所、全国能源信息平台）

2）主要生产企业

表 3.6 展示了 2024 年磷酸铁锂材料行业竞争格局：湖南裕能以 68.6 万吨产量（市占率 28%）稳居第一，核心客户为宁德时代、比亚迪，技术优势在于高压实密度；德方纳米以年产量 23.77 万吨位列第二，主要核心技术为纳米磷酸铁锂工艺，主要供应宁德时代、亿纬锂能；湖北万润年产量 21.73 万吨，市场份额 9%，排名第三，主要专注储能领域。前十企业合计产量 191 万吨，市场份额达 79%，其中前五名（湖南裕能、德方纳米、湖北万润、龙蟠科技、友山科技）即占据 60% 市场，呈现头部集中态势，技术竞争围绕压实密度、低温性能等关键指标展开。

表 3.6　2024 年磷酸铁锂正极材料产量前十企业

| 排名 | 企业名称 | 产量 / 万吨 | 市场份额 /% | 核心客户 / 技术特点 |
|---|---|---|---|---|
| 1 | 湖南裕能 | 68.6 | 28 | 宁德时代、比亚迪；高压实密度技术 |
| 2 | 德方纳米 | 23.77 | 10 | 宁德时代、亿纬锂能；纳米磷酸铁锂工艺 |
| 3 | 湖北万润 | 21.73 | 9 | 储能领域；高压实 A8-4C 型产品 |
| 4 | 龙蟠科技 | 17.66 | 7 | 宁德时代；低温性能优化技术 |
| 5 | 友山科技 | 14.26 | 6 | 性价比路线；市场份额稳步提升 |
| 6 | 国轩高科 | 13.58 | 6 | 自供为主；高能量密度电芯研发 |
| 7 | 富临精工 | 10.19 | 4 | 宁德时代、比亚迪；高压实磷酸铁锂技术 |
| 8 | 金堂时代 | 8.15 | 3 | 储能电池专用材料 |
| 9 | 山东丰元 | 7.47 | 3 | 比亚迪；高压实密度技术 |
| 10 | 北大先行 | 6.79 | 3 | 宁德时代、比亚迪；烧结工艺优化 |

2024 年三元正极材料产量前十的企业如表 3.7 所列。其中，容百科技以 12.11 万吨产量（市占率 20%）位居榜首，核心客户为特斯拉，技术优势在于高镍三元（NCM811）材料；南通瑞翔位列第二，年产量 11.26 万吨，主要产品为中镍高电压产品，主要供应宁德时代；天津巴莫年产量 5.12 万吨，凭借国际客户覆盖能力排名第三，核心客户包括 LG 化学、松下等。前十企业合计产量 53.4 万吨，市场份额达 86%，其中前三名即占据 46% 市场，头部集中效应显著，技术路线涵盖高镍三元、中镍高电压、磷酸锰铁锂等多元化发展方向。

表 3.7　2024 年三元正极材料产量前十企业

| 排名 | 企业名称 | 产量 / 万吨 | 市场份额 /% | 核心客户 / 技术特点 |
|---|---|---|---|---|
| 1 | 容百科技 | 12.11 | 20 | 特斯拉；高镍三元（NCM811） |
| 2 | 南通瑞翔 | 11.26 | 18 | 宁德时代；中镍高电压产品 |
| 3 | 天津巴莫 | 5.12 | 8 | LG 化学、松下；国际客户覆盖 |
| 4 | 厦钨新能源 | 4.95 | 8 | 钴酸锂龙头；同步拓展三元材料 |
| 5 | 广东邦普 | 4.78 | 8 | 宁德时代子公司；产能自供 |
| 6 | 当升科技 | 4.43 | 7 | 磷酸锰铁锂海外认证；国际化布局 |
| 7 | 五矿新能 | 4.09 | 7 | 依托五矿集团矿产资源优势 |

续表

| 排名 | 企业名称 | 产量 / 万吨 | 市场份额 /% | 核心客户 / 技术特点 |
|---|---|---|---|---|
| 8 | 宜宾锂宝 | 2.73 | 4 | 西南市场辐射 |
| 9 | 贵州振华 | 2.05 | 3 | 高校合作开发高容量材料 |
| 10 | 天力锂能 | 1.88 | 3 | 轻型动力电池领域占比高 |

表 3.8 是 2024 年中国锂电池行业正极材料年度竞争力品牌榜单。磷酸铁锂（湖南裕能）和三元（容百科技）双龙头格局稳固，但磷酸锰铁锂技术路线正在重塑竞争排名。企业通过高压实、低温性能优化或高镍降本等方法提升差异化竞争力。10 家企业中 7 家直接供应宁德时代，凸显其产业链话语权。三元材料企业（如容百、瑞翔、当升）客户含 SK、三星等国际厂商，磷酸铁锂企业主要服务国内电池厂。值得注意的是，多家企业正在积极扩产，如浙江友山规划 2025 年实现 140 万吨磷酸铁锂产能，北京当升布局欧洲 40 万吨产能，反映出行业正处于快速扩张期。

表 3.8　2024 年中国锂电池行业正极材料年度竞争力品牌榜单

| 序号 | 公司名称 | 上榜产能 | 出货情况 | 主要客户 | 关注指数 |
|---|---|---|---|---|---|
| 1 | 湖南裕能新能源电池材料股份有限公司 | 现有产能 56 万吨 / 年 | 2024 年上半年磷酸铁锂正极材料出货量 30.94 万吨 | 宁德时代、比亚迪、亿纬锂能、蜂巢能源、海辰储能、远景动力、瑞浦兰钧、派能科技等 | ★★★★★ |
| 2 | 宁波容百新能源科技股份有限公司 | 已建成高镍产能 27 万吨 / 年 | 2024 年上半年三元正极材料销售量为 5.3 万吨 | 宁德时代、比亚迪、孚能科技、亿纬锂能、SK、SDI 等 | ★★★★☆ |
| 3 | 深圳市德方纳米科技股份有限公司 | 已建成磷酸铁锂产能 26.5 万吨 / 年，磷酸锰铁锂产能 11 万吨 / 年 | 2024 年上半年磷酸铁锂正极材料出货量 10.58 万吨 | 宁德时代、亿纬锂能、比亚迪等 | ★★★★☆ |
| 4 | 常州锂源新能源科技有限公司 | 现有磷酸铁锂正极材料产能 25 万吨 / 年 | 2024 年上半年磷酸铁锂正极材料出货量为 7.45 万吨 | 宁德时代、比亚迪、中创新航、欣旺达、亿纬锂能、瑞浦兰钧、力神电池、万向一二三、楚能新能源、LGES 等 | ★★★★ |
| 5 | 湖北万润新能源科技股份有限公司 | 现有产能为 46.8 万吨 / 年 | 2024 年上半年磷酸铁锂正极材料出货量为 7.8 万吨 | 宁德时代、比亚迪、中创新航、赣锋锂业、亿纬锂能、融捷股份、万向一二三等 | ★★★★ |
| 6 | 浙江友山新材料科技有限公司 | 当前磷酸铁锂产能约 50 万吨 / 年，规划到 2025 年实现 140 万吨 / 年 | 2024 上半年磷酸铁锂正极材料出货量达到 5.3 万吨 | 中创新航、宁德时代、特斯拉等 | ★★★★ |
| 7 | 南通瑞翔新材料有限公司 | 现有产能 20 万吨 / 年，预计 2025 年产能达到 45 万吨 | 2024 上半年三元正极材料出货量为 4.7 万吨 | 万向集团、SK、东芝、三星、博世、欣旺达、蜂巢能源、远景能源、亿纬锂能等 | ★★★ |

续表

| 序号 | 公司名称 | 上榜产能 | 出货情况 | 主要客户 | 关注指数 |
|---|---|---|---|---|---|
| 8 | 北京当升材料科技股份有限公司 | 拥有多元材料5.1万吨/年，同时在欧洲基地规划多元材料20万吨/年，磷酸（锰）铁锂20万吨/年 | 2024上半年三元正极材料出货量为2万吨，磷酸（锰）铁锂出货量为1.3万吨 | LGES、SK on、三星SDl、Murata、大众、现代、戴姆勒、宝马、奔驰、比亚迪、中创新航、亿纬锂能、蜂巢能源、理想、小鹏、长城、广汽、上汽、兰钧新能源、清陶能源等 | ★★★ |
| 9 | 成都金堂时代新材料科技有限公司 | 现有磷酸铁锂年产能10万吨 | 2024上半年正极材料出货量为3.5万吨 | 宁德时代等 | ★★★ |
| 10 | 厦门厦钨新能源材料股份有限公司 | 现有正极材料年产能13万吨/年，规划年产能合计达33万吨/年 | 2024上半年三元正极材料出货量2.63万吨，钴酸锂出货量1.84万吨 | 中创新航、松下、比亚迪、宁德时代、国轩高科、ATL、SDI、村田、LGES、欣旺达、珠海冠宇、LGC等 | ★★★☆ |
| 备注 | 数据来源：第三方机构EVTank、海融网（hirohida.com）、电池网（itdcw.com）、伊维经济研究院、中国电池产业研究院、上市公司公告、公司实地调研访问及电话访谈等，数据统计截止到2024年10月9日。<br>声明：竞争力品牌榜单仅供行业参考，禁止将数据或榜单用于任何商业用途 | | | | |

**（3）负极材料**

1）负极材料产量

我国负极材料出货量9年增长16.6倍，从2016年的11.8万吨飙升至2024年的208万吨，年均复合增长率高达43%，呈现指数级增长（图3.8）。2020年后增速明显陡峭化，2021年同比暴增113%，标志着行业进入爆发期。2022年出货量突破百万吨，2024年达208万吨，显示储能电池与动力电池双轮驱动效应。

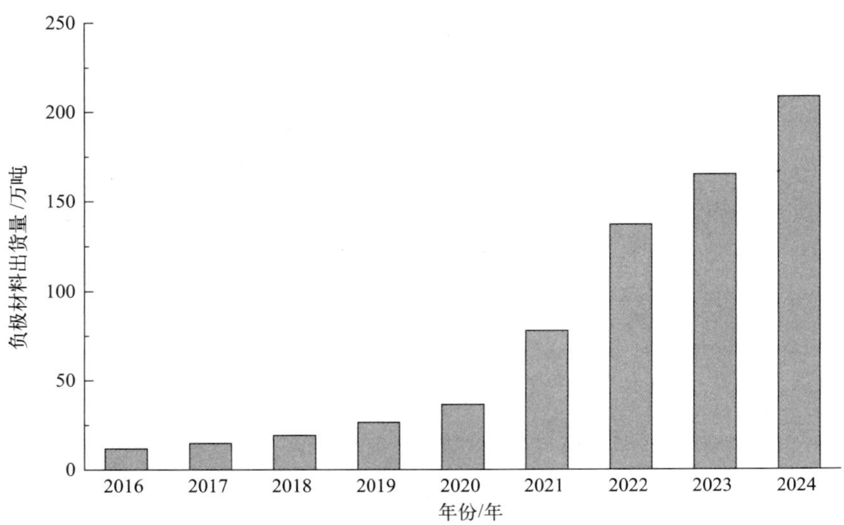


图3.8　2016～2024年我国锂电池负极材料出货量

目前，中国锂电池负极材料主要以石墨为主，其中人造石墨占比最高。高工产研锂电研究所（GGII）公布的数据显示（图 3.9），2024 年中国锂电负极材料的出货量已达到 208 万吨，同比增长了 26%。其中，人造石墨材料的出货量为 181 万吨，占比达 87.02%；天然石墨出货量为 26 万吨，占比 12.50%。

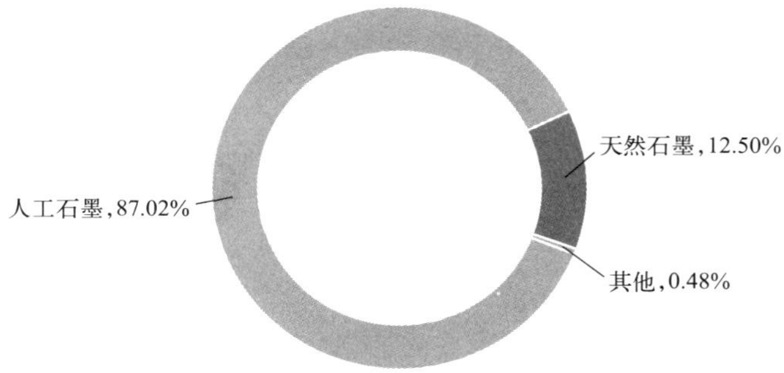


图 3.9　2024 年我国锂电负极材料出货量占比

2）主要生产企业

近年来，下游锂电池行业以及终端新能源汽车行业处于高速发展阶段，负极材料市场需求旺盛，负极材料生产企业纷纷提高生产能力，扩大生产规模，相关企业产能布局情况具体见表 3.9。

表 3.9　负极材料企业产能布局情况

| 企业名称 | 规划产能 | 企业布局情况 |
|---|---|---|
| 贝特瑞 | 120 万吨 / 年 | 2022 年，公司负极材料持续扩产，云南子公司年产 20 万吨负极材料一体化项目（一期）、山东瑞阳年产 4 万吨负极材料一体化项目、山西瑞君年产 10 万吨负极材料一体化项目已开工建设，与黑龙江交投集团签署了年产 40 万吨鳞片石墨及 20 万吨天然石墨负极一体化项目的合作意向协议，并拟与亿纬锂能对四川新材料增资建设年产 10 万吨负极一体化项目。截至 2022 年底，公司拥有权益产能 34.8 万吨（含约 9 万吨天然石墨），预计 2025 年底，公司将拥有 21.6 万吨天然石墨产能和 46.5 万吨人造石墨产能 |
| 杉杉股份 | 110 万吨 / 年 | 2022 年底公司拥有近 20 万吨负极材料有效产能，四川眉山一期 10 万吨产能正在加速释放，杉杉负极 30 万吨一体化项目签约落户云南昆明，一期建设产能 20 万吨，二期建设产能 10 万吨，每期建设周期约 16 个月，截至 2025 年底，公司预计产能将达到近 70 万吨 |
| 璞泰来 | 60 万吨 / 年 | 已规划负极材料总产能 37 万吨，石墨化产能 32 万吨，基本可实现石墨化自给。母公司自 2017 年起逐步在江西、江苏、内蒙古等地加大负极材料产能建设，2017 年收购山东兴丰后逐步布局石墨化加工业务 |
| 凯金能源 | 80 万吨 / 年 | 截至 2022 年底，公司拥有负极材料产能约 9 万吨，石墨化产能约 10 万吨。目前，江苏凯金、乐山凯金、贵州凯金项目正在加速建设，未来几年，凯金石墨产能有望加速释放，截至 2025 年年底，预计将拥有负极材料产能 59 万吨 |
| 中科电气 | 75 万吨 / 年 | 2021 年 10 月，公司与亿纬锂能（40%）成立合资公司，在云南建设 10 万吨一体化项目，2022 年 2 月，公司引入宁德时代（35%）参股投资贵安新区 10 万吨负极一体化项目，2022 年 9 月，公司与重庆弗迪（35%）确定战略合作关系，拟建设年产 10 万吨负极材料项目。截至 2025 年 6 月 30 日，公司已投产负极材料产能达到 57.5 万吨 |

2024 年，各负极材料生产企业市场份额如图 3.10 所示。贝特瑞（20.67%）和杉杉股份（16.32%）合计占比约 37%，构成第一梯队，显示市场存在双龙头主导现象。TOP4 企业份额已达到 58.2%，较 2023 年提升 2.4 个百分点，市场集中度进一步提高。除去贝特瑞（20.67%）和杉杉股份（16.32%），其余 7 家企业和“其他”共占比 63.01%，其中“其他”占比高达 27.02%，表明市场存在大量小型参与者或分散竞争。

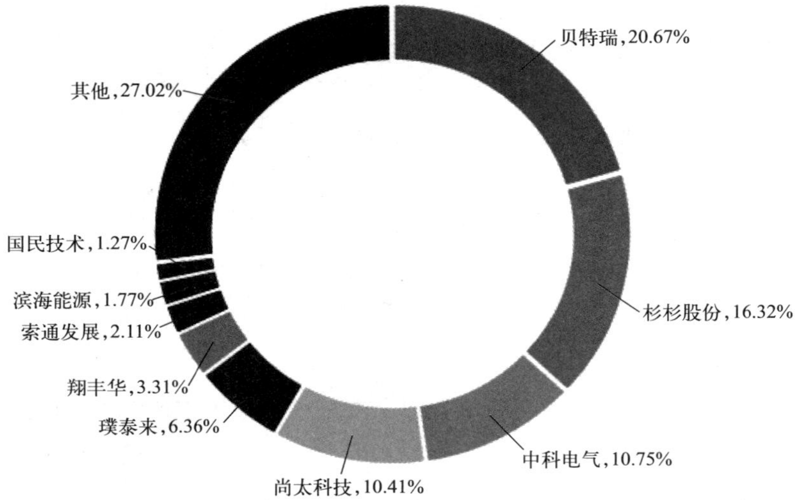


图 3.10　2024 年我国主要锂离子电池负极材料企业市场份额（按出货量）

（数据来源：高工锂电研究院）

① 贝特瑞。

作为全球负极材料龙头，贝特瑞 2024 年人造石墨产能达 15 万吨，硅基负极产能突破 0.6 万吨，规划 2028 年达 4 万吨。其高能量密度硅碳负极材料获北京市科技进步奖一等奖，并成功导入国际头部手机厂商供应链。2025 年 Q1 虽营收与净利润同比微降，但凭借技术储备稳居行业第一梯队。27.8% 的毛利率仍领先行业 9 个百分点，快充硅基负极市占率超 35%，宁德时代、松下等头部客户订单占比达 60%。值得关注的是，其单吨毛利 0.69 万元的背后，是研发投入占比连续三年超 5%，在人造石墨包覆技术上拥有 127 项专利。

② 杉杉股份。

杉杉股份 2024 年负极材料出货量位居全球前二。作为国内首家实现人造石墨产业化的企业，其负极材料业务覆盖人造石墨、硅基负极等产品，2024 年出货量达 33.95 万吨，同比增长 28.44%，蝉联全球人造石墨出货量第一。公司通过一体化产能布局和快充、硅基负极技术突破巩固成本与技术优势，客户包括宁德时代、比亚迪等头部电池厂商。同时，杉杉股份积极拓展偏光片业务，形成“负极材料 + 偏光片”双主业格局，2024 年研发投入超 10 亿元，推动新能源与显示材料协同发展。

③ 中科电气。

2024 年，中科电气实现锂电负极材料出货量 22.57 万吨，同比增长 55.66%，增速大幅超过行业平均水平，且占据全球市场超 10% 的份额。2024 年，中科电气锂电负极材料业务实现营业收入 51.93 亿元，同比增长 14.91%。其中，石墨类负极材料的毛利率达到 19.94%，产能利用率高达 95.66%。2024 年年报显示，中科电气的锂电负极材料已实现对韩国 LG 新能源、SK 集团旗下电池制造公司 SKOn 的批量供货。同时，中科电气还成功开发了韩国三星 SDI 等国际客户，并获得海外某国际车企旗下电池子公司定点采购。此外，中科电气还通过了宝马等终端车企的供应链认证，实现“材料 - 电芯 - 整车”全链条协同。

④ 尚太科技。

尚太科技是中国锂电池负极材料行业的核心企业之一，2024 年以 10.41% 的市场份额位居行业第四。公司攻克全工序自主生产技术，2024 年人造石墨成本较同行低 15%，成为特斯拉等车企核心供应商。公司成立于 2008 年，专注于人造石墨负极材料的研发、生产和销售，拥有从原材料处理到石墨化、炭化的全工序一体化产能，年产能超 24 万吨。凭借极致成本控制和稳定性价比，公司成为宁德时代的“优秀供应商”，并覆盖国轩高科、蜂巢能源等客户。2024 年营收 47.07 亿元，差异化布局快充、储能领域是二线厂商中净利率最高的企业。

⑤ 璞泰来。

璞泰来以 15.17% 的净利率稳居行业首位（2025 年 Q1 数据），依托江西、广东等地八大生产基地形成“负极材料 + 涂覆隔膜 + 锂电设备”协同效应。其硅氧负极已进入中试阶段，溧阳基地规划 1000t 产能，专注高端消费电子市场。2024 年，璞泰来以 6.36% 的市场份额位居行业第五。公司成立于 2012 年，主营业务涵盖负极材料及石墨化、涂覆隔膜、锂电设备三大板块，是全球少数具备锂电材料与设备一体化解决方案能力的综合服务商。其负极材料以高能量密度、快充性能著称；涂覆隔膜业务国内市占率超 35%，技术壁垒显著。公司客户覆盖宁德时代、LG 化学等头部电池厂商，并通过瑞典基地加速全球化布局。尽管 2024 年受行业周期影响业绩承压，但其平台化协同优势仍巩固了行业领先地位。

⑥ 翔丰华。

翔丰华 2024 年市场份额为 3.31%，位居行业第六。公司成立于 2009 年，专注于天然石墨、人造石墨及硅碳负极材料的研发与生产，产品应用于动力电池、3C 消费电子及储能领域。2024 年营收 13.82 亿元，但受原材料涨价影响净利润下滑。公司技术储备丰富，拥有 56 项发明专利，涵盖天然石墨、硅碳复合材料等全技术路线，其“核壳结构硅碳负极”专利可使膨胀率降低 40%，硅碳负极产品已进入客户测试阶段，并通过福建永安基地和四川遂宁基地扩产应对市场需求。客户覆盖宁德时代、比亚迪等头部厂商，但面临原材料价格波动及行业竞争加剧的风险。

3）负极材料发展趋势分析

受行业高景气影响，近几年负极材料行业产能迅速扩张，随着行业新增产能释放，2023 年以来负极材料行业呈现阶段性、结构性的产能过剩，市场竞争加剧。同时，国内新能源汽车销量同比增速放缓，下游电池企业普遍采取阶段性的去库存或低库存策略，叠加上游原材料和石墨化加工价格快速下滑，多发因素共振导致负极材料价格在 2023 年上半年同比显著下滑，行业盈利空间缩窄。在市场需求和企业发展的背景下，未来负极材料将向着高能量密度、快速充放电、长寿命、高稳定性和综合性能优异方向发展（表 3.10）。

表 3.10　负极材料发展趋势分析

| 趋势 | 内容 |
| --- | --- |
| 高能量密度 | 未来的锂电池负极材料发展趋势是朝着高能量密度的方向发展。国内外科研人员在材料的设计、合成、结构优化、表面改性等方面进行了大量的研究，取得了一些重要进展，如硅基材料、锂离子负极材料等 |
| 快速充放电 | 未来负极材料发展趋势还将着重于提高电池的快速充放电性能。新型阴极材料的研制和设计可以从原子层、晶格结构、离子传输等方面入手，提高锂离子电池在电池中的传输速率 |
| 长寿命 | 锂电池的寿命是用户重视的关键因素之一。因此，未来负极材料的发展趋势是提高电池寿命。其中，石墨材料依然是重要的一类材料 |
| 高稳定性 | 未来锂电池负极材料的发展趋势还将着重于提高其稳定性。热稳定性和化学稳定性是目前的研究重点 |
| 综合性能优异 | 未来锂电池负极材料的综合性能将是研究人员研究的重点。这包括功率密度、能量密度、寿命、安全性等综合因素的考虑，旨在实现锂电池的高性能、高成功率且有规律可循的长期运行 |

数据来源：共研产业咨询。

**（4）电解液**

1）电解液产量

2015～2024 年，我国锂离子电池电解液出货量的持续高速增长（图 3.11）。从 2015 年约 10 万吨起步，经历前期平缓增长后，2020 年起加速攀升，2022 年突破 80 万吨，2023 年达 110 万吨，2024 年跃升至 150 万吨，十年间增长超 15 倍，尤其 2020 年后年均增速超 50%，显著反映全球新能源产业爆发对电解液需求的强劲拉动。

2024 年，中国锂离子电池电解液出货量为 152.7 万吨，同比增长 34.2%，增速进一步提升，且中国电解液出货量的全球占比继续提升至 90% 以上。

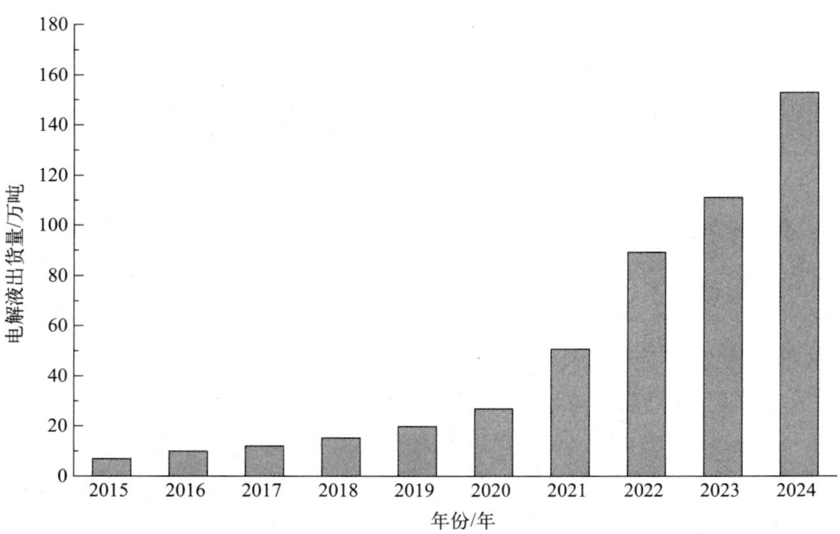


图 3.11　2015～2024 年我国电解液出货量

2）主要生产企业

全球主要的锂离子电池电解液供应商多出身于精细化工行业。得益于国内完善的化工原料市场以及下游锂离子电池制造企业的支持，中国企业占据了全球电解液供应链的头部位置。目前，电解液行业头部企业为天赐材料、比亚迪、新宙邦、瑞泰新材、珠海赛纬、香河昆仑等。

2024 年从竞争格局来看（图 3.12），呈现“一超多强”竞争格局，天赐材料持续占据榜首，市场份额超 30%；第二梯队为比亚迪、新宙邦，两者市场份额均超 10%；其余市场份额均为 10% 以下。2024 年，前 5 名企业市场份额为 80.97%，相较 2023 年下降 1.4 个百分点，主要原因是新进前十企业的产能逐步释放，如石大胜华、威海财金、永太科技等。

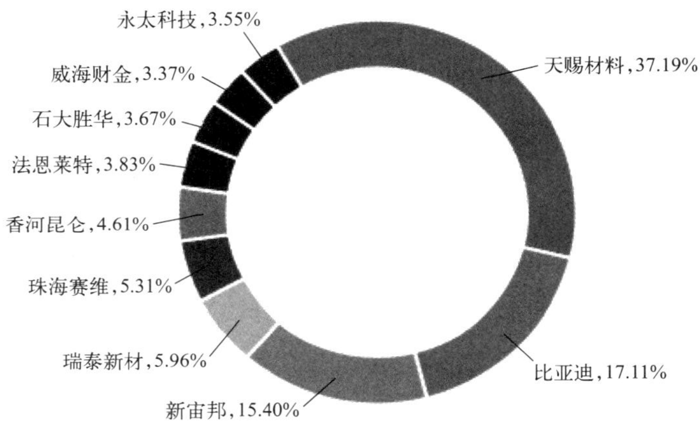


图 3.12　2024 年中国锂电池电解液出货量竞争格局

（数据来源：起点研究院）

3）锂离子电池电解液行业发展趋势

① 行业从产能竞赛到研发创新竞赛。

得益于资本市场发展、政府扶持参与、生产制造业技术的提升、规模化生产能力提高等因素，我国电解液行业近几年飞速发展。目前，电解液及其主要材料都基本实现了国产化，我国已成为锂离子电池电解液最大生产国和应用市场。2024 年，中国电解液总出货量为 152.7 万吨，同比增长 34.2%，全球占比超 90%

但是未来随着电池技术的不断升级，行业对电解液技术的发展提出新的要求，核心技术能力将对电解液行业竞争发挥更为重要的作用。

② 行业内企业将加强纵向一体化布局。

锂离子电池电解液中，锂盐、有机溶剂及添加剂这三类原材料成本占比较高，原材料价格大幅波动对锂离子电池电解液厂商盈利水平产生影响。近年来，锂离子电池电解液下游市场需求不断提升，然而锂离子电池电解液上游原材料出现因供给紧张导致价格波动较大的问题，影响了锂离子电池电解液厂商的供应出货能力。针对此情形，锂离子电池电解液厂商需要逐步将产业布局延伸至上游核心原材料领域，通过配备锂盐、有机溶剂、添加剂等原材料生产装置，自主掌控原材料的供应并有效降低原材料成本，提高供应链稳定性及自身的盈利能力。

③ 行业集中度将不断提升。

近年来，我国锂离子电池电解液行业产能扩张迅速，随着锂离子电池电解液行业内龙头企业产能的不断释放，技术落后以及生产缺乏规模效益的企业，其盈利空间不断被挤压，市场份额逐渐被挤占。2024 年，我国前五大锂离子电池电解液企业出货量占比合计超过 80%，产业集中度较高。

产品质量管控严格、研发技术能力强、生产规模较大、原材料供应稳定的锂离子电池电解液企业更易获得下游头部企业的批量采购订单，与下游客户进行战略绑定。未来，在成本控制、规模效益、研发技术等方面表现优秀的企业竞争能力将不断增强，锂离子电池电解液行业集中度有望不断提升。

4）锂离子电池电解液技术发展趋势

新的电池材料体系、电池设计及应用场景的变化，使得电解液的技术也随之升级，主要表现在以下几个方面。

① 高能量密度电池电解液。

随着动力电池的日渐普及，高性价比、高能量密度的电池是目前动力锂离子电池主要研究方向。随着高镍三元、磷酸锰铁锂、高电压镍锰酸锂、富锂锰基等新型正极材料以及纯硅或者硅碳复合负极材料的不断涌现，只有深入研究这些材料与电解液的作用机理和失效机制、开发出适配其性能的添加剂和电解液，才能加速高性价比、高能量密度的动力电池技术产业化。

② 高功率型电解液。

目前商品化的锂离子电池实现高倍率持续放电还存在一定的困难，主要原因是电池界面内阻较大并导致内部发热严重。因此，开发具有低阻抗的成膜添加剂及电解液方案是实现电池快充的关键。

③ 半固态和固态电解液。

当前使用的液态电解液的平均闪点在 20℃，当电池过充、过放、短路，或受到外界的针刺、挤压，或外界温度过高时，都可能引发电解液的燃烧并导致安全事故。因此，半固态和固态电解质是未来电解液行业研究的一个重要方向。

④ 钠离子电池电解液。

钠离子的离子半径比锂离子大，因此钠离子电池的负极一般采用层间距较大的硬碳。相较于石墨负极，硬碳材料的首次充电的不可逆容量较大，因此钠离子电池的首次充电效率较低，影响了钠离子电池的能量密度。开发新型钠离子型电解质可以有效弥补钠离子电池的首次效率，提升电池的循环性能。此外，与锂离子电池类似，钠离子电池在化成阶段，电解液中的有效成分会参与负极 SEI 的形成且该 SEI 中含有较多有机或无机钠盐，相对于锂盐，钠盐在有机溶剂中的溶解度偏大，因此钠离子电池 SEI 不稳定，随着循环次数的增加，SEI 中的成分逐渐发生溶解，造成电池产气及循环寿命下降。因此，如何开发更加有效的负极成膜添加剂将是未来钠离子电池电解液的重要开发方向。

随着下游应用对锂电池要求逐步提高，对电解液的要求也逐步提高。锂电池电解液未来将呈以下发展趋势。

① 溶质方面。

目前，市场上常见的锂盐包括六氟磷酸锂（$LiPF_6$）、四氟硼酸锂（$LiBF_4$）等。从成本、安全性等多方面考虑，六氟磷酸锂是商业化使用最多的电解质，但六氟磷酸锂存在化学性质不稳定和低温环境下性能受限的问题。相比之下，双氟磺酰亚胺锂（LiFSI）不仅拥有更高的电导率、化学稳定性和热稳定性，还能显著提升电池的低温性能、循环寿命及耐高温性能，有望成为下一代电解液溶质。

② 溶剂方面。

目前，常用的锂电池电解液有机溶剂主要包括碳酸酯类和有机醚类，如 DMC（碳酸二甲酯）、DEC（碳酸二乙酯）、EMC（碳酸甲乙酯）、EC（碳酸乙烯酯）和 PC（碳酸丙烯酯）等，五大溶剂的生产工艺主要分为 EO 工艺和 PO 工艺两类，PO 工艺目前占据主导地位。随着下游基建应用对 PO 材料使用的增加，将对 PO 材料在锂电池电解液领域的应用形成限制。目前 EO 工艺对生产线联动及中控要求较高，导致部分企业的产率尚不理想。长期来看随着 EO 技术路线的逐渐成熟，市场将呈现双技术路线并行发展的态势，同时布局 EO 与 PO 技术路线的企业将更易实现可持续发展。

③ 添加剂方面。

目前，常用的电解液添加剂主要为碳酸亚乙烯酯（VC）、氟代碳酸乙烯酯（FEC）和丙烷磺酸内酯（PS）等。随着锂电池技术的发展，电解液的配方也越来越复杂，常规单 -VC 添加剂已难以满足这些变化的需求，多功能添加剂成为发展方向。多功能添加剂为同时具有两种以上改良功能的添加剂，此类添加剂能够从多方面改善锂电池物化性能，能够显著降低锂电池成本、提升锂电池性能，例如 12- 冠醚 -4 在 PC 溶剂体系中能够增加锂离子导电性的同时还能够抑制锂离子与溶剂分子在电极界面的反应，对 SEI 膜进行进一步优化。

**（5）隔膜**

1）隔膜产量

2024 年，我国隔膜出货量达 227.5 亿平方米，同比增长 28.6%。2024 年，湿法隔膜出货量 174.9 亿平方米，同比增长 35.2%，其在整个隔膜出货量的占比再次提升至 76.9%，较 2023 年的 73.1% 上升了 3.8 个百分点，干法隔膜的出货量 52.6 亿平方米，占比下滑至 23.1%。

图 3.13 显示，湿法隔膜出货量从 2016 年的 5.5 亿平方米大幅增长至 2024 年的 174.9 亿平方米，增速显著高于干法隔膜（从 7.2 亿平方米增至 52.6 亿平方米）。2018 年起，湿法隔膜出货量超越干法隔膜，且两者差距逐年扩大，反映出湿法隔膜在锂电行业中的主导地位不断增强。2024 年，湿法隔膜出货量占隔膜总出货量的 76.9%。湿法隔膜市场占比较大的原因为：

① 下游对性能要求逐步提升，湿法隔膜厚度更薄，可提高锂电池能量密度；

② 下游需求旺盛，行业供求偏紧，湿法隔膜产能投放大于干法隔膜，推动湿法隔膜出货量。

干法隔膜主要应用于储能和小动力电池。整体来看，我国锂离子电池隔膜市场需求呈现持续快速增长的态势。

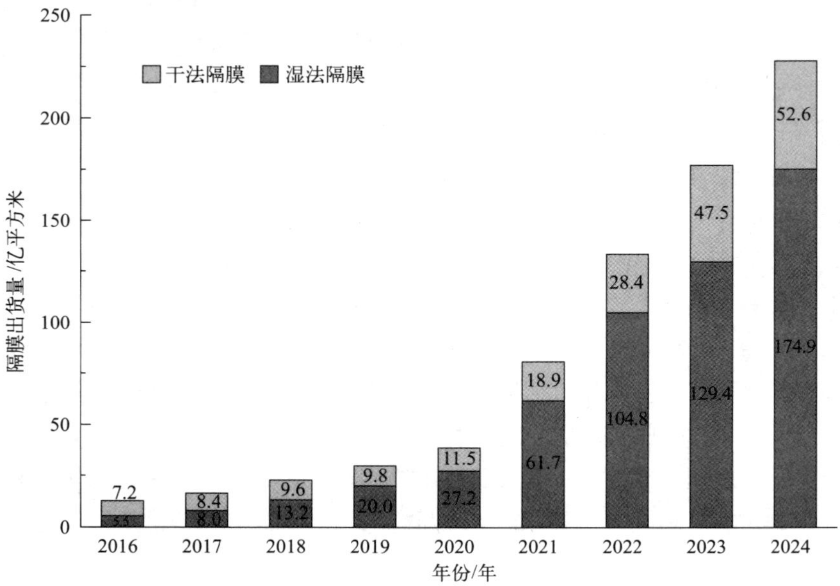


图 3.13　2016～2024 年我国锂离子电池隔膜出货量

2）主要生产企业

中国锂电池隔膜行业头部企业高度集中且占据大量市场份额，其余隔膜企业数量众多但竞争力弱。从中国的主要隔膜企业来看（图 3.14），2024 年，上海恩捷仍然以接近 70 亿平方米的出货量排名行业第一，但是其市场份额相对 2023 年有所下降。星源材质以 40 亿平方米的出货量排名行业第二。2024 年出货量前十企业中还包括河北金力、中材科技、惠强新材、中兴新材、江苏厚生、蓝科涂、璞泰来卓勤和北星新材。排名前十企业的门槛由 2023 年的 3 亿平方米提升至 2024 年的 4 亿平方米，其中蓝科涂和璞泰来卓勤为 2024 年新进入企业。

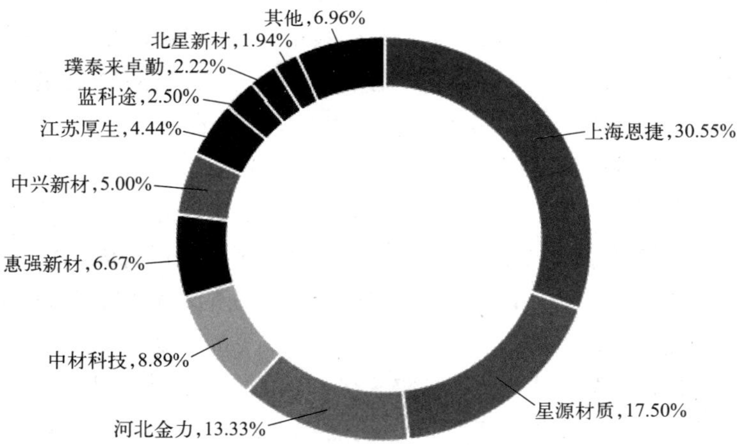


图 3.14　2024 年中国锂离子电池隔膜主要企业市场份额（按出货量）

（数据来源：EVTank）

在湿法隔膜企业中，2024 年出货量排名靠前的企业分别为上海恩捷、河北金力、星源材质、中材科技、江苏厚生、蓝科涂、璞泰来卓勤、北星新材和沧州明珠。在干法隔膜企业中，2024 年出货量排名靠前的企业分别为星源材质、惠强新材、中兴新材、博盛新材等。除此之外，包括康辉新材、长阳科技等企业的隔膜出货量在 2024 年均有较大的增长，整个锂电池隔膜行业的竞争依然非常激烈，总体产能仍处于过剩状态。

2024 年中国锂电池行业隔膜年度竞争力品牌榜单见表 3.11。云南恩捷新材料股份有限公司是全球锂电池隔膜领域的龙头企业，产能和出货量多年位居全球第一，拥有 11 个国内基地和 2 个海外基地，客户涵盖宁德时代、松下、LGES 等主流电池厂商。深圳市星源材质科技股份有限公司在干法、湿法隔膜领域布局全面，国际化步伐领先，产品覆盖国内外一线电池厂商。中材科技股份有限公司作为国有企业，通过收购快速提升产能，七大基地支撑其规模优势。河北金力新能源科技股份有限公司专注湿法隔膜，技术研发实力突出，产能扩张迅速。武汉惠强新能源材料科技有限公司以干法隔膜见长，技术引领行业。深圳中兴新材技术股份有限公司在干法隔膜领域持续创新，推出行业领先的超薄产品。江苏厚生新能源科技股份有限公司虽成立较晚，但发展势头强劲。青岛蓝科途膜材料有限公司凭借自主设备技术打破国外垄断，产能快速扩张。康辉新材料科技有限公司依托恒力石化产业链优势，跨界布局隔膜领域。深圳市博盛新材料有限公司借力资本市场，加速干法隔膜产能布局，拓展钠电池和固态电池市场。整体来看，中国隔膜企业在技术、产能和国际化布局上已形成全球竞争力。

表 3.11 2024 年中国锂电池行业隔膜年度竞争力品牌榜单

| 序号 | 公司名称 | 上榜产能 | 销售情况 | 主要客户 | 关注指数 |
|---|---|---|---|---|---|
| 1 | 云南恩捷新材料股份有限公司 | 截至 2023 年年底总产能达 100 亿平方米，计划到 2024 年底产能达 120 亿平方米，到 2025 年全球产能超过 150 亿平方米 | 2025 年上半年隔膜出货量约 30.65 亿平方米 | 松下、LGES、三星、法国 ACC、宁德时代、中创新航、亿纬锂能、比亚迪、国轩高科、孚能科技、力神电池等 | ★★★★★ |
| 2 | 深圳市星源材质科技股份有限公司 | 2023 年隔膜基膜总产能约 44 亿平方米，其中湿法隔膜产能约 26 亿平方米，干法隔膜产能约 18 亿平方米，预计 2027 年基膜规划产能达到 170 亿平方米 | 2024 年上半年隔膜出货量超 16 亿平方米 | 宁德时代、中创新航、亿纬锂能、比亚迪、国轩高科、欣旺达、蜂巢能源、力神电池、LGES、三星 SDI、远景 AESC、Northvolt、村田、SAFT 等 | ★★★★★ |
| 3 | 中材科技股份有限公司 | 截至 2023 年年底隔膜产能约 40 亿平方米，预计 2027 年底产能将达到 70 亿平方米 | 2024 年上半年隔膜出货量为 8.1 亿平方米 | 宁德时代、比亚迪、亿纬锂能等 | ★★★★☆ |
| 4 | 河北金力新能源科技股份有限公司 | 截至 2024 年年底共有湿法锂电隔膜产能 50 亿平方米，预计到 2025 年公司产能接近 85 亿平方米 | 2024 年上半年隔膜出货量约 11.5 亿平方米 | 宁德时代、比亚迪、国轩高科、亿纬锂能、极电新能源、瑞浦兰钧、LGES、正力新能、力神电池、微宏动力、海四达等 | ★★★★ |

续表

| 序号 | 公司名称 | 上榜产能 | 销售情况 | 主要客户 | 关注指数 |
|---|---|---|---|---|---|
| 5 | 武汉惠强新能源材料科技有限公司 | 预计 2024 年底根据厚度不同公司总产能达 23 亿～28 亿平方米 | 2024 年上半年隔膜出货量为 5 亿平方米 | 比亚迪、鹏辉能源、星恒能源、宁德时代等 | ★★★★ |
| 6 | 深圳中兴新材技术股份有限公司 | 截至 2023 年底公司干法隔膜总产能超 21 亿平方米，功能涂覆产能超 5 亿平方米 | 2024 年上半年隔膜出货量约 4.83 亿平方米 | 比亚迪、宁德时代、欣旺达、海辰储能、派能科技等 | ★★★★ |
| 7 | 江苏厚生新能源科技有限公司 | 截至 2023 年年底总产能达 10 亿平方米 | 2024 年上半年隔膜出货量为 3.7 亿平方米 | 宁德时代等 | ★★★ |
| 8 | 青岛蓝科途膜材料有限公司 | 截至 2023 年年底总产能约 12 亿平方米，预计 2025 年总产能将达到 30 亿平方米 | 2024 年上半年隔膜出货量为 1.85 亿平方米 | 宁德时代等 | ★★★ |
| 9 | 康辉新材料科技有限公司 | 已建成产能 19.4 亿平方米，总规划产能 34.4 亿平方米 | 2024 年上半年湿法隔膜出货量为 1.43 亿平方米 | 伊藤忠、LGES、巴斯夫、日本东丽等 | ★★★ |
| 10 | 深圳市博盛新材料有限公司 | 截至 2023 年底总产能约 10 亿平方米，规划增建超 30 条干法隔膜生产线 | 2024 年上半年出货量为 1.9 亿平方米 | 比亚迪、宁德时代、赣锋锂电等 | ★★★ |

数据来源：第三方机构 EVTank、海融网、电池网、伊维经济研究院、中国电池产业研究院、上市公司公告、公司实地调研访问及电话访谈等，数据统计截止到 2024 年 10 月 11 日

表 3.12 列出了中国主要隔膜生产企业布局。恩捷股份通过多地建厂及连续并购江西通瑞、苏州捷力等公司成为全球龙头企业，星源材质凭借干法隔膜优势及海外研发中心稳居第二梯队，中材科技、璞泰来等企业则通过区域化扩张加速追赶。各企业普遍采取“东部研发＋中西部生产”的布局策略，且均在 2020 年后启动大规模产能扩建，反映新能源行业爆发式增长对上游材料的强劲需求。

表 3.12　中国主要隔膜生产企业布局

| 企业名称 | 产能布局 | 产业规模 |
|---|---|---|
| 恩捷股份 | 恩捷股份目前在中国的上海、广东珠海、江西、江苏无锡、江苏常州、重庆、苏州以及匈牙利等地拥有生产基地，并通过收购江西通瑞、苏州捷力、东航光电和纽米科技的隔膜业务，实现了规模和产能的迅速扩张 | 截至最新信息，恩捷股份的隔膜年产能已达到较高水平，并计划在未来几年内继续扩大产能。具体产能数字可能因时间推移而有所变化，但恩捷股份无疑是国内乃至全球最大的锂电池隔膜生产企业之一 |
| 星源材质 | 星源材质在深圳、安徽、江苏等地建有生产基地，并在中国深圳、日本、德国设有研发中心。公司还启动了欧洲和中国南通两个在建工程，进一步拓展其产能布局 | 星源材质的隔膜基膜总产能包括湿法隔膜和干法隔膜，具体数字可能因时间不同而有所变化。但总体上，星源材质在干法隔膜领域具有显著优势，并正在积极扩张湿法隔膜业务 |

续表

| 企业名称 | 产能布局 | 产业规模 |
| --- | --- | --- |
| 中材科技 | 中材科技拥有山东滕州、湖南常德、湖南宁乡、内蒙古等地的生产基地，并通过收购及产能建设加速释放锂膜产能。此外，公司还在内蒙古自治区呼和浩特市投资建设新的隔膜生产线项目 | 中材科技的隔膜产能持续增长，具体数字需根据最新公告或年报获取。公司计划在未来几年内进一步扩大产能以满足市场需求 |
| 中兴新材 | 中兴新材在深圳、广东东莞和武汉拥有生产基地，并计划在未来继续扩大产能规模 | 中兴新材的隔膜年产能已达到一定规模，并计划在未来几年内通过新建项目等方式进一步提升产能 |
| 河北金力 | 河北金力拥有河北邯郸、安徽马鞍山和天津三大生产基地，并计划在这些地区继续扩大产能 | 河北金力的隔膜产能持续增长，具体数字需根据最新公告或年报获取。公司专注于湿法隔膜和涂覆隔膜的研发和生产，在行业内具有较强的竞争力 |
| 璞泰来 | 璞泰来在江苏溧阳、福建宁德等地拥有生产基地，并新规划了广东肇庆、四川邛崃等生产基地以扩大产能 | 璞泰来的隔膜产能布局广泛且规模较大，具体数字需根据最新公告或年报获取。公司在隔膜领域具有较强的研发和生产能力 |
| 惠强新材 | 惠强新材拥有河南驻马店、湖北武汉、湖北襄阳三个生产基地，并计划投资新建合肥隔膜基地以进一步扩大产能 | 惠强新材的隔膜年产能已达到一定规模并持续增长中，公司专注于高端三层干法隔膜的生产 |
| 沧州明珠 | 沧州明珠在河北沧州、安徽芜湖、山东德州等地拥有生产基地，并计划在这些地区继续扩大湿法锂离子电池隔膜项目的产能 | 沧州明珠的隔膜产能布局广泛且规模较大，具体数字需根据最新公告或年报获取 |
| 中科科技 | 中科科技在隔膜领域也有一定的产能布局和市场份额 | — |
| 辽源鸿图 | 辽源鸿图也是国内隔膜行业的重要参与者之一 | — |

3）隔膜发展趋势分析

随着锂电池下游对锂电池性能要求的不断提高，加快核心专利的研发成为未来我国锂电池隔膜企业的发展趋势，如对孔径、孔隙率、浸润性、厚度的研发。除此之外，湿法隔膜作为隔膜产品中性能较好、已经成为市场主流产品的重要隔膜产品之一，其出货量占比有望进一步提高，见表 3.13。

表 3.13　我国锂电池隔膜未来的发展趋势

| 趋势 | 内容 |
| --- | --- |
| 加快核心专利（含轻薄化、复合涂层等）的布局 | 加快对隔膜的核心性能（包括孔径、孔隙率、浸润性、厚度）的研发 |
| 湿法隔膜出货量比例将进一步提高 | 随着锂电池对能量密度要求的不断提高，湿法隔膜的出货量比重将进一步增加，有望达到 80% |

## 3.3.3　电池回收环节

### （1）废电池报废量统计及预测

2023 年，全国停用新能源汽车 38.9 万辆，同比增长 161.2%。其中，非营运载客汽车占 54%、租赁载客汽车占 16%、公交客运汽车占 9%、出租客运汽车占 6%，其他专业作业车辆占 15%。

截至 2023 年 12 月底，全国累计停用新能源汽车 87.8 万辆。其中，非营运载客汽车占 40%、租赁载客汽车占 23%、公交客运汽车占 13%、出租客运汽车占 4%，其他专业作业车辆占 20%。

2023 年，全国共产生退役动力电池约 16.8 万吨，同比增长 78.3%。其中，停用新能源汽车产生退役动力电池 14.5 万吨，车辆维修产生退役动力电池 2.3 万吨。从材料类型看，磷酸铁锂电池占 50.1%，三元电池占 46.9%。

预计 2023～2025 年期间，全国新能源汽车退役量共计 127.3 万辆，动力电池退役量 63.8GWh（53.0 万吨）。其中，磷酸铁锂电池占 52.6%、三元电池占 44.0%、其他类型电池占 3.4%。

预计 2025 年退役电量 30.1GWh（约 24.0 万吨），到 2030 年将激增至 148.7GWh（105.8 万吨），6 年间实现 6.4 倍增长（图 3.15）。虽然年度增长率从 2025 年的 49% 逐步放缓至 2030 年的 29.5%，但仍保持高速增长特征，且 2029～2030 年单年新增退役量（33.9GWh）就已超过 2025 年总量。值得注意的是，退役电池质量的增速（5.2 倍）始终低于电量增速（6.4 倍），反映出动力电池能量密度的持续提升趋势，这种“量质双升”的退役潮将对电池回收体系提出前所未有的规模化挑战。

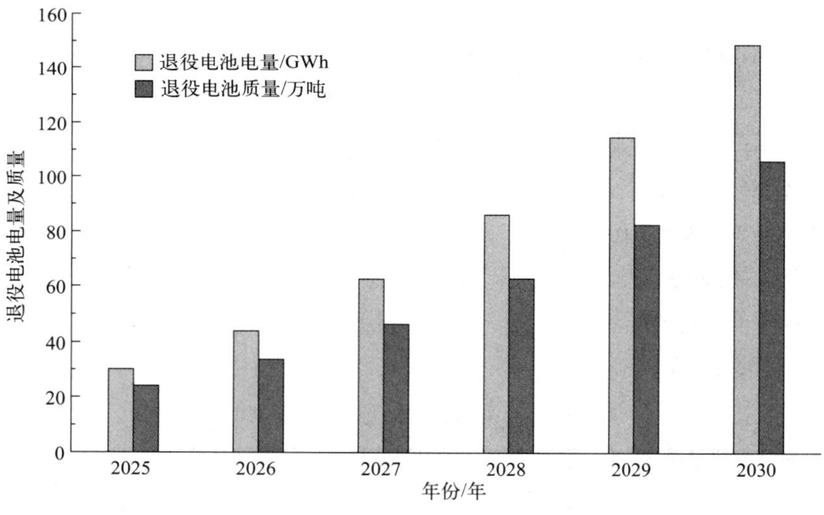


图 3.15　我国退役动力电池预测量

［数据来源：中国新能源汽车动力电池回收利用产业协同发展联盟（CABRCA）］

《中国新能源电池回收利用产业发展报告（2022）》显示，我国新能源汽车退役动力电池中主要为磷酸铁锂电池，占总退役量的 55.5%（图 3.16）。随着动力电池报废潮的到来，未来 5 年电池退役量维持在较高水平。由于累计退役动力电池以磷酸铁锂电池为主，预计未来 5 年磷酸铁锂电池退役量较多。而三元材料电池退役逐年增多，2027 年将实现对磷酸铁锂电池的反超。乘用车领域退役电池以三元材料为主，客车领域退役电池以磷酸铁锂居多（图 3.17）。

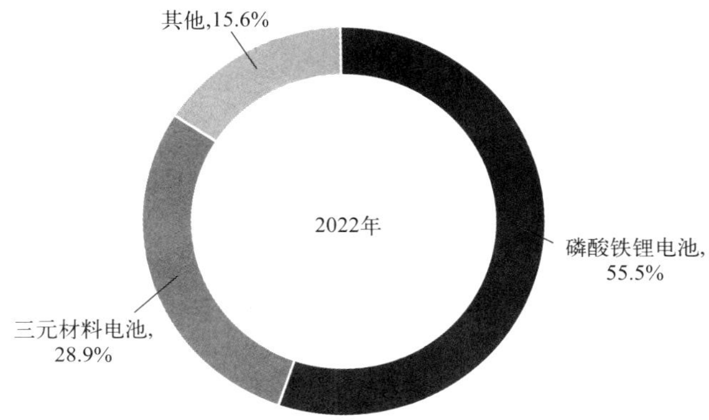


图 3.16　中国各材料类型动力电池累计退役情况（2022 年）

（数据来源：中国工业节能与清洁生产协会）

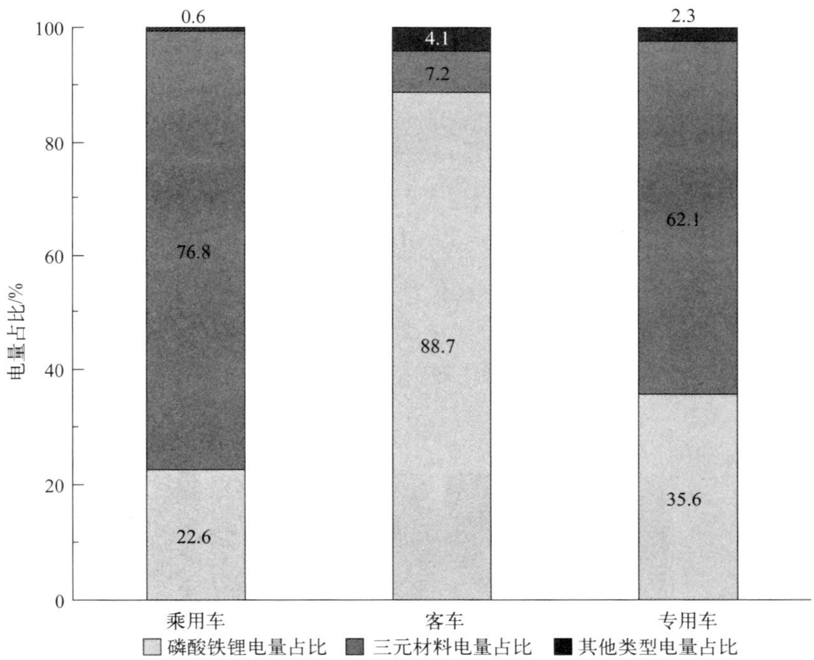


图 3.17　各车辆类型不同材料类型动力电池退役情况

（数据来源：中国工业节能与清洁生产协会）

动力电池退役区域分布与销量区域分布基本一致，广东省退役电池量全国第一。全国前十省份退役动力电池累计电量为 26.8GWh，电量占比达 70.3%（图 3.18）。退役动力电池形状类型以方形和圆柱为主，方形电池占比较高。

我国新能源汽车动力电池退役量前十的企业分别为宁德时代、比亚迪、沃特玛、国轩高科、力神、孚能科技、比克电池、苏州海格、山东威能和江苏智航，前十企业均为早期进入市场的电池生产企业（图 3.19）。动力电池生产企业退役的动力电池中以磷酸铁锂电池居多（图 3.20），宁德时代、比亚迪以退役方形电池为主，沃特玛、力神以圆柱形电池为主，孚能科技以软包为主。

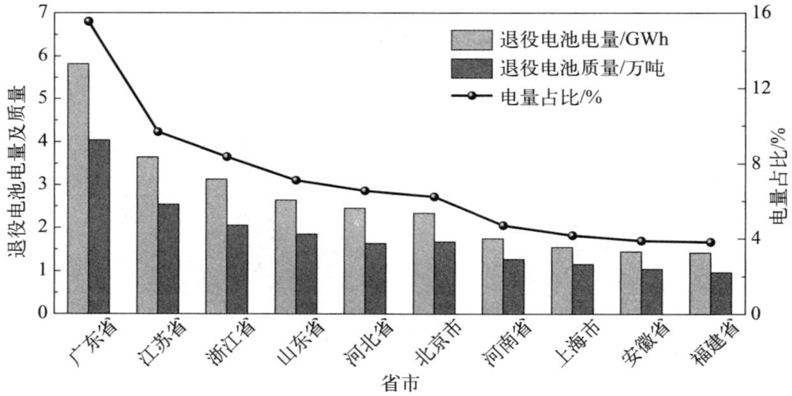


图 3.18　前十省市动力电池退役量及占比情况

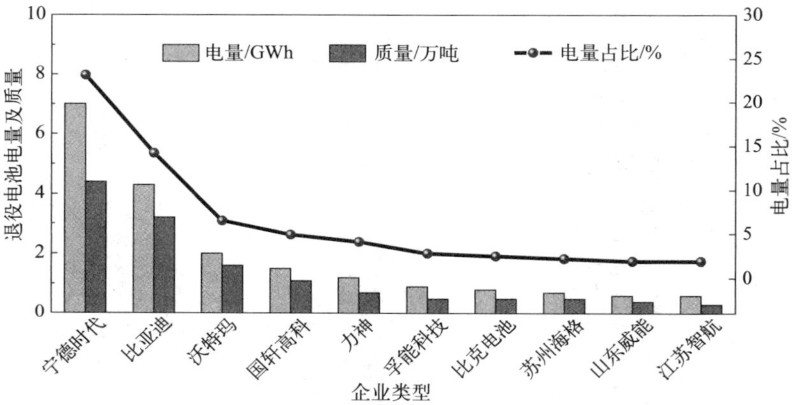


图 3.19　退役量前十动力电池企业电池退役量及占比情况

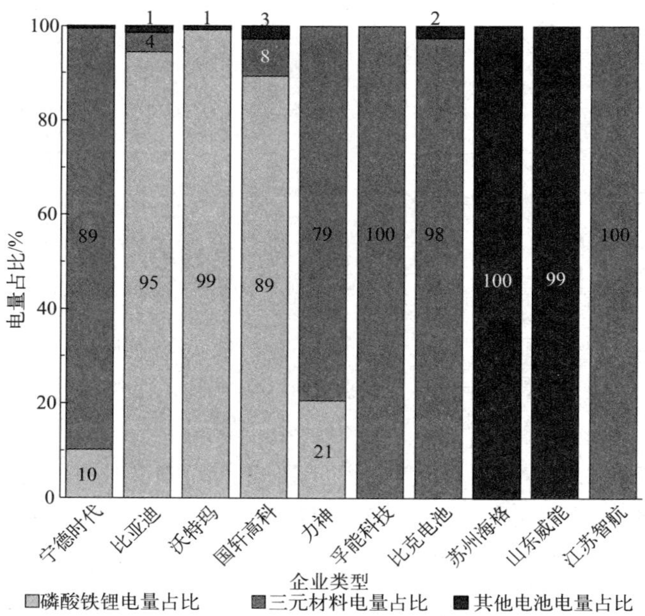


图 3.20　退役量前十动力电池企业退役电池材料类型分布

总体来讲，结合目前全国各省市地区梯次利用及再生利用产能处置能力，全国新能源汽车动力电池退役流向趋势将呈现区域化分布集中形式（图 3.21）。京津冀地区电池退役合计将超过 10 万吨，其中北京退役电池规模达到 5.6 万吨。目前，京津冀地区梯次利用及再生利用处置产能不足，再生产能仅为 3 万吨左右。未来，京津冀地区退役动力电池处置将形成以河北省为中心，部分退役动力电池流向河北及中部地区河南进行集中动力电池回收利用处置的趋势。

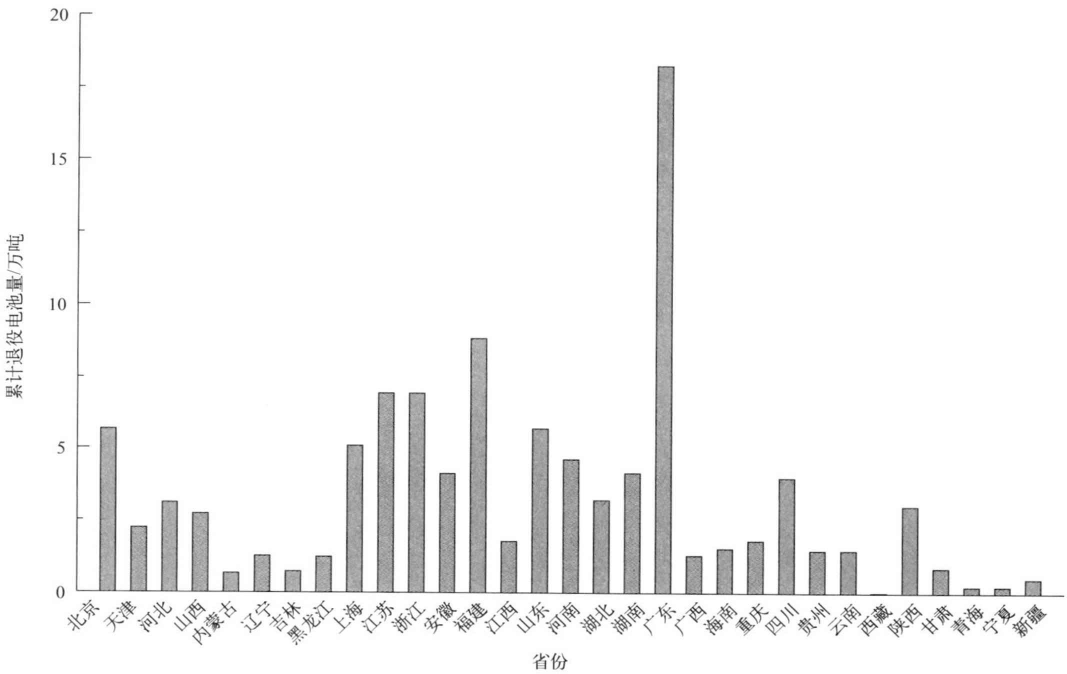


图 3.21 截至 2027 年全国各省市累计退役电池分布预测

以福建省、浙江省、江苏省、上海市、山东省为代表的华东地区动力电池退役合计近 40 万吨，其中江苏省、浙江省退役电池规模均达到 6.9 万吨。目前江苏、上海、山东地区再生利用处置产能约为 10 万吨，再生处置能力不足，未来这些地区的退役动力电池将部分流向浙江省及湖北、湖南等地区。

以湖南省、湖北省为代表的华中地区动力电池退役量合计约 12 万吨。华中地区梯次利用及再生利用处置能力较强，目前，华中地区再生利用处置产能超 100 万吨，可完全消纳本地区的退役动力电池，同时华北、华东及华南等地区部分未能自身消纳处置的退役动力电池将集中流向华中地区。

以广东省、广西壮族自治区为代表的华南地区动力电池退役电池合计超 20 万吨，其中广东省退役动力电池超过 18 万吨。广东省电池回收处置能力较强，梯次利用产能达 25 万吨，再生利用产能近 20 万吨。华南地区将形成以广东省为中心，退役动力电池集中流向广东省进行回收处置，同时少量退役电池将流向华中地区作为补充消纳。

以四川省、云南省、重庆市、贵州省为代表的西南地区动力电池预计退役合计近 9 万吨。贵州省现有再生利用产能规模超 10 万吨，可以满足当前退役动力电池处置消纳需求，同时少量退役电池将流向华中地区作为补充消纳。整体来看，西南地区整体梯次利用产能规模偏小，未来可加大对梯次利用产能的布局。

以陕西省、甘肃省、宁夏回族自治区为代表的西北地区动力电池退役量为5万吨左右，目前西北地区电池回收利用行业规范条件企业数仅为4家，且主要是再生利用企业，可以满足当前退役动力电池再生回收处置消纳需求，同时少量退役电池将流向华中地区作为补充消纳。整体来看，西北地区电池回收处置能力相对较弱，仍需加大对电池梯次利用的产业布局。

以黑龙江省、吉林省、辽宁省为代表的东北地区退役动力电池规模较小，退役量仅为3万吨。东北地区电池回收利用行业规范条件企业目前尚不能满足未来退役电池的回收处置要求，其退役电池将集中流向华北及华中地区。未来为应对中长期大规模电池退役高峰，西北、东北等地区可加快培育壮大动力电池回收产业发展。

**（2）回收服务网点**

随着《新能源汽车动力蓄电池回收利用试点实施方案》的推行，京津冀、长江三角洲、珠江三角洲、中部区域等地区已逐步开展构建回收利用体系、探索多样化商业模式、推动技术创新与应用、建立完善政策激励机制等四方面的工作。截至2024年5月，164家汽车生产企业和77家梯次利用企业在31个省（市）设立了由工业和信息化部认定的新能源汽车动力蓄电池回收服务网点15446个，对废旧动力电池回收行业起到重要支撑作用。其中，梯次利用企业的回收网点1344家，汽车生产企业的网点14102家。

从区域分布来看，回收网点主要集中在东部地区。如表3.14所列，广东、江苏、山东、浙江四省回收网点超过1000个，分别为1547个、1141个、1138个、1078个，占比分别为10.0%、7.4%、7.4%、7.0%。网点数量在500～1000之间的有河南、河北、四川、湖南、福建、湖北、安徽7个省。

表3.14 新能源汽车动力蓄电池回收服务网点省份分布（数据截至2024年5月）

| 省份 | 网点数量/个 | 省份 | 网点数量/个 |
|---|---|---|---|
| 广东 | 1547 | 广西 | 391 |
| 江苏 | 1141 | 辽宁 | 390 |
| 山东 | 1138 | 北京 | 381 |
| 浙江 | 1078 | 贵州 | 313 |
| 河南 | 908 | 天津 | 304 |
| 河北 | 753 | 重庆 | 291 |
| 四川 | 748 | 内蒙古 | 256 |
| 湖南 | 671 | 黑龙江 | 226 |
| 福建 | 602 | 甘肃 | 205 |
| 湖北 | 598 | 新疆 | 194 |
| 安徽 | 585 | 吉林 | 192 |
| 江西 | 478 | 海南 | 159 |
| 上海 | 462 | 宁夏 | 76 |

续表

| 省份 | 网点数量 / 个 | 省份 | 网点数量 / 个 |
|---|---|---|---|
| 山西 | 431 | 青海 | 52 |
| 云南 | 429 | 西藏 | 27 |
| 陕西 | 420 | | |

从汽车生产企业的回收网点数量上来看，网点数量前十的汽车生产企业分别是上汽、吉利、一汽、豪情、宇通、金龙、广汽、东风、沃尔沃、奇瑞（图 3.22）。前十名回收网点总量接近总网点数的 60%。回收网点超过 100 个的梯次利用企业有格派（195 家）、邦普（184 家）、富奥智慧（168 家）、中伟（132 家）、赛德美（120 家）（图 3.23）。

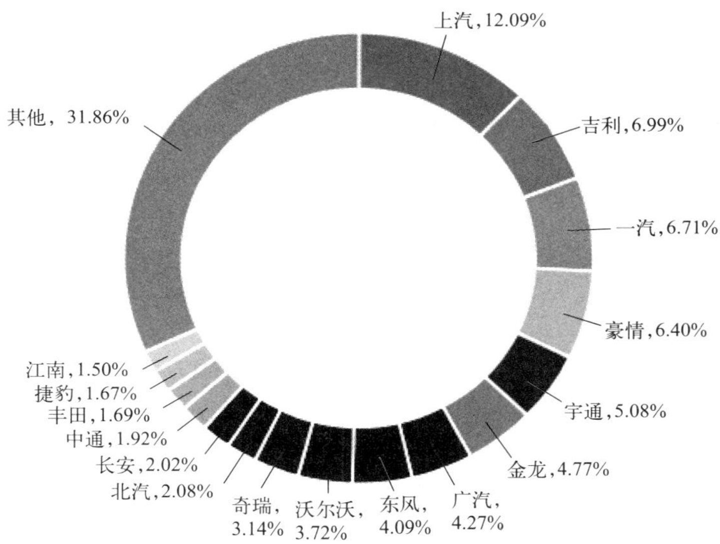


图 3.22　汽车生产企业的回收网点情况

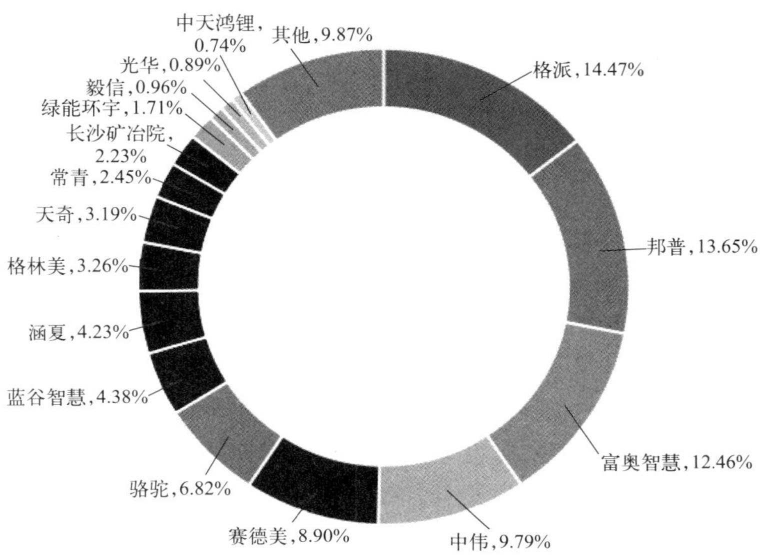


图 3.23　梯次利用企业的回收网点情况

# 第4章 动力电池行业相关宏观政策与标准

动力电池作为新能源汽车的核心组成部分，对于促进汽车行业的绿色转型和可持续发展具有重要意义。为了推动动力电池产业的发展，国家相关部门和地方政府制定了一系列宏观政策和标准，以支持该行业的创新和可持续发展。这些政策和标准涉及产业链的各个环节，从原材料生产到动力电池制造和回收利用，以及安全和性能指标的要求。本章将介绍一些国家相关部门和地区在动力电池行业方面实施的重要宏观政策与标准，以及这些政策与标准对动力电池产业的影响。

## 4.1 循环利用过程政策与标准

自2008年我国逐渐开始推广新能源汽车，在政策与市场的双重推动下，新能源汽车在我国迅速普及。目前，我国新能源汽车产销量已位居世界第一，领跑全球，成为世界最大的新能源汽车市场。2024年，我国新能源汽车产销分别完成1288.8万辆和1286.6万辆，连续十年位居全球第一。随着新能源汽车市场的发展，第一批在市场中应用的动力电池也迎来了“退役潮”。据测算，2030年我国的动力电池退役量将激增至148.7GWh。

为应对即将到来的“退役潮”，在国务院、国家发展改革委、工业和信息化部等多部门的共同推动下我国发布了一系列政策法规。例如2021年政府工作报告首次提出“加快建设动力电池回收利用体系”，2022年2月10日，工业和信息化部等八部门印发《关于加快推动工业资源综合利用的实施方案》，提出要持续推进再生资源规范化利用，着力推动再生资源高值化利用。聚焦当前社会关注热点难点问题，完善废旧动力电池回收利用体系。工业和信息化部于2023年12月发布《新能源汽车动力电池综合利用管理办法（征求意见稿）》，拟替代2018版《新能源汽车动力蓄电池回收利用管理暂行办法》，进一步强化电池回收监管，建立具有一定成熟度的电池回收利用体系，建立以生产者责任延伸制度为依托的各环节高度配合的产业链条。这些政策对于指导废旧动力电池回收处理行业规范发展起到重要的作用，为新能源汽车产业的可持续发展提供了重要保障依据。

自 2018 年以来，国家层面和各地方政府都出台了多条关于退役动力电池回收的政策，弥补了之前在相关政策上的空白。然而如何明晰分工，建立可操作、可推广的退役电池回收产业运行模式仍处在探索和试点阶段；如何进一步强化政策与市场规律结合度，如何进一步规避政策 / 标准间的重复与体现地域和产业特征，如何借鉴废旧电子电器产品的管理模式，都需要管理、产业、技术等多方面联动与配合。另外，退役动力电池的全产业链标准体系仍有待进一步完善，如何体现国家标准的引领作用、行业和团体标准的示范作用，如何实现管理政策与梯次利用、再生利用技术规范等的有机结合，仍需要从动力电池的全生命周期入手，综合考虑环境风险、技术瓶颈、产业上下游、法律法规等，尤其需要强化过程污染控制，防范公共安全事故的发生，为产业的健康、绿色发展提供支撑。

### 4.1.1 国家部委出台的动力电池循环利用管理政策

国家部委非常重视废旧动力电池回收处理管理工作，国务院、国家发展改革委、工业和信息化部、生态环境部等联合发布或在各自职能业务范围内发布了多项管理政策（表 4.1），依据政策的侧重方向将其分为支持类、行业管理类、宏观政策类和标准类四个方面（图 4.1），这对于指导废旧动力电池回收处理行业规范发展起到重要的作用。

表 4.1 国家部委出台的动力电池循环利用管理政策

| 时间 | 部门 | 政策名称 | 主要内容摘录 |
| --- | --- | --- | --- |
| 2012 年 | 国务院 | 《节能与新能源汽车产业发展规划（2012—2020 年）》 | 建立起有效的节能与新能源汽车企业和产品相关管理制度，构建市场营销、售后服务及动力电池回收利用体系，完善扶持政策，形成比较完备的技术标准和管理规范体系 |
| 2014 年 | 国务院 | 《关于加快新能源汽车推广应用的指导意见》 | 研究制定动力电池回收利用政策，探索利用基金、押金、强制回收等方式促进废旧动力电池回收，建立健全废旧动力电池循环利用体系 |
| 2016 年 | 国务院 | 《生产者责任延伸制度推行方案》 | 建立电动汽车动力电池回收利用体系。电动汽车及动力电池生产企业应负责建立废旧电池回收网络，利用售后服务网络回收废旧电池，统计并发布回收信息，确保废旧电池规范回收利用和安全处置。动力电池生产企业应实行产品编码，建立全生命周期追溯系统，率先在深圳等城市开展电动汽车动力电池回收利用体系建设，并在全国逐步推广 |
| 2016 年 | 国家发展改革委<br>工业和信息化部<br>生态环境部<br>商务部<br>国家市场监督管理总局 | 《电动汽车动力蓄电池回收利用技术政策（2015 版）》 | 落实生产者责任延伸制度，电动汽车生产企业、动力蓄电池生产企业和梯次利用电池生产企业应分别承担各自生产使用的动力蓄电池回收利用的主要责任，报废汽车回收拆解企业应负责回收报废汽车上的动力蓄电池。废旧动力电池回收应遵循先梯次利用后再生利用的原则，力求使废旧动力电池的产品剩余价值和资源价值达到最大化 |

续表

| 时间 | 部门 | 政策名称 | 主要内容摘录 |
|---|---|---|---|
| 2016 年 | 工业和信息化部 | 《新能源汽车废旧动力蓄电池综合利用规范条件（2016 年本）》 | 加强新能源汽车废旧动力蓄电池综合利用行业管理，规范行业发展，推动废旧动力蓄电池资源化、规模化、高值化利用 |
| 2016 年 | 生态环境部 | 《废电池污染防治技术政策》 | 对废锂离子电池的回收、运输、贮存、再生提出明确规定，以期控制锂离子电池回收利用过程中的环境风险 |
| 2018 年 | 工业和信息化部 | 《新能源汽车动力蓄电池回收利用溯源管理暂行规定》 | 建立“新能源汽车国家监测与动力蓄电池回收利用溯源综合管理平台”；对动力蓄电池生产、销售、使用报废、回收、利用等全过程进行信息采集；对各环节主体履行回收利用责任情况实施监测汽车生产、电池生产、报废汽车回收拆解及综合利用企业应建立内部管理制度，加强溯源管理，确保溯源信息准确真实 |
| 2018 年 | 工业和信息化部<br>会同科技部<br>生态环境部<br>交通运输部<br>商务部<br>国家市场监督管理总局<br>能源局 | 《新能源汽车动力蓄电池回收利用管理暂行办法》 | 实行生产者责任延伸制度，汽车生产企业承担动力蓄电池回收的主体责任，相关企业在动力蓄电池回收利用各环节履行相应责任，保障动力蓄电池的有效利用和环保处置。坚持产品全生命周期管理理念，遵循环境效益、社会效益和经济效益有机统一的原则，充分发挥市场作用，电池生产企业应与汽车生产企业协同，按照国家标准要求对所生产动力蓄电池进行编码，汽车生产企业应记录新能源汽车及其动力蓄电池编码对应信息，电池生产企业、汽车生产企业应及时通过溯源信息系统上传动力蓄电池编码及新能源汽车相关信息。电池生产企业及汽车生产企业在生产过程中报废的动力蓄电池应移交至回收服务网点或综合利用企业汽车生产企业与报废汽车回收拆解企业等合作，共享动力蓄电池拆卸和贮存技术、回收服务网点及报废新能源汽车回收等信息。回收服务网点应跟踪本区域内新能源汽车报废回收情况，可通过回收或回购等方式收集报废新能源汽车上拆卸下的动力蓄电池 |
| 2018 年 | 中华人民共和国财政部<br>工业和信息化部<br>科技部<br>国家发展改革委 | 《关于调整完善新能源汽车推广应用财政补贴政策的通知》 | 落实生产者责任，提高生产销售服务管理水平。企业应进一步落实生产者责任，对自身生产和销售环节加强管理与控制，建立企业监控平台，及时准确上报新能源汽车推广补贴申报信息，确保真实、可查。新能源汽车生产企业应按有关文件要求向消费者提供动力电池等储能装置、驱动电机、电机控制器质量保证。建立新能源汽车安全事故统计和审查机制，对已销售产品存在安全隐患、发生安全事故的，企业应提交产品事故检测报告、后续改进措施等材料。对由于产品质量引起安全事故的车型，视事故性质、严重程度等给予暂停车型推荐目录、暂停企业补贴资格等处罚并扣减该车型补贴资金 |
| 2018 年 | 工业和信息化部 | 《新能源汽车废旧动力蓄电池综合利用行业规范条件》 | 浙江省衢州华友钴新材料有限公司、江西省赣州市豪鹏科技有限公司、湖北省荆门市格林美新材料有限公司、湖南省湖南邦普循环科技有限公司、广东省广东光华科技股份有限公司 5 家企业列入 |

续表

| 时间 | 部门 | 政策名称 | 主要内容摘录 |
| --- | --- | --- | --- |
| 2018 年 | 中机车辆技术服务中心 | 《关于开通汽车动力蓄电池编码备案系统的通知》 | 从事汽车动力蓄电池（含梯级利用）生产、在中华人民共和国境内销售动力蓄电池产品的独立法人企业，可按照《汽车动力蓄电池编码规则》和本通知的要求，通过“汽车动力蓄电池编码备案系统”，申请厂商代码，并备案编码中“规格代码”和“追溯信息代码”的编制规则。境外企业可授权或委托代理机构代为执行 |
| 2018 年 | 工业和信息化部<br>科技部<br>生态环境部<br>交通运输部<br>商务部<br>国家市场监督管理总局<br>能源局 | 《新能源汽车动力蓄电池回收利用试点实施方案》 | 决定在京津冀、长江三角洲、珠江三角洲、中部区域等选择部分地区，开展新能源汽车动力蓄电池回收利用试点工作。试点内容包括构建回收利用体系、探索多样化商业模式、推动先进技术创新与应用、建立完善政策激励机制等四方面 |
| 2018 年 | 国家发展改革委 | 《汽车产业投资管理规定》 | 动力电池回收利用领域重点发展动力电池高效回收利用技术和专用设备，推动梯级利用、再生利用与处置等能力建设对能量型动力电池功率密度及循环寿命提出了技术要求：单体功率密度≥ 300Wh/kg，循环 2000 次后剩余容量不低于初始容量的 95%；系统功率密度≥ 220Wh/kg，循环 1500 次后剩余容量不低于初始容量的 95% |
| 2018 年 | 全国汽车标准化技术委员会 | 《车用动力电池回收利用材料回收要求》 | 动力蓄电池单体物理回收过程，钢、铁、铝元素的综合回收率应不低于 90%。锂离子动力电池材料中镍、钴、锰元素的综合回收率应不低于 98%，锂元素的回收率应不低于 85%，其他主要元素回收率应不低于 90%；氢镍动力蓄电池材料中镍元素的回收率应不低于 98%，稀土等其他元素回收率宜不低于 95% |
| 2018 年 | 工业和信息化部 | 《关于开展新能源客车安全隐患专项排查工作的通知》 | 重点对卫生防护失效、车辆泡水、车辆碰撞、线束连接松动、频繁充放电或长期搁置的车辆开展安全隐患排查工作，其中高强度使用车辆，应按照行驶里程设定自查比例，行驶 8 万公里以下的自查比例不低于 10%，行驶 8 万～20 万公里的自查比例不低于 20%，行驶 20 万～30 万公里的不低于 30%，行驶 30 万公里以上和装用在使用中出现较多故障动力电池（如沃特玛电池）的应全检，全检结合以往情况，由企业自行决定是否开箱检查。检查应包括动力电池的外观检查、软件诊断、气密性检测、开箱检查及换件和容量测试等内容。针对企业监控平台，对出现故障 / 报警的实车以及信息交换情况进行检查，做好相关记录，并进一步完善突发事件应急处理机制和应急处理预案；检查安全监控系统功能是否符合国家标准要求，能否及时反馈车辆安全信息，并对发现的整车及动力电池等关键系统运行状态异常、存在安全隐患的车辆，能够做到及时预警并采取有效措施解决出现的问题 |

续表

| 时间 | 部门 | 政策名称 | 主要内容摘录 |
|---|---|---|---|
| 2018 年 | 工业和信息化部 | 《关于开展新能源乘用车、载货汽车安全隐患专项排查工作通知》 | 重点对 IP 防护失效、车辆泡水、车辆碰撞、线束连接松动、频繁充放电、长期搁置，以及工作行驶环境恶劣的车辆开展安全隐患排查工作对于出租车、网约车、物流车等高使用强度的运营类车辆，应按照行驶里程设定自查比例，行驶 10 万公里以下的自查比例不低于 10%，行驶 10 万～20 万公里的自查比例不低于 20%，行驶 20 万～30 万公里的不低于 30%，行驶 30 万公里以上和装用使用中出现故障较多动力电池（如沃特玛电池）的应全建议检查至少包括动力电池的外观检查、软件诊断气密性检测、开箱检查及换件和容量测试等内容，其中开箱检查及换件和容量测试等内容，应结合电池设计方案和以往情况，由企业自行决定是否开展针对企业监控平台，对出现故障 / 报警的实车及信息交换情况进行检查，做好相关记录，并进一步完善突发事件应急处理机制和应急处理预案；检查安全监控系统功能是否符合国家标准要求，能否及时反馈车辆安全信息，并对发现的整车及动力电池等关键系统运行状态异常、存在安全隐患的车辆，能够做到及时预警并采取有效措施解决出现的问题 |
| 2019 年 | 工业和信息化部 | 《新能源汽车动力蓄电池回收服务网点建设和运营指南》 | 明确指出，新能源汽车生产及梯次利用等企业应按照国家有关管理要求建立回收服务网点，新能源汽车生产、动力蓄电池生产、报废机动车回收拆解、综合利用等企业可共建、共用回收服务网点 |
| 2019 年 | 工业和信息化部 | 《新能源汽车废旧动力蓄电池综合利用行业规范公告管理暂行办法（2019 年）》 | 明确指出，综合利用是指对新能源汽车废旧动力蓄电池进行多层次、多用途的合理利用，主要包括梯级利用和再生利用，让动力电池回收体系更加完善安全 |
| 2020 年 | 工业和信息化部科技部<br>生态环境部<br>商务部市场监管总局 | 《新能源汽车动力蓄电池梯次利用管理办法》 | 鼓励梯次利用企业与新能源汽车生产、动力蓄电池生产及报废机动车回收拆解等企业协议合作，加强信息共享，利用已有回收渠道，高效回收废旧动力蓄电池用于梯次利用。鼓励动力蓄电池生产企业参与废旧动力蓄电池回收及梯次利用 |
| 2020 年 | 中华人民共和国财政部<br>工业和信息化部<br>科技部<br>国家发展改革委 | 《关于进一步完善新能源汽车推广应用财政补贴政策的通知》 | 落实新能源汽车生产企业产品质量主体责任，鼓励企业积极开展缺陷调查及主动召回。推动建立跨部门信息共享和监管机制，强化对新能源汽车生产、销售、运营、报废等全流程监管 |
| 2020 年 | 国务院 | 《新能源汽车产业发展规划（2021—2035 年）》 | 推动动力电池全价值链发展，建设动力电池高效循环利用体系，加快推动动力电池回收利用立法等规划 |
| 2021 年 | 国务院 | 《“十四五”循环经济发展规划》 | 废旧动力电池循环利用行动。加强新能源汽车动力电池溯源管理平台建设，完善新能源汽车动力电池回收利用溯源管理体系。推动新能源汽车生产企业和废旧动力电池梯次利用企业通过自建、共建、授权等方式建设规范化回收服务网点。推进动力电池规范化梯次利用，提高余能检测、残值评估、重组利用、安全管理等技术水平。加强废旧动力电池再生利用与梯次利用成套化先进技术装备推广应用。完善动力电池回收利用标准体系。培育废旧动力电池综合利用骨干企业，促进废旧动力电池循环利用产业发展 |

续表

| 时间 | 部门 | 政策名称 | 主要内容摘录 |
|---|---|---|---|
| 2021 年 | 国务院 | 《2030 年前碳达峰行动方案》 | 推进退役动力电池、光伏组件、风电机组叶片等新兴产业废物循环利用 |
| 2021 年 | 国务院 | 《“十四五”时期“无废城市”建设工作方案》 | 支持金属冶炼、造纸、汽车制造等龙头企业与再生资源回收加工企业合作，建设一体化废钢铁、废有色金属、废纸等绿色分拣加工配送中心和废旧动力电池回收中心 |
| 2022 年 | 工业和信息化部<br>国家发展改革委<br>科学技术部<br>财政部<br>自然资源部<br>生态环境部<br>商务部<br>国家税务总局 | 《加快推动工业资源综合利用实施方案》 | 完善废旧动力电池回收利用体系。完善管理制度，强化新能源汽车动力电池全生命周期溯源管理。推动产业链上下游合作共建回收渠道，构建跨区域回收利用体系。推进废旧动力电池在备电、充换电等领域安全梯次应用。在京津冀、长江三角洲、粤港澳大湾区等重点区域建设一批梯次和再生利用示范工程。培育一批梯次利用和再生利用骨干企业，加大动力电池无损检测、自动化拆解、有价金属高效提取等技术的研发推广力度 |
| 2022 年 | 国家发展改革委<br>商务部<br>工业和信息化部<br>财政部<br>自然资源部<br>生态环境部<br>住房城乡建设部 | 《关于加快废旧物资循环利用体系建设的指导意见》 | 实施废钢铁、废有色金属、废塑料、废纸、废旧轮胎、废旧纺织品、废旧手机、废旧动力电池等废旧物资回收加工利用行业规范管理 |
| 2022 年 | 生态环境部 | 《关于进一步加强重金属污染防控的意见》 | 严格废铅蓄电池、冶炼灰渣、钢厂烟灰等重金属固体废物收集、贮存、转移、利用、处置过程的环境管理，防止二次污染 |
| 2022 年 | 生态环境部 | 《工业领域碳达峰实施方案》 | 推动新能源汽车动力电池回收利用体系建设。制定出台工业节能监察管理办法机电产品再制造管理办法、新能源汽车动力电池回收利用管理办法等部门规章 |
| 2022 年 | 工业和信息化部<br>国家发展改革委<br>财政部<br>生态环境部<br>住房城乡建设部<br>国务院国资委<br>国家能源局 | 《信息通信行业绿色低碳发展行动计划（2022—2025 年）》 | 完善高能耗、低能效网络设备管理，重点针对技术相对落后、能耗较高的老旧网络设备和效率低的电源、电池等基础设施产品，有序开展退网，逐步形成科学完备的老旧设备回收、处理及循环利用体系。鼓励企业在通信基站备电等领域有序推进动力电池梯次利用，提升全过程安全管理能力 |
| 2022 年 | 工业和信息化部<br>国家市场监督管理总局 | 《关于做好锂离子电池产业链供应链协同稳定发展工作的通知》 | 落实《“十四五”工业绿色发展规划》等要求，完善废旧新能源汽车动力电池回收利用体系，提高综合利用水平 |
| 2022 年 | 工业和信息化部<br>国家发展改革委<br>科学技术部<br>财政部<br>自然资源部<br>生态环境部<br>商务部<br>国家税务总局 | 《关于加快推动工业资源综合利用的实施方案》 | 完善管理制度，强化新能源汽车动力电池全生命周期溯源管理。推动产业链上下游合作共建回收渠道，构建跨区域回收利用体系。推进废旧动力电池在备电、充换电等领域安全梯次应用。培育一批梯次和再生利用骨干企业，加大动力电池无损检测、自动化拆解、有价金属高效提取等技术的研发推广力度 |

续表

| 时间 | 部门 | 政策名称 | 主要内容摘录 |
| --- | --- | --- | --- |
| 2023 年 | 国务院<br>国家发展改革委 | 《关于做好推进有效投资重要项目中废旧设备规范回收利用工作的通知》 | 将符合条件的废旧设备回收利用项目纳入中央预算内投资支持范围，重点支持废旧设备回收、拆解处理、再制造、资源化利用等资源循环利用能力建设 |
| 2023 年 | 国务院 | 《关于进一步构建高质量充电基础设施体系的指导意见》 | 压实电动汽车、动力电池和充电基础设施生产企业产品质量安全责任；持续优化电动汽车电池技术性能，加强新体系动力电池、电池梯次利用等技术研究 |
| 2023 年 | 工业和信息化部<br>交通运输部<br>国家发展改革委<br>科学技术部<br>财政部<br>生态环境部<br>住房城乡建设部<br>国家能源局 | 《关于组织开展公共领域车辆全面电动化先行区试点工作的通知》 | 完善充换电基础设施。建立形成网络完善、规范有序、循环高效的动力电池回收利用和处理体系 |
| 2023 年 | 国家认证认可监督管理委员会 | 《新能源汽车动力电池梯次利用产品认证实施规则 固定式梯次利用电池》 | 规定了固定式梯次利用电池产品的基本原则和通用要求 |
| 2023 年 | 工业和信息化部 | 《关于组织开展2023 年度国家工业和信息化领域节能降碳技术装备推荐工作的通知》 | 信息化领域节能降碳技术：数据中心、通信基站、通信机房等重点用能设施节能提效与绿色低碳相关技术，包括用于提升能效及系统能源资源利用效率，利用余热余能、自然冷源、可再生能源、微电网建设运行等技术，以及提升数据中心服务器利用率、算力算效，应用电池储能及梯次利用相关技术等 |
| 2023 年 | 国家认证认可监督管理委员会 | 《关于发布锂离子电池等产品强制性产品认证实验室指定决定的公告》 | 对电子电器产品使用的锂离子电池和电池组、移动电源强制性产品认证实验室指定决定予以公告 |
| 2023 年 | 工业和信息化部<br>国家发展改革委<br>科学技术部<br>生态环境部 | 《国家工业资源综合利用先进适用工艺技术设备目录（2023 年版）》 | 新能源汽车、废旧动力电池相关方面，将新能源汽车动力电池单体自动化拆解及正负极材料修复技术、废旧动力电池全流程高质利用技术与装备列入如下项目 |
| 2023 年 | 工业和信息化部<br>科技部<br>国家能源局<br>国家标准化管理委员会 | 《新产业标准化领航工程实施方案（2023—2035 年）》 | 研制电池碳足迹、溯源管理等基础通用标准，正负极材料、保护器件等关键原材料及零部件标准，以及回收利用标准。面向钠离子电池等新型储能技术发展趋势，加快研究术语定义、运输安全等基础通用标准，制定便携式、小型动力等电池产品标准 |
| 2023 年 | 工业和信息化部<br>市场监管总局 | 《关于发布新能源汽车动力电池梯次利用产品认证目录（第一批）和组建新能源汽车动力电池梯次利用产品认证技术委员会的公告》 | 公布《新能源汽车动力电池梯次利用产品认证目录（第一批）》，组建新能源汽车动力电池梯次利用产品认证技术委员会 |

续表

| 时间 | 部门 | 政策名称 | 主要内容摘录 |
| --- | --- | --- | --- |
| 2023 年 | 工业和信息化部 | 《新能源汽车动力电池综合利用管理办法（征求意见稿）》 | 汽车生产企业应承担装机的动力电池回收主体责任，电池生产企业承担直接销售至市场的动力电池回收责任，梯次利用企业承担生产的梯次利用产品回收责任；汽车生产企业应通过新能源汽车销售商等渠道记录新能源汽车及所有人溯源信息；制修订废旧动力电池综合利用国家、行业标准，完善标准体系 |
| 2024 年 | 国务院<br>国家发展改革委 | 《关于加快构建废弃物循环利用体系的意见》 | 国务院办公厅印发该意见，旨在加快构建废弃物循环利用体系，推动发展方式全面绿色转型。到 2025 年，初步建成覆盖各领域、各环节的废弃物循环利用体系。尾矿、粉煤灰、煤矸石、冶炼渣、工业副产石膏、建筑垃圾、秸秆等大宗固体废物年利用量达到 40 亿吨，新增大宗固体废物综合利用率达到 60%。废钢铁、废铜、废铝、废铅、废锌、废纸、废塑料、废橡胶、废玻璃等主要再生资源年利用量达到 4.5 亿吨。资源循环利用产业年产值达到 5 万亿元。到 2030 年，建成覆盖全面、运转高效、规范有序的废弃物循环利用体系，废弃物循环利用水平总体居于世界前列 |
| 2024 年 | 财政部<br>工业和信息化部<br>交通运输部 | 《关于开展县域充换电设施补短板试点工作的通知》 | 为贯彻落实党中央、国务院有关决策部署，根据《中共中央 国务院关于学习运用“千村示范、万村整治”工程经验有力有效推进乡村全面振兴的意见》有关精神，加快补齐农村地区公共充换电基础设施短板，进一步释放新能源汽车消费潜力，按照《国务院办公厅关于进一步构建高质量充电基础设施体系的指导意见》（国办发〔2023〕19 号）有关要求，2024～2026 年，财政部、工业和信息化部、交通运输部将开展“百县千站万桩”试点工程，加强重点村镇新能源汽车充换电设施规划建设 |
| 2024 年 | 工业和信息化部<br>国家市场监督管理总局<br>国家消防救援局 | 《电动自行车行业规范条件》<br>《电动自行车行业规范公告管理办法》 | 规范条件从企业布局、工艺装备、产品质量与管理、智能制造和绿色制造、安全生产、劳动者权益保障、消费者权益保障七方面提出要求。《规范条件》要求企业应落实生产者责任延伸制度，通过自建、委托、合作等方式提供老旧蓄电池更换、回收服务。加强废锂离子蓄电池规范回收利用宣传，引导消费者规范安全移交废锂电池。鼓励开展对电动自行车及蓄电池全生命周期的安全监控管理。企业应采用三维软件进行造型设计，配备并使用 ERP（企业资源计划）、MES（生产执行系统）。企业生产或采购的电动自行车蓄电池应依靠标准进行编码标识，推动电池信息溯源管理。鼓励研发智能网联化电动自行车 |
| 2024 年 | 工业和信息化部<br>财政部<br>税务总局 | 《关于调整享受车船税优惠的节能新能源汽车产品技术要求的公告》 | 旨在适应节能与新能源汽车产业发展和技术进步需要，促进节约能源，鼓励使用新能源，调整了节能与新能源汽车的车船税优惠技术要求，更新了综合工况燃料消耗量限值标准，并明确插电式混合动力车型的纯电续驶里程等要求 |
| 2024 年 | 工业和信息化部 | 《新能源汽车废旧动力电池综合利用行业规范条件（2024 年本）》 | 结合行业发展的新形势，进一步提高相关技术要求，强化安全环保责任，推动新能源汽车废旧动力电池综合利用行业规范高质量发展 |

续表

| 时间 | 部门 | 政策名称 | 主要内容摘录 |
| --- | --- | --- | --- |
| 2024 年 | 工业和信息化部<br>国家发展改革委<br>农业农村部<br>商务部<br>国家能源局 | 《五部门关于开展 2024 年新能源汽车下乡活动的通知》 | 选取适宜农村市场、口碑较好、质量可靠的新能源汽车车型（车型目录见附件），开展集中展览展示、试乘试驾等活动，丰富消费体验，提供多样化选择。组织充换电服务，新能源汽车承保、理赔、信贷等金融服务，以及维保等售后服务协同下乡，补齐农村地区配套环境短板。落实汽车以旧换新、县域充换电设施补短板等支持政策，将“真金白银”的优惠直达消费者 |
| 2024 年 | 生态环境部 | 《关于建立碳足迹管理体系的实施方案》 | 优先聚焦电力、煤炭、天然气、燃油、钢铁、电解铝、水泥、化肥、氢、石灰、玻璃、乙烯、合成氨、电石、甲醇、锂电池、新能源汽车、光伏和电子电器等重点产品，制定发布核算规则标准。按照团体标准先行先试、逐步转化为行业标准或国家标准的原则，研制重点产品碳足迹核算规则标准。行业主管部门会同有关部门发布团体标准推荐清单。对实施基础好的团体标准采信为行业标准或国家标准 |
| 2024 年 | 工业和信息化部 | 《锂离子电池行业规范条件（2024 年本）》<br>《锂离子电池行业规范公告管理办法（2024 年本）》 | 为进一步加强锂离子电池行业规范管理，推动产业高质量发展，根据行业发展变化、技术升级趋势和有关工作部署，工业和信息化部对《锂离子电池行业规范条件》和《锂离子电池行业规范公告管理办法》进行了修订 |
| 2024 年 | 工业和信息化部<br>生态环境部<br>应急管理部<br>国家标准化管理委员会 | 《关于印发国家锂电池产业标准体系建设指南（2024 版）的通知》 | 旨在构建覆盖锂电池全产业链的标准体系，推动产业高质量发展。该指南提出到 2026 年新制定国家标准和行业标准 100 项以上，重点围绕基础通用、材料与部件、生产与检测、安全与性能、回收利用、绿色低碳六大领域展开，强化安全底线和国际化合作，同时要求 1000 家以上企业实施标准宣贯，提升我国在全球锂电池标准中的影响力 |
| 2024 年 | 工业和信息化部 | 《重点工业产品碳足迹核算规则标准编制指南》 | 旨在通过统一规范工业产品碳足迹核算标准，推动行业绿色低碳转型。该指南提出到 2027 年制定 200 项重点产品碳足迹核算标准，优先覆盖钢铁、有色金属、石化化工、建材、新能源汽车、电子电器等产业链关联性强、国际贸易量大的行业 |
| 2025 年 | 工业和信息化部 | 《电动自行车锂离子电池回收利用体系建设指南》 | 做好电动自行车锂电池回收利用工作，对于缓解其随意丢弃及二次利用流入市场带来的安全风险，提升电动自行车全链条安全管理水平具有重要意义，也有助于锂钴镍等再生资源循环利用，支撑保障资源供应安全，助力电动自行车行业绿色高质量发展。《建设指南》旨在为各地建设安全、便利、可靠的电动自行车锂电池回收利用体系提供指导，推动废锂电池“应收尽收”和规范化综合利用 |
| 2025 年 | 国务院 | 《健全新能源汽车动力电池回收利用体系行动方案》 | 要强化全链条管理，着力打通堵点卡点，构建规范、安全、高效的回收利用体系，运用数字化技术加强动力电池全生命周期流向监测，实现生产、销售、拆解、利用全程可追溯 |
| 2025 年 | 国务院 | 《制造业绿色低碳发展行动方案（2025—2027 年）》 | 聚焦新能源汽车等重点产品，加快研制一批碳足迹核算标准，推动工业企业降低产品全生命周期碳排放，促进产业链和供应链转型升级 |

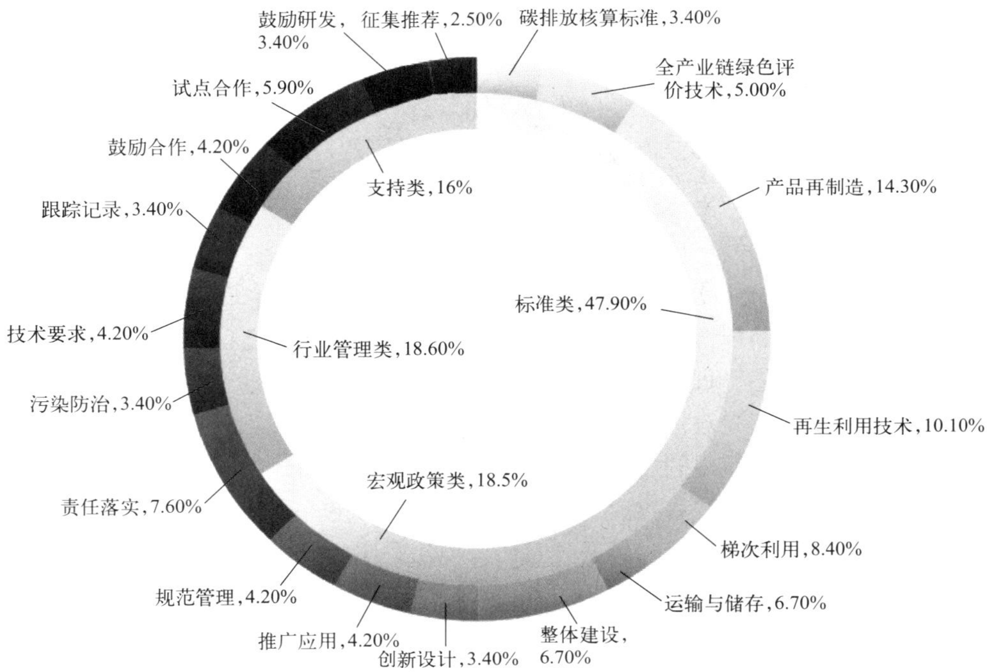


图 4.1　国务院及各部政策侧重角度

《中华人民共和国清洁生产促进法》《中华人民共和国固体废物污染环境防治法》以及《中华人民共和国循环经济促进法》这三部法律的颁布，为我国动力电池回收政策体系的建立奠定了基石。整体来看，我国废旧动力电池回收利用体系初步建成（图 4.2）。

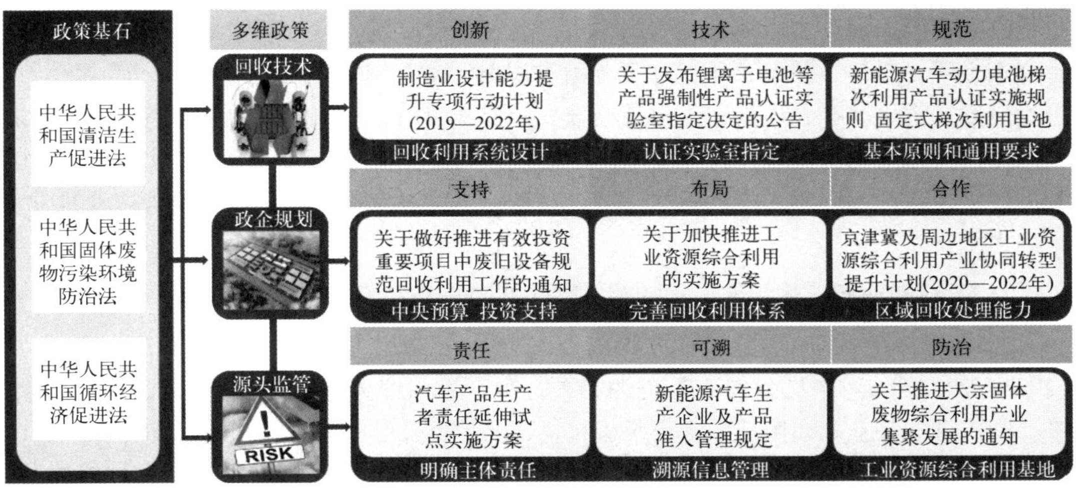


图 4.2　国家部委典型政策多维框架

目前，已发布的废旧动力电池回收处理管理政策，明确规定回收主体责任，对其梯次利用、资源再生、环境管理提出较为明确的相关要求。建立了以生产者责任延伸制度为基本原则的新能源汽车动力电池回收利用的政策体系框架，基本建立了动力蓄电池回收利用的标准体系并逐步完善。但对于这些国家相关政策，相关企业普遍反映，政策宏观指导性不强，不同文件中有些内容重复规定，可操作性弱，对企业生产指导性不足，急需出台切合实际的政策。大多数相关企业希望国家出台明确的补贴政策、退税政策来支持回收产业链企业，减轻企业经营压力，但在当前该行业的规模、回收处理产能、处置利用技术、经济可行性等都需要进一步评估的背景下，相关政策出台尚需时日。国家部委有关动力电池回收利用方面近期出台的政策包括以下几条。

**（1）《“十四五”循环经济发展规划》**

2021年，国务院发布的《“十四五”循环经济发展规划》中提到开展废旧动力电池循环利用行动。加强新能源汽车动力电池溯源管理平台建设，完善新能源汽车动力电池回收利用溯源管理体系。推动新能源汽车生产企业和废旧动力电池梯次利用企业通过自建、共建、授权等方式建设规范化回收服务网点。推进动力电池规范化梯次利用，提高余能检测、残值评估、重组利用、安全管理等技术水平。加强废旧动力电池再生利用与梯次利用成套化先进技术装备推广应用。完善废旧动力电池回收利用标准体系。培育废旧动力电池综合利用骨干企业，促进废旧动力电池循环利用产业发展。

**（2）《新能源汽车动力蓄电池梯次利用管理办法》**

2021年，工业和信息化部等五部门发布的《新能源汽车动力蓄电池梯次利用管理办法》提出鼓励动力蓄电池生产企业参与废旧动力蓄电池回收及梯次利用。鼓励梯次利用企业与新能源汽车生产、动力蓄电池生产及报废机动车回收拆解等企业协议合作，加强信息共享，利用已有回收渠道，高效回收废旧动力蓄电池用于梯次利用。

**（3）《加快推动工业资源综合利用实施方案》**

2022年，工业和信息化部等八部门发布的《加快推动工业资源综合利用实施方案》中提到要完善废旧动力电池回收利用体系。完善管理制度，强化新能源汽车动力电池全生命周期溯源管理。推动产业链上下游合作共建回收渠道，构建跨区域回收利用体系。推进废旧动力电池在备电、充换电等领域安全梯次应用。在京津冀、长江三角洲、粤港澳大湾区等重点区域建设一批梯次利用和再生利用示范工程。培育一批梯次利用和再生利用骨干企业，加大动力电池无损检测、自动化拆解、有价金属高效提取等技术的研发推广力度。

**（4）《新产业标准化领航工程实施方案（2023—2035年）》**

2023年，工业和信息化部等四部委发布的《新产业标准化领航工程实施方案（2023—2035年）》中提到要完善电池相关标准。聚焦锂离子电池领域，研制电池碳足迹、溯源管理等基础通用标准，正负极材料、保护器件等关键原材料及零部件标准，以及回收利用标准。面向钠离子电池、氢储能/氢燃料电池、固态电池等新型储能技术发展趋势，加快研究术语定义、运输安全等基础通用标准，制定便携式、小型动力、储能等电池产品标准。

**（5）《新能源汽车动力电池综合利用管理办法（征求意见稿）》**

2023年，工业和信息化部发布《新能源汽车动力电池综合利用管理办法（征求意见稿）》，明确汽车生产企业应承担装机的动力电池回收主体责任，电池生产企业承担直接销售至市场的动力电池回收责任，梯次利用企业承担生产的梯次利用产品回收责任；汽车生产企业应通过新能源汽车销售商等渠道记录新能源汽车及所有人溯源信息；制修订废旧动力电池综合利用国家、行业标准，完善标准体系。

**（6）《新能源汽车废旧动力电池综合利用行业规范条件（2024 年本）》**

《新能源汽车废旧动力电池综合利用行业规范条件（2024 年本）》由工业和信息化部于2024年12月修订发布，旨在推动行业技术升级与规范发展。新规主要聚焦四方面：

① 技术指标提升：将锂回收率从 85% 提高至 90%，新增电极粉料回收率≥ 98%、杂质铝 / 铜含量≤ 1.5% 等要求，强化冶炼能耗管控（碳酸锂生产能耗＜ 2200kg 标准煤 /t）。

② 标准体系完善：增补《车用动力电池回收利用拆解规范》等国家标准，要求企业建立溯源系统并上传数据至国家管理平台。

③ 新增电动自行车电池管理：禁止梯次电池用于电动自行车，要求再生利用企业兼顾处理该类废电池。

④ 产业布局优化：明确企业注册资本≥ 1000 万元、产能门槛（梯次利用≥ 1000t/a，再生利用≥ 5000t/a），新建企业需入驻产业园，推动集群化发展。

### 4.1.2 地方政府有关动力电池循环利用方面出台政策

为了应对即将到来的大规模新能源汽车“退役潮”，各地政府也纷纷出台了各种政策和措施。但各地区在动力电池回收政策的执行、推动和资源分配等方面由于技术条件、环保需求、产业聚集状况等因素存在一定差异，动力电池回收政策呈现地区分布不均的特点。以下是一些地区政府在应对新能源汽车退役方面的相关政策。

**（1）《关于开展新能源汽车动力电池回收利用监测工作的通知》**

2021 年 3 月 24 日吉林省工业和信息化厅关于开展新能源汽车动力电池回收利用监测工作的通知提出的相关要求如下。

① 建立企业台账。建立本地区新能源动力电池回收和利用的企业档案，及时掌握本地区新能源汽车动力蓄电池回收利用情况。按照《动力电池回收利用企业情况表》要求填写相应的企业信息，并适时更新台账信息。

② 加强回收信息采集。加强对本地区从事新能源动力电池回收和利用企业的宣传，指导企业按《新能源汽车废旧动力蓄电池综合利用行业规范条件》要求，规范开展动力电池回收利用，对回收利用的电池编码、数量、重量、类型、来源等信息进行登记，并填写《动力电池回收动态监测月报表》按时上报。

**（2）《山东省工业和信息化领域循环经济“十四五”发展规划》**

推动新能源汽车生产企业和废旧动力电池梯次利用企业的合作，提高余能检测、重组利用、安全管理的技术水平，加快动力电池规范化梯次利用。加强废旧动力电池再生利用和梯次利用成套化先进技术与装备的研发，完善动力电池回收利用标准体系，培育废旧动力电池综合利用企业，促进废旧动力电池梯次利用和再生利用产业发展。

**（3）《江苏省“十四五”制造业高质量发展规划》**

以长续航、高安全、全气候为发展方向，支持固态锂电池等新一代电池技术研发及产业化，优化高比能正负极材料、耐高温隔膜、耐高压阻燃电解液等关键材料技术，提升动力电池数字化、智能化制造水平，拓展在船舶、工程机械、港口机械等场景的应用，支持开展动力电池梯次利用，加强来源可控、去向可溯的全生命周期管理，建成安全规范高效运行的回收利用体系。

**（4）《三亚市新能源汽车换电模式应用试点建设方案》**

鼓励开展动力电池梯次回收利用。吸引具有规模化梯次回收利用能力的“白名单”企业布点三亚，安排一定规模资金作为退役动力电池利用产业发展的引导资金，重点用于动力电池梯次回收利用示范性项目建设和要素支持。研究制定动力电池梯次回收利用补贴方案，具体补贴细则另行制定。

保障换电车辆后市场流通环节的合规使用。在换电车辆年检、二手车流通、车辆报废等环节，针对换电车辆一致性检查，满足被检车辆装载电池符合国家新能源汽车监测与动力电池回收利用综合溯源平台核查合格要求，不追求必须符合整车公告电池序列号，允许换电车辆在使用过程中灵活配置电池容量；允许换电车辆年检过程中对车身和电池安全性进行分离检查；换电车型报废后，允许将不含电池的车身进行单独报废处理。

**（5）《广西战略性新兴产业发展三年行动方案（2021—2023年）》**

以构建智能及新能源汽车全产业链为目标，重点发展整车制造、“三电”及电子零部件配件制造，做好本地企业扶持及培育工作，积极引进行业龙头企业，特别是产业链缺失环节的企业，提高智能及新能源汽车产业链本地配套率。到2023年，力争智能及新能源汽车产业产值达到400亿元，增加值达到130亿元。

推进广西智能网联新能源汽车综合服务平台建设。为用户提供统一的充电设施、统一的动力电池编码、统一的动力电池回收利用等服务，实现互联互通、信息共享与统一结算。构建动力电池高效循环利用体系，支持企业开展报废电池有价元素高效提取，完善动力电池回收、梯级利用和再资源化的循环利用体系，建立健全动力电池运输仓储、维修保养、安全检验、退役退出、回收利用等环节管理制度，实现动力电池全生命周期追溯。

**（6）《加快推进我省新能源汽车动力电池回收再利用的建议》**

2022年4月6日四川省经济和信息化厅对政协四川省第十二届委员会第五次会议《加快推进我省新能源汽车动力电池回收再利用的建议》提案答复的函中提出下一步目标为以下几点。

① 开展锂电池综合回收利用试点示范。以工业和信息化部等国家部委发布的行业规范条件为目标，在流通回收、梯次利用、综合应用等环节创建一批示范企业和示范项目，引导全产业链规范发展和提标升级。

② 加强锂电池回收利用技术创新。锂电材料及动力电池产业，鼓励相关企业、高

校等申报制造业创新中心，加速推进动力电池梯次利用及回收技术研究和产业化，提升动力电池回收利用产业的技术经济效益和资源环境效益。

③ 探索制定锂电池回收利用地方标准。结合行业、企业及技术现状，加强共性技术和创新技术的成果转化，研究制定锂电池回收利用过程中的安全、环保、循环回收等标准和技术规范。

④ 引导锂电池回收利用市场良性发展。鼓励汽车生产企业、电池生产企业、电池回收利用企业等通过多种形式，共建共用废旧锂电池回收利用网络，重点建设一批符合相关标准的规范回收网点，规划布局示范园区，实现精准分类、专业运输、安全仓储、高效检测等，加大企业安全管理和污染防控力度。

**（7）《关于推进锂电池材料产业高质量发展的指导意见》**

2021 年 8 月 3 日贵州省人民政府发布《关于推进锂电池材料产业高质量发展的指导意见》中提到：到 2025 年，我省锂电池材料产业高质量发展取得积极成效，产业体系构建取得积极进展，集聚化、规模化发展态势基本形成，锂电池材料产业总产值达到 1000 亿元以上，省内基本形成三元、磷系等锂电池正极材料全产业链条，电池循环梯次综合利用能力形成一定规模，镍钴锰三元、磷酸铁锂、锰酸锂、石墨材料、锂电池循环梯次综合利用等领域创新研发能力进入国内先进行列。

按照《新能源汽车废旧动力蓄电池综合利用行业规范条件》等规范要求，支持优强企业围绕新能源汽车、电化学储能产业布局，高标准、高起点布局锂离子电池循环梯次综合利用项目。探索建立废旧锂离子电池回收利用管理机制和综合利用体系，强化溯源管理，明确相关方责任和监管措施，为锂离子电池梯次综合利用产业发展提供制度保障。

**（8）《云南省新能源汽车产业发展规划（2021—2025 年）》**

① 加强新能源汽车展示及体验中心、新能源汽车监控平台等建设，鼓励互联网等领域企业整合供给端和消费端资源，发展新能源汽车生产性服务产业。

② 引导汽车共享市场发展，围绕旅游线路重点培育新能源汽车共享出行企业，打造独具特色的“出行 + 旅游”应用场景。

③ 依托高原检测中心及重点企业、行业机构，共建产学研创新平台，提升新能源汽车及关联产业融合创新能力。

④ 培育动力电池回收利用产业，支持新能源汽车生产企业、公交公司、租赁企业、共享出行企业等联合建立统一的动力电池回收平台，合理布局回收服务网络，共同开展动力蓄电池回收与梯次利用业务。

**（9）《关于做优做强我省锂电新能源产业的若干政策措施》**

加大锂资源绿色开发，高比能量电池、固态电池、动力电池回收利用，尾矿尾渣综合利用等领域的共性关键技术攻关力度，在省科技计划项目中予以资金支持。

积极布局“城市矿产资源”市场，开展动力电池回收利用试点，支持废旧动力锂电池综合利用企业进行锂电池规范化梯次回收利用。加强与其他锂资源丰富省份战略合作，争取国家有关部委支持，指导帮助锂电优势企业布局国内外锂矿资源，提升锂资源供应保障能力。

**（10）《广州市工业和信息化发展“十四五”规划》**

建立完善废旧汽车拆解及汽车动力电池回收利用、废旧电池回收处置和固体废物处理体系，支持企业进入汽车绿色回收和梯次利用、废旧电池物联芯片研发制造、动力电池融资租赁等领域。

**（11）《南京市废旧物资循环利用体系建设实施方案（2022—2025年）》**

深入推进生产者责任延伸制度，鼓励钢铁、电器电子、动力电池、汽车整车等生产企业发展回收、加工、利用一体化模式。到2025年，报废汽车回收率达80%以上，车用动力电池回收覆盖率100%。

**（12）《扎实推进新能源汽车动力电池回收利用》**

2023年6月20日安徽省发布了《扎实推进新能源汽车动力电池回收利用》，其方案提出了以下几个主要目标。

① 聚焦“部门协同”，精准服务保障。试点工作协调小组成员单位各司其职，为市场主体提供政策扶持、要素保障、精准指导。省发展改革委通过项目建设加强对新能源汽车动力蓄电池综合利用的支持；省市场监督管理局发布了关于新能源汽车动力电池回收利用及检测方法的三项地方标准；省经济和信息化厅累计培育6家国家级新能源汽车动力蓄电池综合利用规范企业。

② 聚焦“溯源管理”，引导规范管理。依托国家新能源汽车动力蓄电池溯源管理平台，围绕来源可查、去向可追、节点可控的目标，初步构建全省动力蓄电池全生命周期溯源管理体系。

③ 聚焦“回收体系”，打通产业链堵点。在全国率先开展新能源汽车动力蓄电池回收利用区域中心企业（站）培育工作，先后公布试点企业（站）3家、筹建试点企业（站）2家，初步构建新能源汽车动力蓄电池回收利用体系。指导奇瑞汽车开展汽车产品生产者责任制延伸试点，推荐合肥市成功申报新能源汽车换电模式应用试点城市。

**（13）《加快新能源汽车产业发展实施方案》**

2021年河南省发布《加快新能源汽车产业发展实施方案》，其内容为完善动力电池回收、梯级利用和再资源化循环利用机制，落实生产者责任延伸制度，推动动力电池溯源平台建设，实现动力电池全生命周期监管。

**（14）《上海市“无废城市”建设工作方案》**

2023年2月2日上海市人民政府办公厅发布的《上海市“无废城市”建设工作方案》中提到建设动力电池全产业链溯源和管理回收利用网络，落实汽车生产厂商和动力电池供应商主体责任；拓展废旧动力电池梯次应用，推进退役动力电池循环利用技术、工艺、装备、产业聚集发展。到2025年，全市一般工业固体废物贮存处置量实现零增长，综合利用率不低于95%。

**（15）《天津市制造业高质量发展“十四五”规划》**

2021 年 6 月 26 日天津市人民政府办公厅发布的《天津市制造业高质量发展“十四五”规划》中提到加快开发固态电池生产关键装机及配套工艺、高功率电极的制备工艺、低成本石墨烯材料生产工艺等，研发退役动力电池异构兼容利用与智能拆解技术，加快离子电池与新能源汽车产业深度融合。

**（16）《浙江省新能源汽车产业发展“十四五”规划》**

2021 年 4 月 8 日浙江省发展改革委关于印发《浙江省新能源汽车产业发展“十四五”规划》的通知中提到要健全绿色回收服务。推进废旧动力电池循环利用，构建新能源电池“设计—生产—一次使用—梯次利用—回收”的全生命周期管理体系。强化锂电池等退役动力电池在储能、备能、充换电等领域梯次利用，加强余能检测、残值评估等梯次利用技术研发与平台建设。构建动力电池拆分回收资源利用和无害化处理体系，开展资源深度循环利用。

**（17）《河北省制造业高质量发展“十四五”规划》**

2022 年 1 月 15 日河北省人民政府办公厅印发的《河北省制造业高质量发展“十四五”规划》中提到要推进京津冀新能源汽车退役动力电池梯次回收利用，建立全产业链共享的动力电池回收、性能检测评价、梯次利用、有价组分再生利用体系，健全动力电池全生命周期的质量管理和可追溯机制，探索形成京津冀区域协同管理模式。落实新能源汽车推广政策，完善停车场、充电桩、换电站等配套设施，加快建设动力电池回收利用体系。

根据统计数据，在 2018 年以前，动力电池回收处理企业主要集中在中国的珠江三角洲地区、沿海省份以及江西、湖南等地，而东北、西北和西南地区的相关企业相对较少。然而，近年来，在一些新公布的试点地区，我们可以看到西北和西南地区也开始出台相关政策并进行具体部署，以应对动力电池回收的需求。随着动力电池回收问题的日益重要，一些中部地区也正在慢慢修改其回收政策，以推动动力电池回收处理产业的发展。这可能包括出台更具体的回收要求和监管措施，提供财政和税收激励，以及加强产学研合作，促进技术创新和人才培养。

总体来看，地方回收政策的侧重点可总结为以下几个方向。

① 环境保护。加强各环节的监管，以落实废旧电池回收利用政策，避免政策难以落实推进。此外，相较于将电池彻底拆解来回收其相关资源，梯次利用可以延长资源的生命周期，并且加工工艺流程更少，对环境危害更小，因此梯次利用在多数政策中被提及。

② 资源利用。电池中有多种可回收资源，可通过建立再生金属回收量预测模型，推断可再生材料对锂、钴、镍、锰供应的贡献将从 2021 年的 4%～7% 逐步增加到 2030 年的 19%～54%，由此可见推进各地资源回收利用的必要性。

③ 拉动内需。政府通过制定政策措施如提供补助、减免税费等来推进供给侧结构性改革，调动回收积极性；或通过一些惩戒手段，对于违反相关规定的行为做出惩罚，倒逼企业或个人严格遵守动力电池回收利用相关规定。

### 4.1.3 动力电池循环利用相关标准

#### （1）废旧动力电池循环利用全产业链标准体系

废旧动力电池资源化全产业链标准体系是建立废动力电池运输与储运、废动力电池梯次利用技术、废动力电池再生利用技术、废动力电池产品再制造、全产业链绿色评价技术及碳排放核算标准 6 个方面的标准体系，如图 4.3 所示。

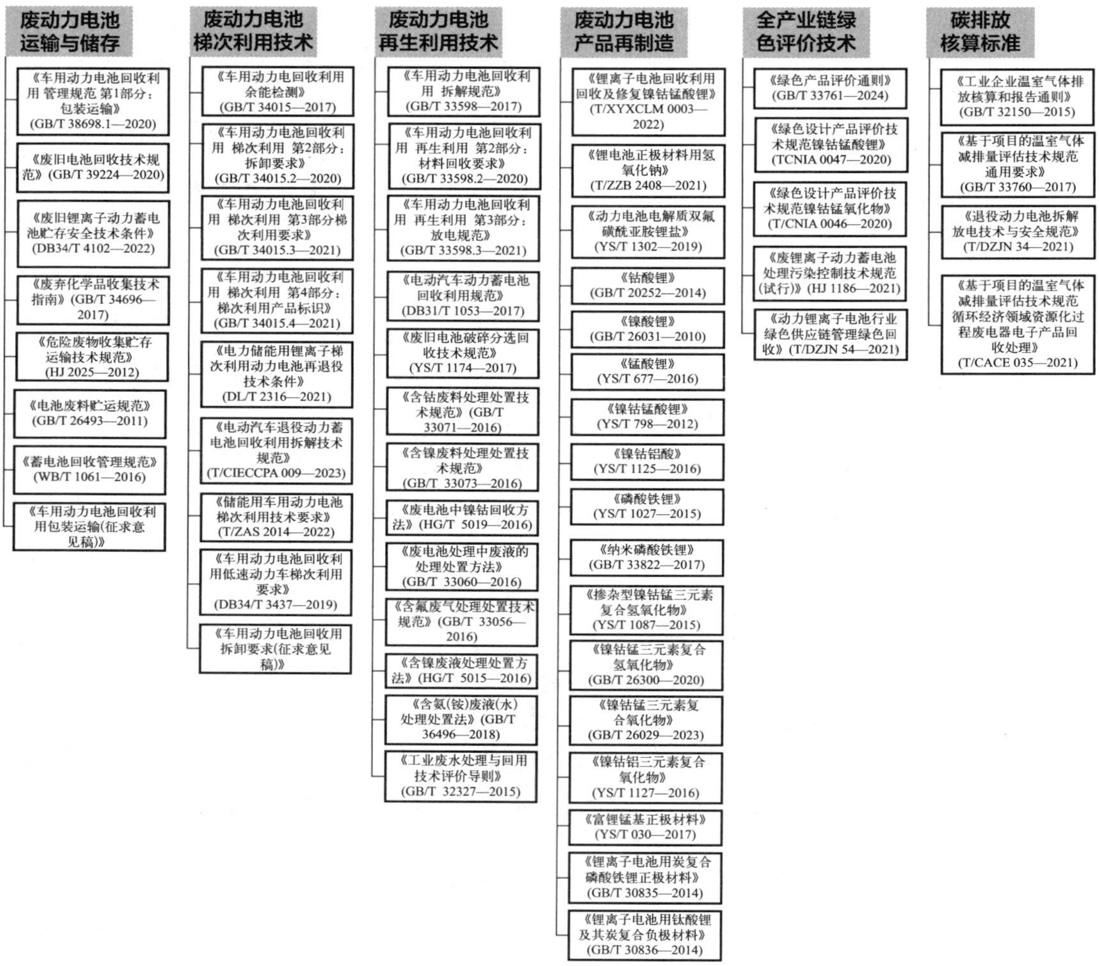

图 4.3 废旧动力电池资源化全产业链标准体系

1）废动力电池运输与储存

在废旧动力电池运输与储存阶段，根据现有标准《车用动力电池回收利用 管理规范 第 1 部分：包装运输》（GB/T 38698.1—2020）、《废旧电池回收技术规范》（GB/T 39224—2020）、《废旧锂离子动力蓄电池贮存安全技术条件》（DB34/T 4102—2022）、《废弃化学品收集技术指南》（GB/T 34696—2017）、《危险废物收集 贮存 运输技术规范》（HJ 2025—2012）、《电池废料贮运规范》（GB/T 26493—2011）、《废蓄电池回收管理规范》（WB/T 1061—2016），废弃化学品应按规定将其集中收集并装入适当的容器中（锂离子电池采用塑料槽或铁桶，废极片料采用塑料编织袋或铁桶），对其性质进行标识后，分区贮存；危险废物收集、贮存、运输时应按其危险特性对危险废物进行分类、包装并设置相应的标志及标签。

2）废动力电池梯次利用

在废动力电池梯次利用阶段，根据现有标准《车用动力电池回收利用 梯次利用 第 2 部分：拆卸要求》（GB/T 34015.2—2020）、《车用动力电池回收利用 梯次利用 第 3 部分：梯次利用要求》（GB/T 34015.3—2021）、《车用动力电池回收利用 梯次利用 第 4 部分：梯次利用产品标识》（GB/T 34015.4—2021）、《电力储能用锂离子梯次利用动力电池再退役技术条件》（DL/T 2316—2021）、《电动汽车退役动力蓄电池回收利用拆解技术规范》（T/CIECCPA 009—2023）、《储能用车用动力电池梯次利用技术要求》（T/ZAS 2014—2022）、《车用动力电池回收利用低速动力车梯次利用要求》（DB34/T 3437—2019）、《车用动力电回收利用 余能检测》（GB/T 34015—2017）和《车用动力电池回收用拆卸要求（征求意见稿）》，拆卸、拆解作业单位应具备专用工具及设备和防护装备，由专业人员根据程序进行拆卸、拆解作业，拆卸单位在得到废旧动力电池后，应将废旧动力电池交由符合国家规定的企业进行后续处理。后续应建立针对不同批次甚至不同厂家的动力电池模组分组及成组的集成技术的相关标准。

3）废动力电池再生利用技术

在废动力电池再生利用阶段，涉及废动力电池放电、预处理、金属提取、环境保护等过程。现有该阶段的标准，主要是针对废动力电池和电池生产废料及再生处理过程中产生的废气、废水处理方法所建立的标准，包括《车用动力电池回收利用 拆解规范》（GB/T 33598—2017）、《车用动力电池回收利用 再生利用 第 2 部分：材料回收要求》（GB/T 33598.2—2020）、《车用动力电池回收利用 再生利用 第 3 部分：放电规范》（GB/T 33598.3—2021）、《电动汽车动力蓄电池回收利用规范》（DB31/T 1053—2017）、《废旧电池破碎分选回收技术规范》（YS/T 1174—2017）、《含钴废料处理处置技术规范》（GB/T 33071—2016）、《含镍废料处理处置技术规范》（GB/T 33073—2016）、《废电池中镍钴回收方法》（HG/T 5019—2016）、《废电池处理中废液的处理处置方法》（GB/T 33060—2016）、《含氟废气处理处置技术规范》（GB/T 33056—2016）、《含镍废液处理处置方法》（HG/T 5015—2016）、《含氨（铵）废液处理处置方法》（GB/T 36496—2018）、《工业废水处理与回用技术评价导则》（GB/T 32327—2015），但目前针对废动力电池再生过程中各步产生的特征污染物分析及其污染防治技术规范较为缺乏。

4）废动力电池产品再制造

废动力电池产品再制造阶段，涉及正极材料及其前驱体的生产过程。现有该阶段的标准按照一次资源制备锂离子电池产品执行，主要是针对产品生产工艺及其产品化学指标所建立的标准，如《锂离子电池回收利用回收及修复镍钴锰酸锂》（T/XYXCLM 0003—2022）、《锂电池正极材料用氢氧化钠》（T/ZZB 2408—2021）、《动力电池电解质双氟磺酰亚胺锂盐》（YS/T 1302—2019）、《钴酸锂》（GB/T 20252—2014）、《镍酸锂》（GB/T 26031—2010）、《锰酸锂》（YS/T 677—2016）、《镍钴锰酸锂》（YS/T 798—2012）、《镍钴铝酸锂》（YS/T 1125—2016）、《磷酸铁锂》（YS/T 1027—2015）、《纳米磷酸铁锂》

（GB/T 33822—2017）、《掺杂型镍钴锰三元素复合氢氧化物》（YS/T 1087—2015）、《镍钴锰三元素复合氢氧化物》（GB/T 26300—2020）、《镍钴锰三元素复合氧化物》（GB/T 26029—2023）、《镍钴铝三元素复合氢氧化物》（YS/T 1127—2016）、《富锂锰基正极材料》（YS/T 1030—2017）、《锂离子电池用炭复合磷酸铁锂正极材料》（GB/T 30835—2014）、《锂离子电池用钛酸锂及其炭复合负极材料》（GB/T 30836—2014）。

5）全产业链绿色评价技术

废旧动力电池资源化全产业链标准体系，须建立在现有标准《绿色产品评价通则》（GB/T 33761—2024）的基础上通过对产品层面 4 个属性——资源属性指标、能源属性指标、环境属性指标和品质属性指标的规定，以及企业层面的关键指标确定，设立相关权重，提出废旧动力电池资源化全产业链全过程绿色标准评价体系。目前，已有 2 个团体标准《绿色设计产品评价技术规范镍钴锰酸锂》（TCNIA 0047—2020）和《绿色设计产品评价技术规范镍钴锰氢氧化物》（T/CNIA 0046—2020）以及《废锂离子动力蓄电池处理污染控制技术规范（试行）》（HJ 1186—2021）、《动力锂离子电池行业绿色供应链管理绿色回收》（T/DZJN 54—2021）。

6）碳排放核算标准

通过应用碳排放核算标准，可以对废旧动力电池回收和处理过程中的碳排放进行准确核算，有助于制定有效的碳减排策略。我国碳排放核算标准包括《工业企业温室气体排放核算和报告通则》（GB/T 32150—2015）、《基于项目的温室气体减排量评估技术规范 通用要求》（GB/T 33760—2017）两项标准和《退役动力电池拆解 放电技术与安全规范》（T/DZJN 34—2021）、《基于项目的温室气体减排量评估技术规范 循环经济领域资源化过程 废电器电子产品回收处理》（T/CACE 035—2021）两项团标。

欧盟早在 2006 年就颁布了《电池指令》，并在 2023 年出台《欧盟电池和废电池法规》，我国的碳排放核算标准要关注以下几个方面，以做到与国际接轨，提升国际竞争力：

① 参考国际上已有的碳排放核算标准，如联合国温室气体排放清单编制指南（IPCC 指南）、国际标准化组织（ISO）的相关标准等；

② 对欧盟电池法的要求进行分析和理解，确保我国的碳排放核算标准与欧盟法规保持一致，以便适应国际市场；

③ 建立完善的数据收集和报告体系，不断优化碳排放核算方法与技术等。

**（2）废旧动力电池循环利用相关标准**

据不完全统计（表 4.2），截至 2023 年，已发布有关退役动力电池的标准共 19 项、行业标准 21 项。这些标准规范约束了废旧动力电池回收利用的某一阶段的生产行为或指标，但上述标准的可操作性仍存在不足。根据动力电池回收利用行业面临的问题，急需制定退役动力电池梯次利用安全性评价规范、退役动力电池容量余能与剩余循环寿命性能评价规范、退役动力电池残值评价规范，需要从企业生产管理角度，提出详细的工艺技术、装备、回收率、环境保护等方面的规范要求和技术标准。

表 4.2　废旧动力电池相关标准

| 标准号 | 名称 | 主要内容摘录 |
| --- | --- | --- |
| GB/T 34015.2—2020 | 《车用动力电池回收利用 梯次利用 第 2 部分：拆卸要求》 | 电池样品拆解规范规定了电池包或模块的拆卸过程中的场地、设施、人员及作业要求。实际上拆解规范就是电池进入回收流程的第一步“样品准备”阶段 |
| GB/T 34015.3—2021 | 《车用动力电池回收利用 梯次利用 第 3 部分：梯次利用要求》 | 标准依据电池处置程序规定了分类、拆解、报废等一般要求，要求企业获取电池数据并根据梯次利用场景应用需求制定安全性评估规范和性能评估规范，并规定了梯次利用产品余能、循环寿命、安全性等基本性能要求 |
| GB/T 34015.4—2021 | 《车用动力电池回收利用 梯次利用 第 4 部分：梯次利用产品标识》 | 标准规定了梯次利用产品标识应包括梯次利用产品标志、产品中文名称、梯次利用生产企业名称或注册商标、梯次利用产品生产日期、规格型号、执行标准以及梯次利用产品编码等信息 |
| GB/T 38698.1—2020 | 《车用动力电池回收利用 管理规范 第 1 部分：包装运输》 | 作为电池进入回收流程的第二步“样品包装运输”阶段的管理规范，该标准依据退役车用电池各项指标进行安全判定后将电池分为 A、B 和 C 三类，之后对这三类电池分别进行不同等级的包装，以保证后期运输的安全性。从分类、包装、标志和运输等多个方面规范拆解后的车用电池的包装运输要求，有助于推动车用电池回收利用交易市场的建立 |
| GB/T 38698.2—2023 | 《车用动力电池回收利用 管理规范 第 2 部分：回收服务网点》 | 标准规定了车用动力电池回收服务网点的建设、作业以及安全环保及应急要求。适用于回收废旧动力电池包、模组及单体的回收服务网点建设、管理及运行。消费、储能等其他类型锂离子电池回收网点参照执行 |
| GB/T 33598.2—2020 | 《车用动力电池回收利用 再生利用 第 2 部分：材料回收要求》 | 标准规定了电池进入回收流程的第三步“金属材料回收”阶段时的人员、场地、作业流程等方面的安全和环保安全规则。要求锂离子动力蓄电池材料中镍、钴、锰的综合回收率不低于 98%，锂的回收率不低于 85%，镍氢动力蓄电池材料中镍的回收率不低于 98%，稀土等其他元素的回收率不低于 95%；此外还考虑单体电池化学材料可能造成环境污染提出了污染控制及管理要求，充分体现了绿色回收利用的理念 |
| GB/T 33598.3—2021 | 《车用动力电池回收利用 再生利用 第 3 部分：放电规范》 | 本文件规定了车用动力电池回收利用放电过程的术语和定义、基本要求、放电工艺选择及放电方法、存储要求和环保措施。本文件适用于退役车用动力锂离子蓄电池再生利用的放电过程 |
| GB/T 34015—2017 | 《车用动力电池回收利用 余能检测》 | 标准规定了车用废旧动力蓄电池余能检测的术语和定义、符号、检测要求、检测流程及检测方法。本标准适用于车用废旧锂离子动力蓄电池和金属氢化物镍动力蓄电池单体、模块的余能检测 |
| GB/T 33598—2017 | 《车用动力电池回收利用 拆解规范》 | 适用于车用废旧锂离子动力蓄电池、金属氢化物镍动力蓄电池的蓄电池包（组）、模块的拆解，不适用于车用废旧动力蓄电池单体的拆解；回收、拆解企业应具有国家法律法规规定的相关资质，如经营范围包括废旧电池类的危险废物经营许可证，应按照生产企业提供的拆解信息或拆解手册，制定拆解作业程序或拆解作业指导书，进行安全拆解；拆解企业宜采用机械或自动化拆解方式，以提高拆解效率及安全性；规定了废旧动力蓄电池拆解作业程序图，并对预处理、拆解工具、拆解方式作明确要求 |

续表

| 标准号 | 名称 | 主要内容摘录 |
|---|---|---|
| GB/T 39224—2020 | 《废旧电池回收技术规范》 | 本标准规定了废旧电池回收的总体要求、收集要求、分拣要求、运输要求和贮存要求。本标准适用于废旧电池回收全过程，属于危险废物的废旧电池除外 |
| GB/T 33059—2016 | 《锂离子电池材料废弃物回收利用的处理方法》 | 标准适用于锂离子电池材料废弃物中镍、钴、锰、铜、铝的湿法回收处理方法；锂离子电池材料废弃物是指锂离子电池生产过程产生的不合格极片、报废极片，以及电极材料废弃的浆料、粉末等；规定了湿法回收工艺流程及控制条件要求；含钴离子废水排放浓度应符合 GB 25467 要求，其余废水排放执行 GB 8978 要求 |
| GB/T 33060—2016 | 《废电池处理中废液的处理处置方法》 | 标准适用于废电池（仅指废锂离子电池和废镍氢电池）回收利用中废液的处理处置；废液是指回收过程中产生的包括电解液、金属离子再利用过程中产生的废液等；废电池中的电解液经焚烧处理，产生的废气中含有氟化氢、二氧化碳、五氧化二磷等酸性气体，用碱液对其进行吸收；规定了电解液的处理处置工艺流程和工艺控制要求；规定了金属离子再利用过程中产生的废液的处理处置工艺流程和工艺控制要求；含钴离子废水排放浓度应符合 GB 25467 要求，其余废水排放执行 GB 8978 要求 |
| GB/T 34695—2025 | 《废弃电池化学品处理处置术语》 | 规定了废弃电池化学品处理处置术语。适用于废弃电池化学品的分类、收集、贮存、运输、回收、处理和处置及日常管理等相关活动 |
| GB/T 36576—2018 | 《废电池分类及代码》 | 规定了废电池的术语和定义、分类方法、编码规则和代码结构、分类和代码。适用于废电池的回收、再生利用和处理处置 |
| GB/T 38013—2019 | 《含锂废料处理处置方法》 | 规定了含锂废料的来源、处理处置方法和环境保护要求。适用于含锂废料的处理处置 |
| HJ 1186—2021 | 《废锂离子动力蓄电池处理污染控制技术规范（试行）》 | 规定了废锂离子动力蓄电池处理的总体要求、处理过程污染控制技术要求、污染物排放控制与环境监测要求和运行环境管理要求。适用于废锂离子动力蓄电池处理过程的污染控制，可作为废锂离子动力蓄电池处理有关建设项目环境影响评价、建设运行、竣工环境保护验收、排污许可管理等的技术参考依据。储能类、消费类等其他类型的废锂离子电池，以及锂离子电池生产废料处理过程的污染控制，可参照本标准执行 |
| WB/T 1061—2016 | 《废蓄电池回收管理规范》 | 规定了废电池的分类、手机、运输及贮存等回收管理要求；废蓄电池分为危险型废蓄电池和一般型废蓄电池，含锂废蓄电池属于一般型；不应擅自对废蓄电池进行拆解，尤其不应擅自倾倒、丢弃废蓄电池中的酸性或碱性电解液；废锂离子电池运输要做好防火措施；分类贮存，做好标志与标签，标签需注明废蓄电池种类、危险特性及开始贮存时间 |

续表

| 标准号 | 名称 | 主要内容摘录 |
| --- | --- | --- |
| HG/T 5019—2016 | 《废电池中镍钴回收方法》 | 适用于湿法回收废电池（仅指含镍元素或钴元素的锂离子电池、镍氢电池及电芯）中镍钴元素的回收过程；规定了湿法回收工艺流程及控制条件要求；沉淀除杂工艺铜、铁、铝的去除率应不低于 99%，钙、镁去除率应不低于 95%；镍回收率应不低于 95%，钴回收率应不低于 90%；含钴离子废水排放浓度应符合 GB 25467 要求，其余废水排放执行 GB 8978 要求 |
| HJ 1034—2019 | 《排污许可证申请与核发技术规范 废弃资源加工工业》 | 废弃资源加工工业包括动力电池再生利用行业，其特征污染物排放总量，应符合排放标准，申请并取得排污许可证 |
| SB/T 10901—2012 | 《废电池分类》 | 规定了废电池的分类原则、类别及要求。适用于各生产工序中产生的电池废料废件，使用过程、流通及回收处理领域产生的废电池 |
| YS/T 1174—2017 | 《废旧电池破碎分选回收技术规范》 | 规定了废旧锂离子电池和镍氢电池破碎分选回收处理过程的术语和定义、总体要求、破碎分选、安全环保要求。适用于湿法冶炼处理废旧锂离子电池和镍氢电池（包括废旧小型电池、动力蓄电池包、蓄电池模块、单体电池）的破碎分选 |
| YS/T 1342.1—2019 | 《二次电池废料化学分析方法 第 1 部分：镍含量的测定 丁二酮肟重量法和火焰原子吸收光谱法》 | 规定了二次电池废料中镍含量的测定方法。适用于二次电池废料中镍含量的测定。丁二酮肟重量法测定范围＞5.00%～70.00%；火焰原子吸收光谱法测定范围：1.00%～5.00% |
| YS/T 1342.2—2019 | 《二次电池废料化学分析方法 第 2 部分：钴含量的测定 电位滴定法和火焰原子吸收光谱法》 | 规定了二次电池废料中钴含量的测定方法。适用于二次电池废料中钴含量的测定。电位滴定法测定范围＞5.00%～60.00%；火焰原子吸收光谱法测定范围：1.00%～5.00% |
| YS/T 1342.3—2019 | 《二次电池废料化学分析方法 第 3 部分：锰含量的测定 电位滴定法和火焰原子吸收光谱法》 | 规定了二次电池废料中锰含量的测定方法。适用于二次电池废料中锰含量的测定。电位滴定法测定范围：＞5.00%～60.00%；火焰原子吸收光谱法测定范围：0.10%～5.00% |
| HG/T 5545—2019 | 《锂离子电池材料废弃物中镍含量的测定》 | 规定了锂离子电池材料废弃物中镍含量测定方法的术语和定义、一般规定、试样制备及丁二酮肟重量法和电感耦合等离子体发射光谱法两种检测方法。适用于锂离子电池材料废弃物中镍含量的测定，丁二酮肟重量法测定范围大于 5.00%，电感耦合等离子体发射光谱法测定范围不大于 5.00% |
| YD/T 3768.1—2020 | 《通信基站梯次利用车用动力电池的技术要求与试验方法 第 1 部分：磷酸铁锂电池》 | 规定了通信基站用梯次利用车用动力磷酸铁锂电池 / 电池组的分类和系列、技术要求、试验方法、检验规则及标志、包装、运输和储存。适用于退役车用动力电池单体再成组或模块再成组的集成式或分立式 48V 通信用梯次磷酸铁锂电池组 |
| YS/T 1342.4—2019 | 《二次电池废料化学分析方法 第 4 部分：锂含量的测定 火焰原子吸收光谱法》 | 规定了二次电池废料中锂含量的测定方法。适用于二次电池废料中锂含量的测定。测定范围：1.00%～8.50% |

续表

| 标准号 | 名称 | 主要内容摘录 |
|---|---|---|
| HG/T 5812—2020 | 《含锂废料回收利用方法》 | 规定了含锂废料回收利用的术语和定义、回收利用方法、处理结果、环境保护要求和安全要求。适用于磷酸铁锂和含镍或钴的锂离子废电池以及电池材料废弃物的湿法回收利用 |
| HG/T 5815—2020 | 《废电池化学放电技术规范》 | 规定了废电池化学放电的术语和定义、总体要求、化学放电技术要求以及环境保护要求。适用于废锂离子电池的化学放电，其他类型废电池的化学放电可参照执行。不适用于铅酸电池的化学放电 |
| HG/T 5816—2020 | 《废电池回收热解技术规范》 | 规定了废电池回收处理过程中热解的术语和定义、总体要求、热解技术要求及环境保护要求。适用于废锂离子电池和废镍氢电池的热解，其他类型电池热解参照执行。不适用于铅酸电池的热解 |
| WB/T 1105—2020 | 《废旧动力蓄电池金属物流箱技术要求》 | 规定了废旧动力蓄电池物流箱的术语和定义、要求、试验方法、检验规则、标志、运输和贮存。适用于盛装废旧锂离子动力蓄电池和废旧金属氢化物 / 镍动力蓄电池的金属物流箱（以下简称物流箱）。其他类型蓄电池的包装运输可参照执行，不适用于盛装铅酸蓄电池 |
| QC/T 1156—2021 | 《车用动力电池回收利用 单体拆解技术规范》 | 规定了车用动力电池单体拆解的术语和定义、总体要求、作业要求、贮存和管理要求、安全环保要求。适用于退役车用动力锂离子单体蓄电池的拆解 |
| HG/T 5963—2021 | 《废电池冷却液处理处置技术规范》 | 规定了废电池冷却液（以下简称冷却液）的一般要求、处理处置要求及运行管理要求。适用于各类动力电池的冷却液处理处置 |
| NB/T 10826—2021 | 《车用动力电池回收利用 电芯绝缘性能及容量评定方法》 | 规定了车用废旧动力电池电芯绝缘性能及容量评定的术语和定义、标志和标识、检测要求、试验方法、试验结果、试验数据的分散性和试验报告。适用于车用废旧动力电池电芯绝缘性能及容量评定，其他废旧电池电芯绝缘性能及容量评定也可参照执行 |
| WB/T 1120—2020 | 《废旧动力蓄电池回收服务规范》 | 规定了废旧动力蓄电池回收服务规范的术语和定义、总体要求、服务流程、评估与改进。适用于综合利用企业回收废旧动力蓄电池的服务活动，回收服务网点可参照执行 |
| HG/T 6124—2022 | 《废弃锂电池处理处置行业绿色工厂评价要求》 | 规定了废弃锂电池处理处置行业绿色工厂的评价总则、评价指标及要求和评价程序。适用于废弃锂电池处理处置行业再生利用企业的绿色工厂评价 |
| WB/T 1136—2023 | 《新能源汽车废旧动力蓄电池 物流追溯信息管理要求》 | 规定了新能源汽车废旧动力蓄电池物流追溯信息管理的基本要求、追溯信息、追溯标签、追溯信息采集、信息管理以及追溯信息服务要求。适用于新能源汽车废旧动力蓄电池物流追溯信息管理活动 |
| JT/T 617—2018 | 《危险货物道路运输规则》 | 锂离子电池按危险货物管理，道路运输应符合锂离子电池包装、堆放、运输车辆与消防等管理要求 |

续表

| 标准号 | 名称 | 主要内容摘录 |
| --- | --- | --- |
| GB/T 38698.1—2020 | 《车用动力电池回收利用 管理规范 第 1 部分：包装运输》 | 规定了车用退役动力电池回收利用包装运输的术语和定义、分类要求、一般要求、包装要求、运输要求以及标志要求。该标准适用于电动汽车退役锂离子动力蓄电池包、模组、单体的包装和道路运输，其他类型车用动力蓄电池及其他运输方式（如铁路运输、水路运输等）可参照执行。该标准不适用于铅酸蓄电池 |
| GB/T 34014—2017 | 《汽车动力蓄电池编码规则》 | 包括动力电池生产产品与梯次利用电池的编码规则与管理要求 |
| GB 12268—2025 | 《危险货物品名表》 | 危险货物品名包括了锂离子电池组，装在设备中的锂离子电池组或同设备包装在一起的锂离子电池组。锂离子电池涵盖锂原电池和锂离子电池 |
| YS/T 1302—2019 | 《动力电池电解质双氟磺酰亚胺锂盐》 | 本标准规定了动力电池电解质双氟磺酰亚胺锂盐的技术要求、试验方法、检验规则、标志、包装、运输、贮存及质量证明书、订货单（或合同）内容。本标准适用于动力锂电池电解质用双氟磺酰亚胺锂盐 |
| DB34/T 3437—2019 | 《车用动力电池回收利用低速动力车梯次利用要求》 | 本标准规定了车用动力电池回收利用低速动力车梯次利用的术语和定义、符号、工艺流程、技术要求及试验方法。本标准适用于车用动力电池回收利用的低速动力车用梯次利用电池组 |
| GB/T 44132—2024 | 《车用动力电池回收利用 通用要求》 | 提供退役动力电池回收利用的总体技术框架，明确全生命周期管理的基本原则和要求 |
| GB/T 34015.5—2025 | 《车用动力电池回收利用 梯次利用 第 5 部分：可梯次利用设计指南》 | 规范梯次利用电池的设计标准，推动其在储能、低速电动车等场景的安全应用 |
| GB/T 45203—2024 | 《锂离子电池用再生黑粉》 | 规定再生黑粉的化学指标（如镍钴总量、锂含量等）及杂质控制标准 |
| GB/T 32151.46—2024 | 《温室气体排放核算与报告要求 第 46 部分：废弃电池处理处置企业》 | 国内首个针对电池回收企业的碳排放核算标准，推动行业低碳转型 |

## 4.2 动力电池资源安全和生产安全相关政策

### 4.2.1 资源安全相关政策

从我国锂资源分布来看，我国约 80% 锂资源是盐湖资源，主要分布在青海、西藏等省（区），而矿石锂资源主要集中于四川、江西、湖南、新疆 4 省份。我国锂资源提取难度较大，70% 的锂还依赖进口。

我国钴储量占全球总储量的 1.05%，目前已知的钴矿产地有 150 余处，分布于

24个省（区），主要分布在甘肃、山东、云南、河北、青海、山西6省份。我国钴资源分布散、规模小、品质低，开发难度大，国内供少需多导致钴原材料对外依赖程度高。

目前，新能源汽车产业是对动力电池需求量最大的下游企业，动力电池作为新能源汽车的动力来源，其性能高低直接关系到车辆续航里程的长短。动力电池作为新能源汽车发展的标志性技术，具有重要的战略意义。我国针对动力电池的若干鼓励政策其目的是推进新能源汽车产业快速发展与核心技术不断创新。

**（1）国家政策**

随着国内新能源汽车的快速发展，在动力电池上消耗的锂盐与钴盐逐年增加，而退役动力电池的回收却面临着诸如回收标准不统一、回收定价模式不统一以及回收监管不统一的问题，使得退役动力电池资源的回收未达到相应的水平。

随着新增资源开发项目产能逐步释放，锂钴等资源的供应将大幅增长。因此，加强动力电池的回收管理，提高对动力电池资源安全保护极为紧迫。从我国动力电池行业的政策环境来看，国家部委非常重视动力电池资源安全方面，表4.3列举了国务院、国家发展改革委、工业和信息化部等联合发布或在各自职能业务范围内发布的多项政策，对于动力电池资源高质化利用以及促进动力电池行业蓬勃发展起到重要的作用。近期国家有关部委针对动力电池资源安全方面出台的政策包括以下几条。

① 2023年1月，工业和信息化部等六部发布《关于推动能源电子产业发展的指导意见》，要求提高锂、镍、钴、铂等关键资源保障能力，加强替代材料的开发应用。

② 2022年9月，国务院发布的《关于深化电子电器行业管理制度改革的意见》提出，落实废弃电子电器产品处理税收优惠政策。充分发挥现行资源综合利用税收优惠政策的激励引导作用，合理降低废弃电子电器产品处理企业负担。

③ 2022年，工业和信息化部发布的《加快推动工业资源综合利用》要求着力延伸再生资源精深加工产业链条，促进钢铁、铜、铝、锌、镍、钴、锂等战略性金属废碎料的高效再生利用，提升再生资源高值化利用水平。

④ 2020年，国务院办公厅印发的《新能源汽车产业发展规划（2021—2035年）》提出，鼓励企业提高锂、镍、钴等关键资源保障能力；完善动力电池回收、梯级利用和再资源化的循环利用体系，鼓励共建共用回收渠道；建立健全动力电池运输仓储、维修保养、安全检验、退役退出、回收利用等环节管理制度，加强全生命周期监管。

表4.3 动力电池资源安全国家政策

| 时间 | 部门 | 政策名称 | 主要内容摘要 |
|---|---|---|---|
| 2011年 | 工业和信息化部、科学技术部、财政部 | 《再生有色金属产业发展推进计划》 | 研究制定再生铜、再生铝和再生铅等行业准入条件，明确再生有色金属行业企业规模、技术装备、综合能耗、节能环保等准入指标，提高产业准入门槛，促进产业结构优化，规范行业秩序，提升资源综合利用率和节能环保水平，引导生产要素向优势企业集中。严格执行国家产业政策和项目审核管理规定，强化节能评估审查、环境影响评价和用地审查，重点推进现有企业技术改造和产业调整升级，从严控制总量，防止低水平重复建设和盲目扩张 |

续表

| 时间 | 部门 | 政策名称 | 主要内容摘要 |
|---|---|---|---|
| 2012 年 | 国务院 | 《找矿突破战略行动纲要（2011—2020 年）》 | 优选有望形成大型 - 特大型后备资源基地的矿集区，统筹调动企业、地勘单位的资金与技术力量，加大勘查投入、加快勘查进度，实施整装勘查，尽快实现找矿重大突破，增加重要矿产资源储量，形成大型矿产资源基地，建立重要矿产资源储备体系。围绕铀、铁、铜、铝、钾盐、铅、锌、金等重点矿种，首批优选 47 个国家重点勘查区进行整装勘查，动态评估其他重点勘查区工作进展，滚动调整整装勘查区名录，10 年共部署约 100 个整装勘查区。同时，兼顾锰、镍、铬、银、煤炭、钨、锡、钼、锑、稀土以及金刚石、高纯石英、石墨等矿产勘查 |
| 2013 年 | 工业和信息化部 | 《关于有色金属工业节能减排的指导意见》 | 强化财政税收政策支持引导作用。围绕钨、锡、锑、钼、铟、稀土等优势战略金属资源，加快研究制定能充分反映资源价值的税费政策。加大对有色金属工业重大、关键、共性节能减排与资源综合利用技术研发的科技投入力度。研究制定支持再生有色金属产业发展、赤泥综合利用的相关财政税收政策 |
| 2016 年 | 国务院 | 《“十三五”国家战略性新兴产业发展规划》 | 推动稀土、钨钼、钒钛、锂、石墨等特色资源高质化利用，加强专用工艺和技术研发，推进共伴生矿资源平衡利用，支持建立专业化的特色资源新材料回收利用基地、矿物功能材料制造基地 |
| 2016 年 | 工业和信息化部 | 《有色金属工业发展规划（2016—2020 年）》 | 围绕国家找矿突破行动，推进甘肃、新疆、云南、青海、内蒙古等省（区）铜、镍、锂等重点成矿区带矿产远景调查与找矿预测。积极开展矿山密集区和老矿山的深部边部勘察，实现新老矿山有序接替。鼓励铜、铝、镍等紧缺矿产以及金银等贵金属矿加快勘探开发；完善钨等优势矿产限产保值机制，合理调控钨矿开采总量控制指标 |
| 2017 年 | 工业和信息化部、商务部、科技部 | 《关于加快推进再生资源产业发展的指导意见》 | 加大政策支持力度。发挥财政资金对产业发展的引导作用，加大工业转型升级、节能减排等专项财政资金支持力度。落实资源综合利用税收优惠政策，加快再生产品、再制造等绿色产品的推广应用。发展绿色信贷，支持符合条件的再生资源企业，通过上市、发行企业债券、票据等多渠道筹措资金，破解企业融资难题 |
| 2017 年 | 工业和信息化部、发展改革委、科技部、财政部 | 《促进汽车动力电池产业发展行动方案》 | 通过重大短板装备升级工程等，推进智能化制造成套装备产业化，鼓励动力电池生产企业与装备生产企业等强强联合，探索构建资本与风险共担的合作模式，加强关键环节制造设备的协同攻关，推进数字化制造成套装备产业化发展，提升装备精度的稳定性和可靠性以及智能化水平，有效满足动力电池生产制造、资源回收利用的需求 |
| 2018 年 | 工业和信息化部、科学技术部、生态环境部、交通运输部、商务部、国家市场监督管理总局、国家能源局 | 《新能源汽车动力蓄电池回收利用管理暂行办法》 | 第十八条 鼓励电池生产企业与综合利用企业合作，在保证安全可控前提下，按照先梯次利用后再生利用原则，对废旧动力蓄电池开展多层次、多用途的合理利用，降低综合能耗，提高能源利用效率，提升综合利用水平与经济效益，并保障不可利用残余物的环保处置。<br>第十九条 综合利用企业应符合《新能源汽车废旧动力蓄电池综合利用行业规范条件》（工业和信息化部公告 2016 年第 6 号）的规模、装备和工艺等要求，鼓励采用先进适用的技术工艺及装备，开展梯次利用和再生利用 |

续表

| 时间 | 部门 | 政策名称 | 主要内容摘要 |
|---|---|---|---|
| 2018年 | 工业和信息化部、中国农业银行 | 《关于推进金融支持县域工业绿色发展工作的通知》 | 支持有条件的地方大力发展附加值高、能源资源消耗少的电子信息和装备制造等先进制造业。强化工业资源综合利用，推进产业绿色协同链接，促进县域范围内企业、园区、行业间协同共生，打造循环经济产业链 |
| 2018年 | 工业和信息化部、科技部、生态环境部、交通运输部、商务部、国家市场监督管理总局、能源局 | 《新能源汽车动力蓄电池回收利用管理暂行办法》 | 鼓励电池生产企业与综合利用企业合作，在保证安全可控前提下，按照先梯次利用后再生利用原则，对废旧动力蓄电池开展多层次、多用途的合理利用，降低综合能耗，提高能源利用效率，提升综合利用水平与经济效益，并保障不可利用残余物的环保处置 |
| 2019年 | 工业和信息化部 | 《锂离子电池行业规范条件（2018年本）》（已废止） | 锂离子电池行业的企业及项目应符合国家资源开发利用、环境保护、节能管理、安全生产等法律法规要求，符合国家产业政策和相关产业发展规划及布局要求，符合当地土地利用总体规划、城市总体规划、环境功能区划和环境保护规划等要求 |
| 2019年 | 工业和信息化部 | 《新能源汽车废旧动力蓄电池综合利用行业规范条件（2019年本）》 | 从事再生利用的企业，应积极开展针对正负极材料、隔膜、电解液等再生利用技术、设备、工艺的研发和应用，努力提高废旧动力蓄电池再生利用水平，通过冶炼或材料修复等方式保障主要有价金属得到有效回收。其中，镍、钴、锰的综合回收率应不低于98%，锂的回收率不低于85%，稀土等其他主要有价金属综合回收率不低于97%。采用材料修复工艺的，材料回收率应不低于90% |
| 2020年 | 自然资源部 | 《完善矿产资源储量动态更新机制 做好矿产资源国情调查工作》 | 健全完善矿产资源储量动态更新机制，摸清我国重要矿产资源数量、质量、结构和空间分布情况，是确保资源安全和经济安全的重要前提，是制定国家资源战略、决策、规划和完善产业政策，统筹资源开发与生态保护关系，以及合理配置资源、优化产业结构布局和推动区域经济发展的重要基础 |
| 2020年 | 国务院 | 《新能源汽车产业发展规划（2021—2035年）》 | 推动动力电池全价值链发展。鼓励企业提高锂、镍、钴、铂等关键资源保障能力 |
| 2022年 | 工业和信息化部、发展改革委、生态环境部 | 《工业领域碳达峰实施方案》 | 延伸再生资源精深加工产业链条，促进钢铁、铜、铝、铅、锌、镍、钴、锂、钨等高效再生循环利用 |
| 2022年 | 工业和信息化部 | 《加快推动工业资源综合利用》 | 着力延伸再生资源精深加工产业链条，促进钢铁、铜、铝、锌、镍、钴、锂等战略性金属废碎料的高效再生利用，提升再生资源高值化利用水平 |
| 2022年 | 国务院 | 《关于深化电子电器行业管理制度改革的意见》 | 充分发挥现行资源综合利用税收优惠政策的激励引导作用，合理降低废弃电子电器产品处理企业负担 |
| 2023年 | 工业和信息化部、教育部、科技部、人民银行、银保监会、能源局 | 《关于推动能源电子产业发展的指导意见》 | 提高锂、镍、钴、铂等关键资源保障能力，加强替代材料的开发应用。推广基于优势互补功率型和能量型电化学储能技术的混合储能系统。支持建立锂电等全生命周期溯源管理平台，开展电池碳足迹核算标准与方法研究，探索建立电池产品碳排放管理体系 |

续表

| 时间 | 部门 | 政策名称 | 主要内容摘要 |
| --- | --- | --- | --- |
| 2023 年 | 工业和信息化部 | 《镍钴矿采选与新能源产业协同发展指导意见》 | 推动镍钴资源与新能源汽车、储能产业协同发展，目标至 2025 年国内供应占比 60% |
| 2023 年 | 生态环境部 | 《锂资源开发环境保护管理法》 | 要求锂矿企业采用环保技术，确保废水废气达标排放，2023 年环保投入占总成本 10% |
| 2025 年 | 工业和信息化部 | 《新型储能制造业高质量发展行动方案》 | 加大对国内锂、钴、镍等矿产资源的找矿支持力度，科学有序投放矿业权，增强国内资源保障能力 |

国家有关部门颁布的关于动力电池资源安全方面的政策主要包括：

① 鼓励矿产资源的勘探开发，完善金属资源开采与保障能力；

② 提高锂、钴等关键金属资源的再生利用率；

③ 综合利用废旧动力电池，提高资源利用率；

④ 开展废旧动力电池的评估体系，探索建立电池碳排放管理体系。

总体上，针对锂和钴等关键资源的保障和管理已经受到重视，但仍存在一些管理规定上的不足。首先，针对锂资源，政策已经明确指出我国约 80% 的锂资源是盐湖资源，但对于矿石锂资源的管理尚未充分涉及。在钴资源开发方面，政策已经意识到国内供应不足且对外依赖程度高的问题，但还需要进一步加强针对钴资源开发的管理规定。在新能源汽车产业链中，动力电池作为核心部件，其资源安全显得尤为重要。政策文件提到了对动力电池资源回收管理的紧迫性，但具体的回收标准、定价模式和监管机制尚未形成统一规范。此外，在动力电池资源的高质化利用、循环利用体系的建立、管理制度的完善等方面仍存在待完善之处。为保障新能源产业链供应链的韧性和安全水平，还需要进一步完善管理规定，特别是针对矿石锂资源和动力电池资源回收管理方面的规范，以确保关键资源的稳定供应和循环利用，推动新能源产业链的可持续发展。

**（2）地方政策**

北京、天津等地方人民政府响应国家政策（表 4.4），根据地方实际情况，制定了一系列的资源保障措施，主要包括：提高有色金属资源利用率，确保锂、镍等金属高效再生循环利用；积极开展对外合作，增加我国锂钴资源贮备；加强矿产资源开发利用宏观调控，对动力电池原材料开采进行宏观管理等举措。这些举措一方面减少了锂钴资源浪费的情况，另一方面增强了我国动力电池研发进展。近些年地方人民政府出台的针对动力电池锂钴金属资源安全方面的政策包括以下几条。

① 2017 年，天津市人民政府发布的《关于加快实施企业“走出去”战略促进对外投资合作健康有序发展行动方案（2017—2020 年）的通知》通过促进对外合作贸易加强我国锂钴资源综合利用，具体要求为：对接澳大利亚北部大开发计划，在太阳能、风能等新能源技术开发及铁矿石、锂矿、石油、天然气、煤炭等能源资源勘探领域，推动天津市企业的投资合作。

② 2021 年，北京市人民政府发布了《北京市“十四五”时期高精尖产业发展规划》，该规划要求利用数字技术对能源物料、污染排放、废物处理与资源化利用等进行全过程智慧管控。鼓励再制造和资源综合利用，推动新能源汽车动力蓄电池高效梯次利用。

③ 2022 年，河北省人民政府发布的《河北省“十四五”时期“无废城市”建设工作方案》要求推进再生资源高效利用。提升再生铜、铝、钴、锂等战略金属资源回收利用比例，推动多种有价组分综合回收。

④ 2023 年，内蒙古自治区人民政府发布的《内蒙古自治区工业领域碳达峰实施方案》要求促进钢铁、铝、铜、锌、镍、锂等金属废碎料以及废塑料、废旧轮胎等高效再生循环利用。鼓励钢铁、有色金属等企业与回收加工企业合作，建设一体化大型废钢铁、废有色金属等回收加工配送中心。

⑤ 2023 年，山西省人民政府办公厅发布了《山西省“十四五”自然资源保护和利用规划》，该规划要求加快开展战略性矿产勘查行动。以铁、铜、铝、锂、金等紧缺战略性矿产为重点，以重点成矿区（带）为重点区域、实施省地勘基金项目，加大已知矿集区、矿区深部和外围找矿力度，为战略性矿产找矿圈定找矿靶区。加强战略性矿产资源成矿理论、找矿预测方法和勘查技术研究。对资源潜力大的地区，加大勘查力度，增加探明资源量；对已探明资源地区和老矿深部，加大勘探力度，增加可采储量。

表 4.4 动力电池资源安全地方政策

| 省 / 直辖市 | 时间 | 政策名称 | 主要内容摘要 |
|---|---|---|---|
| 北京 | 2017 年 | 《北京市“十三五”时期现代产业发展和重点功能区建设规划》 | 积极发展新能源和可再生能源，推动节能环保技术成果的转化和应用，做好资源回收综合利用，完善环保服务业标准体系，提高节能环保企业核心竞争力，促进节能环保产业发展水平全面提升 |
|  | 2021 年 | 《北京市“十四五”时期高精尖产业发展规划》 | 利用数字技术对能源物料、污染排放、废物处理与资源化利用等进行全过程智慧管控。鼓励再制造和资源综合利用，推动新能源汽车动力蓄电池高效梯次利用 |
| 河北 | 2011 年 | 《关于邢台市矿产资源总体规划（2011—2015 年）的批复》 | 加强矿产资源开发利用宏观调控。加强煤、铁、岩盐、玻璃用砂岩、水泥用灰岩等矿产资源开发利用，稳步提高煤炭、铁矿石的供应能力。限制开采超贫磁铁矿、含钴铁矿、石膏等矿产资源。严格执行《规划》确定的开采分区管理制度和准入条件，调整优化开发利用布局。落实资源节约优先战略，提高矿产资源综合利用水平 |
|  | 2012 年 | 《关于涉县等 4 个县（市、区）矿产资源总体规划（2011—2015 年）的批复》 | 落实资源节约优先战略，提高矿产资源综合利用水平，重点做好武安市、峰峰矿区、磁县等地薄煤层、“三下”压煤的资源开发，加快涉县含钾页岩、武安市含钴铁矿的科技攻关，提高共伴生资源综合利用水平 |
|  | 2022 年 | 《河北省“十四五”时期“无废城市”建设工作方案》 | 提升再生铜、铝、钴、锂等战略金属资源回收利用比例，推动多种有价组分综合回收 |
| 天津 | 2017 年 | 《关于加快实施企业“走出去”战略促进对外投资合作健康有序发展行动方案（2017—2020 年）的通知》 | 对接澳大利亚北部大开发计划，在太阳能、风能等新能源技术开发及铁矿石、锂矿、石油、天然气、煤炭等能源资源勘探领域，推动天津市企业的投资合作 |

续表

| 省 / 直辖市 | 时间 | 政策名称 | 主要内容摘要 |
| --- | --- | --- | --- |
| 山西 | 2023 年 | 《山西省“十四五”自然资源保护和利用规划》 | 加快战略性矿产勘查行动。加大对煤层气、页岩气、干热岩、地热能等清洁能源的勘查力度。以铁、铜、铝、锂、金等紧缺战略性矿产为重点，以重点成矿区（带）为重点区域、实施省地勘基金项目，加大已知矿集区、矿区深部和外围找矿力度，为战略性矿产找矿圈定找矿靶区。加强战略性矿产资源成矿理论、找矿预测方法和勘查技术研究。对资源潜力大的地区，加大勘查力度，增加探明资源量；对已探明资源地区和老矿深部，加大勘探力度，增加可采储量 |
| | 2023 年 | 《山西省 2021—2025 年矿产资源总体规划和煤层气资源勘查开发规划》 | 重点勘查矿种：加强财政资金投入，着重向重要紧缺矿种、战略性矿产、新型清洁能源等倾斜，引导并促进社会资本投入勘查。重点加强煤层气、页岩气、地热（浅层地温能、干热岩）等清洁能源和锂、铌、钽、晶质石墨、氦气等战略性新兴产业所需矿产资源的勘查力度，进一步勘查煤炭、铁、铝土矿、金、铜、铅、锌、钼、银、锰、金红石、冶镁白云岩、石膏、水泥用灰岩、玻璃用硅质原料、高岭土、矿泉水等矿产 |
| 内蒙古 | 2017 年 | 《自治区矿产资源总体规划（2016—2020 年）》 | 鼓励开采石油、天然气（煤层气）、铀矿、地热、铜、镍、铬、锰、钾盐、金、银及优质高效非金属矿产，鼓励清洁、高效利用煤炭资源 |
| | 2022 年 | 《内蒙古自治区矿产资源总体规划（2021—2025 年）》 | 在兴安盟中部 - 赤峰市北部、赤峰市南部敖汉旗地区，重点勘查开发铜、银、铁、铅、锌、锡、钼、金等金属资源，提高金属资源保障能力，建成重要的多金属资源基地 |
| | 2023 年 | 《内蒙古自治区工业领域碳达峰实施方案》 | 鼓励延伸再生资源精深加工产业链条，促进钢铁、铝、铜、锌、镍、锂等金属废碎料以及废塑料、废旧轮胎等高效再生循环利用。鼓励钢铁、有色金属等企业与回收加工企业合作，建设一体化大型废钢铁、废有色金属等回收加工配送中心 |
| 辽宁 | 2016 年 | 《辽宁省营造良好市场环境促进有色金属工业调结构促转型增效益实施方案》 | 提高尾矿资源综合利用以及熔炼渣、废气、废液和余热资源化利用水平，突破再生资源智能化识别分选、冶金分离、杂质控制和有毒元素无害化处理等共性关键技术和装备，提高有价元素回收和保级升级再利用水平 |
| | 2006 年 | 《辽宁省人民政府关于做好建设节约型社会重点工作的通知》 | 完善再生金属回收、加工、利用体系。以废钢铁、废有色金属、废轮胎、废旧家电及电子产品回收利用为重点，推进再生资源回收利用 |
| | 2014 年 | 《关于贯彻落实全国资源型城市可持续发展规划（2013—2020 年）的实施意见》 | 促进资源节约与综合利用。提高矿产资源采选回收水平，实施矿产资源采选回收率准入管理，制定开采回采率、选矿回收率、综合利用率等新建矿区准入标准，对生产矿山、油田、油页岩进行定期监督检查。严格执行《矿产资源节约与综合利用鼓励、限制和淘汰技术目录》，引导资源开采企业使用先进适用工艺技术，提高矿产资源采选回收水平。充分利用低品位、共伴生矿产资源，加强有色金属、贵金属、稀有稀散元素矿产等共伴生矿产采选回收 |

续表

| 省 / 直辖市 | 时间 | 政策名称 | 主要内容摘要 |
| --- | --- | --- | --- |
| 青海 | 2005 年 | 《青海省全面建设小康社会规划纲要》 | 加强对资源的勘探、保护与合理开发。加大资源勘探开发力度，提高石油、天然气资源，盐湖钾、锂资源，煤炭资源，有色金属、黑色金属、贵重金属资源的探明储量，为经济发展提供充足的资源保障 |
| | 2011 年 | 《青海省“十二五”工业和信息化发展规划》 | 围绕电解铝，铜、铅、锌、镍、钠、锂、钼等，合理规划产业规模和布局，建设有色金属冶炼及铝镁轻金属合金产业基地，大力发展有色金属下游精深加工产品和高附加值产品，着力构建铝、镁、铜等有色金属产业链，增强有色金属就地转化升值的能力；积极采用湿法冶金、变压吸附等先进技术，提高能源、资源利用率；以冶炼及延伸加工为主，形成高技术、多品种、低消耗、高产出、循环发展的产业发展格局 |
| 陕西 | 2019 年 | 《关于进一步加强企业技术改造的实施意见（2020—2022 年）》 | 加快钢铁、有色金属、能源化工、建材、机械、电子、轻工、食品、医药、纺织等传统产业绿色化改造升级，突破一批绿色设计、绿色制造关键共性技术，推广应用高效低碳技术和产品，推进资源高效、清洁、低碳、循环利用 |
| 云南 | 2022 年 | 《云南省新能源电池产业发展三年行动计划（2022—2024 年）》 | 合理利用省内磷、锂、镍、锰、铜、硅、铝、石墨等矿产资源，增强产业链自主可控能力，提升关键基础原材料供应链稳定性 |
| | 2022 年 | 《玉溪市“十四五”工业倍增实施方案》 | 积极推动新能源产业技术研究院项目、先进锂电池联合实验室项目、新能源电池检测中心项目、铁镍锂系列锂电材料项目、锂资源综合开发与利用研究院项目落户发展 |
| | 2022 年 | 《昆明市“十四五”工业高质量发展规划》 | 充分利用锂、锰、镍、铜、硅、铝、磷、石墨等矿产资源，增强产业链自主可控能力，提升关键基础原材料供应链稳定性。培育引进电池模组和电池包组装生产线，支持做大做强新能源电池终端产品 |
| | 2023 年 | 《云南省人民政府关于印发 2023 年推动经济稳进提质政策措施的通知》 | 加快锂、镍、磷等资源开发利用，加速贵金属二次资源富集现代产业基地二期项目建设，鼓励引导企业在特种钢、冷轧钢、钒钛应用等关键技术上取得突破 |

### 4.2.2 生产安全相关政策

电动汽车是汽车产业未来发展的重要战略方向，其作为战略性新兴产业地位十分明确。在国家政策的引导下，节能与新能源汽车的研发和产业化出现了前所未有的高潮。作为核心零部件的动力电池发展也紧随着新能源汽车的整体趋势在大幅度上升。以锂离子电池为代表的动力电池推进了新能源汽车发展浪潮的新革命，目前，随着锂离子电池技术的不断发展，锂离子电池在储能上的发展十分迅速，其应用也已经步入商业化运行阶段。不过，近年来锂离子电池频频引发火灾、造成伤亡，严重影响了人们的正常生产与生活，这使得部分民众对动力电池安全性的质疑不断增加。由此国家各部委针对动力电池生产安全方面颁布和修改了一系列的政策和标准。

**（1）动力电池引发的生产安全事故**

动力电池行业本身不是高危行业，但是各企业的生产技术水平、管理能力参差不齐，部分企业不能全面辨识安全生产风险和新风险，出现个别企业工厂的安全事故，引起行业安全性的不信任危机。特别是 2016 年以来连续发生了多起因动力电池引发的安全事故，造成了巨大的生命财产损失。

1）动力电池厂生产安全事故

动力电池生产过程中的部分安全事故见表 4.5。

表 4.5　动力电池生产过程中的部分安全事故

| 序号 | 时间 | 事故回放 | 事故原因 |
| --- | --- | --- | --- |
| 1 | 2016 年 3 月 22 日 | 2016 年 3 月 22 日凌晨，深圳美拜电子有限公司仓库发生意外起火。起火部位为美拜电子 A 栋四层距成品仓西墙 11m、北墙 5m 的电芯堆放处，预计损失在 2000 万元左右 | 堆放的电池电芯发生故障导致自燃 |
| 2 | 2016 年 7 月 25 日 | 2016 年 7 月 25 日清晨时分，在深圳宝安区福永福围二路福明盛工业园三楼一家电池厂突然起火，并未造成人员伤亡 | 电池老化或短路自燃导致 |
| 3 | 2017 年 11 月 30 日 | 2017 年 11 月 30 日晚，湖北省武汉市东西湖区孚特工业园 3 号楼一电池厂发生火灾，爆炸起火部位为武汉孚特科技有限公司违规临时设置在 3 号楼五楼临窗处的锂电池存储点。事故未造成人员伤亡 | 雨水渗入电池内部与金属锂发生化学反应，引发爆炸起火并导致相邻仓库物品被烧，系安全生产事故 |
| 4 | 2021 年 1 月 7 日 | 2021 年 1 月 7 日晚 6 时 12 分，湖南邦普循环科技有限公司老厂车间发生爆炸，事故共造成 1 人死亡、6 人重伤、14 人轻微伤 | 老厂废渣堆放车间的废铝箔起火发生爆炸，是由施工过程中管理不当引起的 |
| 5 | 2023 年 5 月 11 日 | 2023 年 5 月 11 日 22 时许，广东东莞石排镇向西沿河路北 21 号广东嘉拓新能源科技有限公司发生火灾，事故未造成人员伤亡 | 五楼活化房聚合物锂电池热失控爆燃 |

2）动力电池回收过程的安全事故

动力电池回收过程中的部分安全事故见表 4.6。

表 4.6　动力电池回收过程中的部分安全事故

| 序号 | 时间 | 事故回放 | 事故原因 |
| --- | --- | --- | --- |
| 1 | 2016 年 4 月 16 日 | 2016 年 4 月 16 日晚上 10 时许，位于深圳市龙岗区平湖嘉湖路辅城坳路段，一辆装有超 450kg 手机废旧电池的货车，在行驶过程中突然着火，消防人员赶到现场，经过两个小时将火扑灭，事故未造成人员伤亡 | 原因未知 |
| 2 | 2022 年 3 月 3 日 | 2022 年 3 月 3 日 1 时 33 分，东莞市塘厦清湖头社区，一厂房起火。接警后，塘厦消防大队迅速出动，及时将火灾扑灭，事故并无人员伤亡。着火部位为该建筑一层废料回收区，燃烧物为废旧电池及货架，过火面积约 $50m^2$ | 废料回收区的电池自燃引发火灾 |

续表

| 序号 | 时间 | 事故回放 | 事故原因 |
|---|---|---|---|
| 3 | 2022年6月13日 | 2022年6月13日，甘肃兰州金川科技园内一储藏200t左右的废旧锂电池仓库发生火灾。无人员伤亡 | 原因未知 |
| 4 | 2023年1月7日 | 2023年1月7日午间，位于江苏泰州泰兴经开区的格林美江苏钴业有限公司电池材料回收提纯车间发生火灾，未造成任何人员伤亡 | 事故具体原因正在调查确认中 |

3）电动自行车火灾事故

根据应急管理部消防救援局发布数据显示，2022年全国共接报电动自行车及其电池故障引发的火灾近1.8万起，死亡57人，比2021上升23.4%。接报居住场所内因蓄电池（电动自行车充电电池居多）故障引发的火灾3242起，比2021年上升17.3%。近年来的部分电动自行车火灾安全事故见表4.7。

表4.7 近年来的部分电动自行车火灾安全事故

| 序号 | 时间 | 事故回放 | 事故原因 |
|---|---|---|---|
| 1 | 2021年5月16日 | 2021年5月16日上海市浦东新区北蔡镇某村民自建住宅因电动自行车锂离子蓄电池充电故障引发火灾，造成2人死亡，1人受伤 | 锂离子蓄电池充电故障 |
| 2 | 2021年9月20日 | 2021年9月20日3时21分，北京市通州区一小区发生火灾，造成一家五口，5人死亡 | 电动自行车电池室内充电，电池发生爆炸引起火灾 |
| 3 | 2021年10月5日 | 2021年10月4日吴某海在网上购买了一个电容量为66AM的不符合安全标准的电动车锂电池并自己安装在其电动车上，10月5日凌晨3时44分，吴某海在充电中的电动车锂电池热失控炸裂起火引发火灾，火灾致2人死亡 | 使用不符合安全标准的锂电池 |
| 4 | 2022年2月8日 | 2022年2月8日1时，上海普陀区宜川四村一户居民家中发生火灾，3人死亡 | 电池故障导致热失控引发火灾 |
| 5 | 2022年3月13日 | 2022年3月13日早上6时37分，江苏南京市某小区一居民楼内发生住宅火灾，导致夫妻2人烧伤，后抢救无效死亡 | 锂电池故障导致热失控引燃自身及附近可燃物 |
| 6 | 2022年7月15日 | 2022年7月15日10时31分许，广州某城中村发生爆炸并起火，起火建筑为店铺，起火部位为一楼家电维修店铺，现场无人员受伤 | 电动车电池室内充电，导致电池爆炸，最终引发火灾 |
| 7 | 2022年10月26日 | 2022年10月26日凌晨，上海市天龙苑小区发生火灾，造成2人死亡 | 电池室内充电，电池发生故障失控引发火灾 |
| 8 | 2022年11月13日 | 2022年11月13日凌晨，广东省潮州市枫溪区詹厝村一电动自行车维修门店发生火灾，造成3人死亡 | 锂电池充电过程中，锂电池发生热失控起火 |
| 9 | 2023年1月3日 | 2023年1月3日凌晨3时许，广西贵港市桂平市白沙镇一鞋店起火，事故造成4人死亡 | 18650锂电池自燃导致 |
| 10 | 2023年3月3日 | 2023年3月3日晚，江苏省苏州常熟市一居民楼3楼发生火灾，现场过火面积约$20m^2$。因扑救及时，未造成人员伤亡 | 电动自行车电池室内充电引发火灾 |
| 11 | 2023年4月7日 | 2023年4月7日凌晨，北京市丰台区一居民家中发生火灾，事故造成2死1伤 | 电动自行车电池室内充电引起火灾 |

通过分析近年来电动自行车火灾事故可知，电动自行车火灾多发生在充电时，绝大部分事故由于锂离子电池燃爆引起。其中，锂离子电池入室充电极易造成群死群伤的火灾事故。电动自行车因长时间充电、电池老化或电池不达标等因素极易发热甚至爆炸引起火灾，而我国目前市场上流通的大多数电动自行车材质并没有良好的隔热效果，并且一些材质的燃点低、热值高，燃烧后还会释放有毒气体。

在人员密闭或空间狭小的场地，一旦发生电动车爆燃，群死群伤的火灾事故极易发生。动力电池引发火灾的因素包括：

① 电池质量低劣，不符合生产标准要求；

② 用户随意改装电池，擅自增加电池容量，破坏了车辆电气线路的安全性能，引发车辆电气线路过载、短路等故障；

③ 长时间过度充电，导致电池发热，甚至导致电池爆炸；

④ 电池老化，导致电流不稳定容易使电池发生胀气、鼓包，甚至爆炸。

4）新能源汽车起火事故

随着国家战略发展的需要，我国新能源汽车快速发展。据公安部统计，截至 2023 年 1 月，全国新能源汽车保有量达 1310 万辆，同比增长 67.13%，占汽车总量的 4.10%。新能源汽车交通事故数以 171% 的速度递增、死亡人数以 157% 速度递增，2018～2020 年全国新能源汽车事故数为 9780 起，死亡人数为 1717 人。2020 年新能源汽车万车事故率为 12.47（燃油车 5.51），万车死亡率为 2.11（燃油车 1.46），均高于燃油车。

据新能源汽车国家大数据联盟报道，相比 2019 年，2020 年起火事故增幅达 47%，共发生 124 起。而 2021 年上半年有报道记录 56 起电动汽车起火爆炸事件。随着新能源汽车的逐步推广，锂离子电池燃爆事故所引发公众对其焦虑有增无减。

根据 2019 年和 2021 年新能源汽车火灾统计表（表 4.8）可知，从 2019 年到 2021 年，新能源汽车保有量增加 400 万辆，新能源汽车火灾次数增加了 4 倍多，起火概率增加了 1.6 倍。两年间，新能源汽车起火的概率不降反升，而且增幅很高。

表 4.8　2019 年和 2021 年新能源汽车火灾统计

| 年份 | 火灾次数 / 次 | 新能源汽车保有量 / 万辆 | 起火概率 /% |
|---|---|---|---|
| 2019 年 | 560 | 381 | 1.47 |
| 2021 年 | 3000 | 784 | 3.83 |

数据来源：起火次数 2019 年来自应急管理部应用的不完全统计；2021 年来自应急管理部。保有量来自公安部。

### （2）动力电池生产安全相关政策

动力电池的安全使用关系着我国新能源汽车发展的进程，国家相关部门等依照《中华人民共和国安全生产法》制定了一系列有关动力电池生产安全方面的政策，主要包括生产者责任制、安全生产规划、安全生产技术、安全生产管理等方面，具体政策如表 4.9 所列。

表 4.9 动力电池生产安全相关政策

| 时间 | 部门 | 政策名称 | 主要内容摘要 |
| --- | --- | --- | --- |
| 2010 年 | 工业和信息化部 | 《工业和信息化部 2010 年标准化工作要点》 | 坚持“安全第一、预防为主、综合治理”的安全生产方针，依靠技术进步，围绕提升本质安全，全面推进工业、通信业相关安全技术标准和民爆器材行业标准化工作。重点落实各工业行业安全生产标准化的顶层设计，组织开展化工、船舶、电子、航空等行业的安全生产标准体系研究 |
| 2010 年 | 国务院 | 《关于进一步加强企业安全生产工作的通知》 | 进一步规范企业生产经营行为。企业要健全完善严格的安全生产规章制度，坚持不安全不生产。加强对生产现场监督检查，严格查处违章指挥、违规作业、违反劳动纪律的“三违”行为。凡超能力、超强度、超定员组织生产的，要责令停产停工整顿，并对企业和企业主要负责人依法给予规定上限的经济处罚。对以整合、技改名义违规组织生产，以及规定期限内未实施改造或故意拖延工期的矿井，由地方政府依法予以关闭。要加强对境外中资企业安全生产工作的指导和管理，严格落实境内投资主体和派出企业的安全生产监督责任 |
| 2012 年 | 工业和信息化部、生态环境部 | 《铅蓄电池行业准入条件》（已废止） | 项目应符合《中华人民共和国职业病防治法》《中华人民共和国安全生产法》等有关法律、法规标准要求，具备相应的职业病危害防治和安全生产条件，并建立、健全安全生产责任制 |
| 2012 年 | 河北省人民政府 | 《关于坚持科学发展安全发展进一步加强安全生产工作的实施意见》 | （1）完善安全生产技术支撑体系。制定注册安全工程师管理办法，推进注册安全工程师事务所建设。发挥各行业龙头企业在安全生产科技进步方面的带头作用，整合优化安全科研资源，积极推进安全技术创新中心和安全工程专业技术中心建设。大力推广应用安全生产先进适用技术和安全生产新型实用产品，继续抓好矿山、尾矿库、危险化学品等行业领域安全技术示范工程建设。大力加强安全生产专家队伍建设，到 2013 年，省级安全生产专家库专家达到 1000 人以上。<br>（2）完善安全生产应急管理体系。进一步加大应急救援基地和专业应急救援队建设力度，形成覆盖全省的矿山和危化品重特大事故应急救援力量。加快省级安全生产应急救援指挥中心（训练基地）建设进度，尽早完成基础设施建设并投入使用。强化生产安全事故应急预案的评审、备案和修订工作，完善应急预案管理体系。加快省安全生产应急平台应用系统的安装、调试、验收工作，选择重点市、县和高危企业作为试点单位，与省级应急平台建设同步进行，到 2013 年底，初步形成全省应急平台网络。加强重大危险源监管，完成重大危险源评估、备案工作，初步实现重大危险源监控联网运行。推动应急管理机构建设向重点行业企业延伸。<br>（3）完善安全生产标准建设体系。开展安全生产法律、法规以及新公布的法规规章的宣传教育活动，加快推进《河北省安全生产条例》修订步伐，抓紧制定《河北省安全生产应急救援管理规定》。加强安全生产标准化建设，抓紧起草、施行一批安全生产工作急需的地方标准。到 2015 年底，基本形成与国家标准、行业标准衔接配套的安全生产地方标准体系 |
| 2013 年 | 工业和信息化部、生态环境部、商务部、国家发展改革委、财政部 | 《关于促进铅酸蓄电池和再生铅产业规范发展的意见》 | 深入贯彻落实科学发展观，按照严格准入、强化监管、标本兼治的原则，加大产业结构调整力度，加强环境保护核查、行业准入和生产许可证管理，加大环境执法力度，健全政策法规和标准体系，有效控制铅排放，实现铅酸蓄电池规范生产、有序回收、合理再生利用 |

续表

| 时间 | 部门 | 政策名称 | 主要内容摘要 |
| --- | --- | --- | --- |
| 2014 年 | 国家安全监管总局 | 《关于印发企业安全生产标准化评审工作管理办法（试行）的通知》 | 企业应通过安全生产标准化建设，建立以安全生产标准化为基础的企业安全生产管理体系，保持有效运行，及时发现和解决安全生产问题，持续改进，不断提高安全生产水平 |
| 2015 年 | 工业和信息化部 | 《铅蓄电池行业规范条件（2015 年本）》 | 生产作业环境必须满足《工业企业设计卫生标准》（GBZ 1）、《工作场所有害因素职业接触限值 第 1 部分：化学有害因素》（GBZ 2.1—2019）和《铅作业安全卫生规程》（GB 13746）的要求，作业场所空气中铅尘浓度不得超过 0.05mg/m$^3$，铅烟浓度不得超过 0.03mg/m$^3$ |
| 2015 年 | 国务院 | 《关于深入开展企业安全生产标准化建设的指导意见》 | 深入贯彻落实科学发展观，坚持“安全第一、预防为主、综合治理”的方针，牢固树立以人为本、安全发展理念，全面落实《国务院通知》和《国办通知》精神，制定完善安全生产标准和制度规范。严格落实企业安全生产责任制，加强安全科学管理，实现企业安全管理的规范化。加强安全教育培训，强化安全意识、技术操作和防范技能，杜绝“三违”。加大安全投入，提高专业技术装备水平，深化隐患排查治理，改进现场作业条件。通过安全生产标准化建设，实现岗位达标、专业达标和企业达标，各行业（领域）企业的安全生产水平明显提高，安全管理和事故防范能力明显增强 |
| 2016 年 | 公安部消防局 | 《锂电池生产仓储使用场所火灾扑救安全要点》 | （1）灭火进攻前，应当切断着火建筑电源，并做好防触电准备工作；<br>（2）在锂电池注液前工序发生火灾的，可按照 A 类火灾扑救方法，使用干粉、二氧化碳、泡沫、水等灭火剂；<br>（3）在锂电池注液工序发生火灾的，可按照 B 类火灾扑救方法，使用干粉、二氧化碳、泡沫等灭火剂；<br>（4）在锂电池化成工序和仓储、使用场所发生火灾的，可按照 C 类火灾扑救方法，使用大量水进行冷却降温，严防爆炸事故发生 |
| 2017 年 | 工业和信息化部、国家发展改革委、科技部、财政部 | 《促进汽车动力电池产业发展行动方案》 | 实施动力电池生产、使用、报废等全过程监管，鼓励行业组织、专业机构建立产品信息服务平台。完善新能源汽车安全监管体系建设，新能源汽车生产企业应对所销售的整车及动力电池等关键系统运行和安全状态进行监测和管理，建立产品安全预警制度和安全隐患定期排查机制，加强安全事故防范 |
| 2018 年 | 国家发展改革委 | 《汽车产业投资管理规定》 | 对新建车用动力电池单体 / 系统企业投资项目明确要求：拟建设的设施具有较高智能化水平，在厂房布置、生产线设计、智能装备投入、数字化信息管理及生产环境控制、过程控制等方面能够满足智能制造的要求 |
| 2019 年 | 国家市场监督管理总局、工业和信息化部 | 《汽车动力安全管理规定》 | 规定明确要求动力电池生产企业必须符合国家有关标准和技术规范建立和执行质量体系，并由国家授权的检测机构进行检验、鉴定和认证 |
| 2019 年 | 工业和信息化部 | 《新能源汽车废旧动力蓄电池综合利用行业规范条件（2019 年本）》 | 企业应严格遵守《中华人民共和国安全生产法》《中华人民共和国职业病防治法》等法律法规规定，确保安全生产条件符合有关标准、规定，依法履行各项安全生产行政许可手续。具备相应的安全生产、劳动保护和职业危害防治条件，对作业环境的粉尘、噪声等进行有效治理，达到国家卫生标准，配备相应的安全防护设施、消防设备和安全管理人员，建立、健全安全生产责任制，开展安全生产标准化建设，并按规定限期达标 |

续表

| 时间 | 部门 | 政策名称 | 主要内容摘要 |
|---|---|---|---|
| 2019年 | 工业和信息化部 | 《锂离子电池行业规范条件（2018年本）》（已废止） | 锂离子电池行业的企业及项目应符合国家资源开发利用、环境保护、节能管理、安全生产等法律法规要求，符合国家产业政策和相关产业发展规划及布局要求，符合当地土地利用总体规划、城市总体规划、环境功能区划和环境保护规划等要求 |
| 2020年 | 交通运输部 | 《全面加强危险化学品运输安全生产工作》 | （1）强化安全生产风险管控；<br>（2）强化全链条安全生产管理；<br>（3）强化企业主体责任落实；<br>（4）强化基础支撑保障；<br>（5）强化安全生产监管能力 |
| 2020年 | 国务院 | 《新能源汽车产业发展规划（2021—2035年）》 | 健全安全保障体系。落实企业负责、政府监管、行业自律、社会监督相结合的安全生产机制。强化企业对产品安全的主体责任，落实生产者责任延伸制度，加强对整车及动力电池、电控等关键系统的质量安全管理、安全状态监测和维修保养检测 |
| 2021年 | 工业和信息化部 | 《锂离子电池行业规范条件（2021年本）》 | （1）企业应遵守《中华人民共和国安全生产法》及其他安全生产有关法律法规，执行保障安全生产的国家标准或行业标准，严格落实建设项目安全设施“三同时”制度要求，当年及上一年度未发生一般及以上生产安全事故；<br>（2）企业应建立健全全员安全生产责任制和安全生产规章制度，加大对安全生产资金、物资、技术、人员的投入保障力度，改善安全生产条件，加强安全生产信息化建设，设立产品制造安全质量追溯手段，加强从业人员安全生产教育和培训，构建安全风险分级管控和隐患排查治理双重预防机制，健全风险防范化解机制，开展安全生产标准化建设并达到三级及以上水平；<br>（3）锂离子电池企业应加强应急处置能力建设，制定事故应急预案并定期开展演练，建设事故处置专业队伍，并配备与企业规模相适应的人员和装备 |
| 2022年 | 应急管理部 | 《“十四五”危险化学品安全生产规划方案》 | 压实企业主体责任。推动企业建立健全企业内部从主要负责人（法定代表人、实际控制人）到一线岗位员工的全员安全生产责任制，形成自我约束、持续改进的安全生产内生机制。依托危险化学品安全风险监测预警系统，制定健全并严格落实主要负责人安全风险研判承诺公告、重大危险源包保责任、开车前安全风险自查评估制度。建立“两重点一重大”企业安全总监和安全管理技术团队配备制度，按要求配备注册安全工程师。强化责任追究和教训吸取，做好行刑衔接，突出对主要负责人的追责、问责。推进危险化学品企业信用风险分类监管，严格安全生产严重违法失信名单管理。研究跨地区集团公司总部对子（分）公司加强安全审计的措施。健全完善油气领域企业总部安全生产负总责制度。强化中央企业主体责任落实，发挥示范带头作用，自觉接受属地监管 |
| 2022年 | 工业和信息化部、公安部、交通运输部、应急管理部、国家市场监督管理总局 | 《关于进一步加强新能源汽车企业安全体系建设的指导意见》 | （1）规范产品安全性设计。企业要制定产品安全性设计指导文件，并根据已销售车辆暴露的安全问题持续修订完善。安全性设计指导文件可细分为整车级、系统级、零部件级，包含但不限于整车功能安全、动力电池安全、使用操控安全、充换电安全、消防安全、网络安全等。<br>（2）严格生产质量管控。企业要建立完备的生产信息化管理系统，合理设置安全质量监控节点，积极提高在线检测能力。产品下线时按照标准要求开展涉水抽检、路试抽检，并重点开展整车绝缘、充放电、淋雨等测试，检测数据存档期限不低于产品预期生命周期。 |

续表

| 时间 | 部门 | 政策名称 | 主要内容摘要 |
|---|---|---|---|
| 2022 年 | 工业和信息化部、公安部、交通运输部、应急管理部、国家市场监督管理总局 | 《关于进一步加强新能源汽车企业安全体系建设的指导意见》 | （3）提高动力电池安全水平。企业要积极与动力电池供应商开展设计协同，持续优化整车与动力电池的安全性匹配以及热管理策略，明确动力电池使用安全边界，提高动力电池在碰撞、振动、挤压、浸水、充放电异常等状态下的安全防护能力。鼓励企业研究应用热失控实时监测预警装置和早期抑制及灭火措施 |
| 2022 年 | 国家能源局 | 《国家能源局综合司关于加强电化学储能电站安全管理的通知》 | （1）各单位要深入贯彻落实总体国家安全观和“四个革命、一个合作”能源安全新战略，统筹发展和安全，坚持人民至上、生命至上，以高度的责任感和使命感加强电化学储能电站安全管理工作，坚决遏制电化学储能电站安全事故发生。<br>（2）健全安全生产保证体系和监督体系，落实全员安全生产责任制，健全风险分级管控和隐患排查治理双重预防机制，依法承担安全责任。其他电化学储能电站也要按照相关规定加强安全管理。<br>（3）加强安全风险评估与论证，合理确定电化学储能电站选址、布局和安全设施建设。要保障安全生产投入，确保安全设施与主体工程同时设计、同时施工、同时投入运行和使用。<br>（4）加强设计审查。应当委托具备相应资质的设计单位开展设计工作，并组织开展设计审查。设计文件应符合有关法律法规、国家（行业）标准，安全设施的配置应满足工程施工和运行维护安全需求。要按照档案管理规定保存好全过程的档案资料 |
| 2022 年 | 工业和信息化部、国家发展改革委、国资委 | 《关于巩固回升向好趋势加力振作工业经济的通知》 | 提升产业链供应链韧性和安全水平。各地要严格执行疫情防控“九不准”要求，指导企业建立闭环生产方案和应急处置预案，做好生产物资储备、员工到岗、生活和防疫物资供应相关工作，保障人流、物流畅通。建立应对重大突发事件冲击常态化稳定产业链、供应链协调机制，聚焦重点区域、重点行业、重点企业，加强区域间、上下游联动，“点对点”“一对一”帮助龙头企业和关键节点企业解决堵点卡点问题，保障重点企业稳定生产、重点产业链供应链稳定畅通。深入实施产业基础再造工程，加强关键原材料、关键软件、核心基础零部件、元器件供应保障和协同储备，统筹推动汽车芯片推广应用、技术攻关、产能提升等工作，进一步拓展供应渠道 |
| 2023 年 | 工业和信息化部、教育部、科学技术部、中国人民银行、国家金融监督管理总局、国家能源局 | 《关于推动能源电子产业发展的指导意见》 | 坚持底线思维，落实安全生产责任制。引导企业开展安全生产标准化建设，提升能源电子产业本质安全和生产安全。建立光伏发电项目全生命周期管理体系，实现全流程全要素精细化、系统化管理。建设分布式光伏大数据等管理中心，实现组件故障、事故隐患的可视化高效管理。鼓励储能电站定制安全保险，强化安全设施配置，制定完善专业人员培训考核制度，提高风险处置能力 |
| 2023 年 | 国务院 | 《国务院办公厅关于进一步构建高质量充电基础设施体系的指导意见》 | 压实电动汽车、动力电池和充电基础设施生产企业产品质量安全责任，严格充电基础设施建设、安装质量安全管理，建立火灾、爆炸事故责任倒查制度。完善充电基础设施运维体系，落实充电运营企业主体责任，提升设施可用率和故障处理能力 |
| 2023 年 | 国家标准化管理委员会、国家能源局 | 《新型储能标准体系建设指南》 | 强化安全、服务监管。加强新型储能电站安全相关标准研制，降低安全事故风险。加强储能电站安全稳定运行、风险预警、事故排查、事故处置等突发事件应急处置标准研制，强化各环节标准中安全要求，支撑新型储能电站全链条安全监管 |

### （3）动力电池生产安全相关标准

根据国家标准要求，动力电池产品的安全应符合《便携式电子产品用锂离子电池和电池组 安全技术规范》（GB 31241—2022）、《固定式电子设备用锂离子电池和电池组安全技术规范》（GB 40165—2021）、《电动汽车用动力蓄电池安全要求》（GB 38031—2025）等强制性标准要求，并经具有相应资质的检测机构检验合格。电池管理系统应具有防止过充、短路、过放等安全保护功能，在高低温等复杂环境下保证电池正常使用。鼓励企业制定和执行高于国家或行业标准的企业标准或规范。

2017 年以前国内关于动力电池生产环节的安全问题没有可以依据的国际标准和国外标准，缺乏准确、有效的参考依据。《锂离子电池和电池组生产安全要求》（T/CIAPS 0002—2017）是国内外首次制定的专门针对锂离子电池安全生产的基础标准，填补了锂离子电池企业安全生产控制的空白，作为推荐性团体标准对锂离子电池研发、生产和检测的安全控制具有重要的指导意义，主要内容包括基本要求、建筑安全设计规范、生产过程安全规范、电池测试四大部分。该标准适用于锂离子电池工厂新建、改建、扩建的设计及生产过程；宜用于锂离子电池行业的安全评价、消防验收、职业卫生评价等活动。

T/CIAPS 0002—2017 的创新点有：

① 科学地区分了动力电池行业所具有的安全隐患，例如老化、注液工序火灾、气体爆炸、金属粉尘爆炸等。并且列出这些安全隐患的辨别方法。

② 建议使用安全措施以达到无害程度的源头安全、主动安全。主动安全、源头安全相比被动安全来说，更贴近实际，风险更低，也更经济。

③ 科学分级安全，优先级分类，实现安全和适用的可持续发展。通过科学划分不同类型的厂房和仓库，从一定程度上减少了因储存管理失误而造成的动力电池火灾安全事故。并且增加了电池生产的灵活性。

除此之外，行业标准《锂离子电池和电池组生产安全要求》（SJ/T 11798—2022）对于动力电池行业的安全生产也起到一定的示范作用，对于之后待发布的电池生产安全标准提供了借鉴。该标准规定了锂离子电池和电池组生产企业在建筑、设施、选材、设计、工序及管理的安全要求。适用于锂离子电池或电池组制造企业的生产安全评估。

动力电池生产安全相关标准见表 4.10。

表 4.10　动力电池生产安全相关标准

| 标准类型 | 标准编号 | 标准名称 | 主要内容摘要 |
| --- | --- | --- | --- |
| 国家标准 | GB/T 33000—2016 | 《企业安全生产标准化基本规范》 | 本标准规定了企业安全生产标准化管理体系建立、保持与评定的原则和一般要求，以及目标职责制度化管理、教育培训、现场管理、安全风险管控及隐患排查治理、应急管理、事故管理和持续改进 8 个体系要素的核心技术要求。<br>本标准适用于工矿商贸企业开展安全生产标准化建设工作，有关行业制修订安全生产标准化标准、评定标准，以及对安全生产标准化工作的咨询、服务、评审、科研、管理和规划等。其他企业和生产经营单位可参照执行 |

续表

| 标准类型 | 标准编号 | 标准名称 | 主要内容摘要 |
|---|---|---|---|
| 国家标准 | GB 31241—2014 | 《便携式电子产品用锂离子电池和电池组 安全要求》 | 本标准规定了便携式电子产品用锂离子电池和电池组的安全要求。<br>适用于便携式电子产品用的锂离子电池和电池组（以下简称“电池和电池组”），属于本标准范围内的便携式电子产品示例如下：<br>① 便携式办公产品：笔记本电脑、PDA 等。<br>② 移动通信产品：手机、无绳电话、蓝牙耳机、对讲机等。<br>③ 便携式音 / 视频产品：便携式电视机、便携式 DVD 播放器、MP3/MP4 播放器、照相机、摄像机、录音笔等。<br>④ 其他便携式产品：电子导航器、数码相框、游戏机、电子书等。<br>本标准还适用于不间断电源（UPS）、应急电源（EPS）等用锂离子电池和电池组 |
|  | GB/T 33000—2016 | 《企业安全生产标准化基本规范》 | 本标准规定了企业安全生产标准化管理体系建立、保持与评定的原则和一般要求，以及目标职责、制度化管理、教育培训、现场管理、安全风险管控及隐患排查治理、应急管理、事故管理和持续改进 8 个体系要素的核心技术要求。<br>本标准适用于工矿商贸企业开展安全生产标准化建设工作，有关行业制修订安全生产标准化标准、评定标准，以及对安全生产标准化工作的咨询、服务、评审、科研、管理和规划等。其他企业和生产经营单位可参照执行 |
|  | GB/T 38331—2019 | 《锂离子电池生产设备通用技术要求》 | 本标准规定了锂离子电池生产设备的术语和定义、工作条件、技术要求、各系统性能要求、安全要求、设备互联互通互操作要求、设备可靠性要求、设备能耗要求、环境保护要求。<br>本标准适用于锂离子电池生产设备的设计、制造、检测、验收、使用和维护 |
|  | GB/T 29639—2020 | 《生产经营单位生产安全事故应急预案编制导则》 | 本标准规定了生产经营单位生产安全事故应急预案的编制程序、体系构成和综合应急预案、专项应急预案、现场处置方案的主要内容以及附件信息。<br>本标准适用于生产经营单位生产安全事故应急预案（以下简称“应急预案”）编制工作，核电厂、其他社会组织和单位的应急预案编制可参照本标准执行 |
|  | GB 40165—2021 | 《固定式电子设备用锂离子电池和电池组 安全技术规范》 | 本标准规定了固定式电子设备用锂离子电池和电池组的安全要求，以及试验方法。<br>适用于固定式电子设备用锂离子电池和电池组（以下简称“电池和电池组”）。其中固定式电子设备包括：<br>① 固定式信息技术设备（IT 设备）；<br>② 固定式音视频设备（AV 设备）及类似设备；<br>③ 固定式通信技术设备（CT 设备）；<br>④ 固定式测量控制和实验室电子设备及类似设备 |
|  | GB/T 42312—2023 | 《电化学储能电站生产安全应急预案编制导则》 | 本文件确立了电化学储能电站生产安全应急预案编制工作程序，规定了综合应急预案、专项应急预案与现场处置方案的主要内容。<br>本文件适用于以锂离子电池、液流电池、铅酸（炭）电池、钠离子电池、水电解制氢 / 燃料电池为储能载体的电化学储能电站生产安全应急预案编制 |

续表

| 标准类型 | 标准编号 | 标准名称 | 主要内容摘要 |
| --- | --- | --- | --- |
| 地方标准 | DB32/T 3846—2020 | 《企事业单位铅酸蓄电池安全运行技术规范》（江苏省） | 本标准规定了企事业单位铅酸蓄电池使用要求、检查与检测要求以及安全管理要求。<br>本标准适用于与固定设备结合在一起浮充使用的，或固定在蓄电池摆放场所内的所有固定型阀控密封铅酸蓄电池和蓄电池组 |
| | DB34/T 4102—2022 | 《废旧锂离子动力蓄电池贮存安全技术条件》（安徽省） | 本文件规定了废旧锂离子动力蓄电池（以下简称“废旧蓄电池”）的贮存和安全环保要求。<br>本文件适用于废旧蓄电池包、电池模块、电池单体的贮存 |
| | DB3204/T 1050—2023 | 《锂离子动力电池工厂安全风险管控指南》（常州市） | 规定了锂离子动力电池工厂安全风险管控的术语和定义、一般要求、安全风险管控基本的技术规定与管理要求。<br>适用于常州地区锂离子动力电池工厂的安全风险管控 |
| 行业标准 | SJ/T 11464—2013 | 《电子工业生产经营单位生产安全事故应急 管理体系建立指南》 | 本标准给出了生产安全事故的事故预防、应急准备、应急预案编制和实施、事故响应和生产恢复的方法。<br>本标准适用于电子工业生产经营单位应急管理 |
| | AQ/T 9011—2019 | 《生产经营单位生产安全事故应急预案评估指南》 | 本标准给出了生产经营单位生产安全事故应急预案的编制程序、体系构成和综合应急预案、专项应急预案、现场处置方案的主要内容以及附件信息。本标准适用于生产经营单位生产安全事故应急预案（以下简称“应急预案”）编制工作，核电厂、其他社会组织和单位的应急预案编制可参照本标准执行 |
| | SJ/T 11442—2012 | 《电子信息行业安全生产标准化评价方法》 | 本标准规定了电子信息行业企业安全生产标准化工作的评价方法。本标准适用于电子信息行业企业安全生产标准化工作的自主评定，以及对安全生产标准化工作的咨询、服务和外部评审 |
| | SJ/T 11798—2022 | 《锂离子电池和电池组生产安全要求》 | 规定了锂离子电池和电池组生产企业在建筑、设施、选材、设计、工序及管理的安全要求。<br>适用于锂离子电池或电池组制造企业的生产安全评估。设置有锂离子电池或电池组生产线的其他企业可参照执行本文件 |
| | MT/T 1200—2023 | 《矿用产品安全标志通用安全技术要求》 | 本要求规定了矿用防爆锂离子蓄电池电源产品分类、型号命名、安全技术要求、检验规则等内容。<br>本要求适用于在矿井下使用的矿用防爆锂离子蓄电池电源，其中锂离子蓄电池的额定容量 10Ah 以上，不超过 230Ah |

**（4）国际电池安全相关标准**

1）国际电工委员会标准

国际电工委员会（International Electro Technical Commission，IEC）标准如下所述：

① IEC 62133。

该标准规定了便携式密封式二次电池包括碱性的或非酸性电解液电池芯和电池（不包含扣式电池）在正常使用和可能的误操作下的安全性要求和试验方法。

② IEC 62619。

该标准涵盖了二次锂电池和电池组的安全标准，规定了锂离子电池（Li-ion batteries，LIB）在电子和其他工业应用中的安全应用要求。标准测试要求适用于静止和动力应用。

2）联合国 / 美国交通运输部认证

联合国（United Nations，UN）和美国交通运输部（United States Department of Transportation，DOT）认证标准如下所述：

UN/DOT38.3 标准也称为 T1-T8 测试。涵盖所有 LIB、锂金属电池和电池的运输安全测试。测试标准包括八项测试（T1-T8），均侧重于特定的运输危险。该标准是自我认证标准，不需要独立的第三方测试。

3）美国保险商实验室认证

美国保险商实验室（Underwriter Laboratories，UL）认证标准如下所述：

① UL1642。

该标准是锂电池安全的 UL 标准，规定了在电子产品中用作电源的一次和二次锂电池的标准要求。UL1642 不涵盖因摄入锂电池而导致的毒性风险，或因电池损坏或切开而导致接触金属锂的风险。

UL1642 涵盖：

Ⅰ. 技术人员可更换的锂电池，含有 5.0g（0.18 盎司）或更少的金属锂。锂含量超过 5.0g 的电池将根据其是否符合要求（如适用）进行判断，并进行额外的测试和检查，以确定电池是否可用于其预期用途。

Ⅱ. 用户可更换的锂电池，每个电化学电池中金属锂含量不超过 4.0g（0.13 盎司），金属锂含量不超过 1.0g（0.04 盎司）。超过 4.0g 的电池或超过 1.0g 锂的电池需要进一步检查和测试，以确定电池是否可以用于其预期用途。

② UL2580。

该标准是 UL 电动汽车电池安全标准，由多项测试组成，包括大电流电池短路、电池挤压和电池单元挤压（垂直）。

近年来，国家相关部门制定的动力电池安全生产政策，主要涵盖了生产者责任制与安全生产的规划、技术和管理等方面的重要规定和措施，主要强调了产品安全性设计规范化、生产质量管控严格化、动力电池安全提升、电化学储能电站安全管理、供应链韧性和安全水平提升、能源电子产业发展推动、充电基础设施安全管理以及新型储能标准体系建设。根据提供的国家、地方、企业和团队标准，可以看出在生产安全方面已经建立了一系列的管理规定和技术标准，涵盖了从企业安全生产标准化基本规范到特定产品（如锂离子电池和电子设备）的安全要求，以及生产安全事故应急预案的编制指南等方面。

尽管已经建立了一定的安全标准体系，但仍然存在一些需要进一步完善和研究的方面，例如，国家层面还需制定具有示范效应的动力电池生产安全标准，目前针对锂离子电池生产安全具有详细要求的只有行业标准《锂离子电池和电池组生产安全要求》和企业标准《锂离子电池企业安全生产规范》，而国家标准只对安全管理标准与应急处理方面进行了宏观设计，虽然对安全生产动力电池具有一定的实际意义，但是详细的生产安全要求是安全生产体系的重要组成部分，需要有国家层面的示范文件起到指导和引导作用，以完善国内动力电池的生产安全管理体系。除此之外，需要完善的方面还包括锂离子动力电池工厂安全风险管控以及生产经营单位生产安全事故应急预案评估指南。

## 参考文献

[1] 王薛淄 . 中国电池工业协会 : 加快国内锂资源开发 提高动力电池产业链安全性 [N]. 消费日报 , 2022-11-30(A01).

[2] 李平 , 何蕾 , 梁婷 , 等 . 钴的地球化学行为、矿床成因类型、资源分布及研究展望 [J]. 新疆地质 , 2023, 41(2): 210-217.

[3] 陈志雄 . 电动自行车火灾成因及防范措施分析 [J]. 消防界（电子版）, 2022, 8(18): 21-23.

[4] 公安部交通管理局 . 中华人民共和国道路交通事故统计年报（2020 年度）[R]. 公安部交通管理局 . 2021.

# 第5章 动力电池循环利用产业发展趋势

资源紧缺、环境保护和政策驱动是近年来我国动力电池回收行业发展的最主要动力。一方面，一次资源价格上涨迅速推动金属提取企业建厂投资；另一方面，国家和地方出台多种政策扶持行业健康发展。目前我国废旧动力电池的处置仍在市场培育阶段：梯级利用主要以政府扶持的综合储能系统和基站为主，拆解回收主要以再生利用企业为主。随着回收需求的暴发、政策的规范及行业龙头的持续布局，动力电池回收的市场即将打开。同时，动力电池行业的龙头布局锂电回收的模式有助于回收体系的建立，进而引导行业向规范化发展。

## 5.1 行业发展趋势

近年来，世界各国政府积极推动新能源汽车产业快速发展，对动力电池产业起到了持续高增长的拉动效应。在相关产业发展中，中国企业和中国市场的表现十分抢眼，俨然已经成为全球动力汽车产业发展的主战场。

**（1）国家紧密部署，政策日趋完善**

动力电池回收不仅能减少资源浪费，还可以降低对环境的污染，是提高资源利用效率、保护环境的重要举措。因此，国家密集出台一系列政策支持动力电池回收行业发展，2024年2月国务院发布《关于加快构建废弃物循环利用体系的意见》中指出：加强废旧动力电池循环利用，推动动力电池梯次利用产品质量认证，为行业的发展铺平了道路。近年来，国家高度重视动力电池回收利用产业发展，围绕退役动力电池回收责任、回收网点建设、资源平台搭建以及行业规范等方面出台了系列政策制度。

2017年1月，国务院办公厅印发了《生产者责任延伸制度推行方案》，提出“建立电动汽车动力电池回收利用体系”的重点任务。2018年2月，工业和信息化部等联合印发《新能源汽车动力蓄电池回收利用管理暂行办法》，明确提出“落实生产者责任延伸制度，汽车生产企业承担动力蓄电池回收的主体责任，相关企业在动力蓄电池回收利用各环节履行相应责任，保障动力蓄电池的有效利用和环保处置”。同年3月，工业和信息化部等七部门印发了《关于组织开展新能源汽车动力蓄电池回收利用试点工作的通知》，提出了构建回收利用体系、探索多样化商业模式、推动先进技术创新与应用、建立完善政策激励机制四大试点内容。同年 7 月，工业和信息化部等七部门印发《关于做好新能源汽车动力蓄电池回收利用试点工作的通知》，确定京津冀地区、山西、上海、江苏、浙江、安徽、江西、河南、湖北、湖南、广东、广西、四川、甘肃、青海、宁波、厦门及中国铁塔股份有限公司为试点地区和企业。

2019 年 11 月，工业和信息化部印发《新能源汽车动力蓄电池回收服务网点建设与运营指南》，要求新能源汽车生产及梯次利用相关企业建立回收服务网点，相关企业可共享回收服务网点。2020 年 3 月，工业和信息化部印发《新能源汽车动力蓄电池梯次利用管理办法》，鼓励梯次利用企业与新能源汽车生产、动力蓄电池生产、报废机动车回收拆解等企业合作，加强信息共享，高效利用现有回收渠道。2022 年 2 月，工业和信息化部等部门联合印发《关于加快推动工业资源综合利用的实施方案》，要求完善废旧动力电池回收体系，健全管理体系。2023 年 11 月，工业和信息化部公布《新能源汽车废旧动力蓄电池综合利用行业规范条件》企业名单（第五批），公示了第五批动力电池综合利用企业名单，共包括 24 个省市 156 家企业，旨在通过优秀企业示范引领作用激发市场活力。2023 年国家发展改革委、工业和信息化部以及生态环境部加强对废弃动力电池回收方向的重视，发布了多项相关政策，包括废旧物资循环利用体系、重金属污染防控以及危险废物环境管理等，深入聚焦布局动力电池回收体系建设工作，明确动力电池回收再利用工作对于提高资源利用效率、保障新能源汽车产业持续健康发展、减轻环境污染的良性促进作用。

整体上，政策的制定与发布与国内动力电池回收产业的发展进程较为匹配，尽管在电池回收技术等细致化要求上仍有欠缺，但在地区布局、基础设施配套等相关领域已有政策推进，动力电池回收产业的绿色化发展面临着较为迫切的高质量要求。虽然相关政策与标准陆续颁布，但从电池回收利用市场的反馈来看仍存在政策标准滞后、环境治理成本高和宣传力度不够等问题。未来通过健全相关法律法规、强化政策执行力度等措施为动力电池回收企业提供法律支持，同时加强政策上的鼓励、经济上的补贴、技术上的扶持，不断完善政策体系，为我国动力电池回收行业创造较好的政策环境。

**（2）完善回收体系建设，提升资源利用效率**

目前，在生产责任延伸制度下，电池生产企业、行业联盟及第三方回收利用企业是汽车废旧动力电池回收利用的主体，回收模式也是围绕这些主体展开构建的。动力电池的梯次利用和回收对技术的要求非常高，回收企业要对电池的电化学性能有准确的认知，拥有专业的材料和化学知识，也要掌握动力电池全面的生产过程数据，更要掌握低能耗、低污染的材料再生技术。随着我国新能源汽车产业的迅速发展，动力电池需求猛增，持续完善回收利用体系建设、打造动力电池全生命周期安全闭环备受市场关注。对动力电池回收体系进一步完善，要由动力电池企业牵头，从产品设计源头规划电池回收路线，建立高效电池回收体系；制定回收过程的标准规范，确保回收低碳、环保、高效，并具备经济价值。同时，还要优先支持具备动力电池全生命周期大数据管理能力、掌握低能耗零污染材料再生技术的动力电池企业进行产业优化布局。在布局电池回收的同时，开展“废弃—回收—再生产—再利用”的循环经济合作模式，未来几年，回收再生的材料可以覆盖很大一部分新能源汽车电池的生产需求。加快建设动力电池回收再利用体系，其关键是要对我国动力电池研发、设计、生产、装机、使用、维修、更换、报废、回收、处理、贮存及运输等各环节进行全产业链和全时空动态调控和精准管理，强化大数据分析、人工智能介入和数字化转型，通过建立动力电池标准化、智能化、系统化回收利用体系，提升动力电池的资源循环利用水平，减少全产业链碳排放水平。一方面，建立完善的动力电池产业链全生命周期碳足迹数据库；围绕能源类型、原材料、生产制造、运输与仓储、回收与再利用环节，对标国际，建立具有代表性的数据库，对节能减排贡献大的产品和企业可进行奖励。另一方面，建立健全动力电池回收环节碳足迹计算标准；发挥有关驻外使馆作用，跟踪研判国际领域在碳足迹计算标准、管理制度和实施等方面的成效，建立动力电池回收环节核算方法，科学对比电池回收再生材料和原生材料的碳减排效果。

**（3）升级关键技术与装备，支撑行业可持续发展**

目前废旧动力电池回收利用处理技术可以分为浸出回收技术和煅烧回收相结合的回收技术两类，常用的回收方法有湿法冶金法和火法冶金法，在追求环保、节能、高效的产业发展形势下，传统单一的动力电池回收利用方法或技术工艺已无法满足企业发展需要，为实现动力电池高效回收，急需结合电池的材料、特性和结构，对回收系统和技术进行升级，以支撑动力电池回收行业的可持续发展。我国对废旧动力蓄电池回收利用遵循“先梯级利用后再生利用”的原则。目前，我国新能源汽车动力蓄电池梯次利用正处于起步阶段，发展潜力较大，市场前景广阔。梯次利用技术虽有一定进展，但还存在技术瓶颈。梯次利用以检测重组和修复两种技术路线为主，但是，梯次利用还存在效率偏低、电池剩余寿命及一致性评估等技术不成熟的问题。下一步，需要在电池余能快速检测、一致性筛选及评估等关键技术上加大研发力度。由于动力蓄电池还没有进入大规模退役阶段，再生利用企业能够在市场上收集到的废旧动力蓄电池非常有限。目前，再生利用企业回收的废旧动力蓄电池主要来源于电池生产企业的残次品、生产废料及“十城千辆工程”推广车辆退役的电池。尽管目前已经有一些企业研发出废旧动力蓄电池自动化拆解设备，但其能否满足未来工业化生产的需求有待进一步验证，废旧动力蓄电池再生利用技术以湿法冶金和物理修复法为主，湿法冶金镍、钴、锰等金属元素的综合回收率可达 98%。总体上，再生利用技术相对成熟，但有价金属高效提取等关键技术和装备还有待升级。

**（4）加强环境监管，规范行业发展**

《国家危险废物名录（2021 版）》将“锂离子电池隔膜生产过程中产生的废白油”（废物代码：398-001-08）作为危险废物管理。根据 2014 年 11 月原环境保护部办公厅对湖北省原环境保护厅《关于废旧锂电池收集处置有关问题的复函》（环办函〔2014〕1621 号），废旧锂电池不属于危险废物。其依据主要包含以下两点：

① 废旧锂电池未列入《国家危险废物名录》；

② 根据《废电池污染防治技术政策》，废氧化汞电池、废镍镉电池、废铅酸蓄电池

属于危险废物，废锂电池等其他废电池不属于危险废物。

尽管《国家危险废物名录》和《废电池污染防治技术政策》均于2021年进行修订，但关于废旧锂电池的废物属性没有改变，仍然不属于危险废物。

动力锂电池再生利用具有安全、环境友好和资源性等多重属性：从安全层面来看，未经妥善处理的废动力锂电池存在高压电击、自燃爆炸等安全隐患；从环境层面看，废动力锂电池中的重金属、含氟电解液等具有较大的环境健康风险；从资源层面看，废动力锂电池中的锂、镍、钴、锰等金属资源可以被回收利用。此外，由于退役动力蓄电池包残余余能和电压较高，其在运输和贮存环节的环境和安全风险需要严格控制。随着我国中央生态环境保护督察和大气污染防治强化督查等专项督察进入常态化，对废旧动力蓄电池梯次利用和再生利用企业的环境管理和污染防控水平提出更高的要求。

### 5.1.1　产业链发展趋势

动力电池回收兼具环境保护和资源节约双重效益，可最大限度发挥动力电池全生命周期价值，动力电池回收利用的上下游产业链延伸到新能源汽车产业链和储能领域。上游产业链以新能源汽车企业为主体，包括新能源汽车售后服务网点、电池租赁企业及回收服务网点；下游产业链以梯次利用企业和再生利用企业为主体，形成动力电池回收重要闭环。新动力电池经过电池生产企业、整车生产企业、汽车经销商，最后流入到终端消费者，消费者将报废旧动力电池通过售后服务网点和电池租赁企业更换新电池，同时由售后服务网点、电池租赁企业收集废旧动力电池，并转交给回收服务网点和废旧动力电池综合利用企业，通过综合利用企业生成可再利用产品，流向梯次利用企业的电池在报废后又回到综合利用企业作再生资源利用，这些再生资源流向电池生产企业作为生产新动力电池的原材料，进而流向整车生产企业，由此形成闭环。其中，梯次利用对于退役动力电池可以更好地发挥余热，一直是相关企业布局较频繁的领域。梯次利用企业将废旧动力电池的剩余寿命在储能等领域进行二次利用，继续发挥其剩余价值，延长了动力电池生命周期，而锂电材料生产企业接纳综合回收利用企业的再生产品，主要是电池的前驱体，如硫酸钴、硫酸镍、硫酸锰、碳酸锂、氢氧化锂等原材料，保证回收来的资源再次回流到动力电池产业链中。

**（1）生产者责任延伸制**

动力电池回收的生产者责任延伸制是一种环保且经济高效的商业模式。在这一模式下，动力电池的生产者不仅要负责产品的制造和销售，还要承担产品使用后的回收、处理和再利用责任。通过构建完整的回收体系，生产者能够确保废旧动力电池得到合理处置，减少环境污染，同时实现资源的有效循环利用。这一模式不仅有助于推动绿色发展和可持续发展，还能降低生产成本，提高资源利用效率，实现经济效益和环境效益的双赢。

**（2）第三方回收模式**

动力电池回收的第三方回收模式，指的是由独立于电池生产与销售环节的专业回收企业负责废旧动力电池的收集、运输、处理与再利用。这种模式下第三方回收企业扮演着关键角色，他们通过建立专业的回收网络和处理设施，对废旧动力电池进行高效、安全的处理，并将其转化为有价值的再生资源。这种模式不仅减轻了电池生产企业的负担，还促进了动力电池回收行业的专业化、规模化发展，有助于推动整个行业的绿色转型。

**（3）政府主导模式**

政府主导的动力电池回收模式，是指政府通过制定相关法规、政策，并直接参与或引导动力电池回收的整个过程。政府在此过程中，不仅提供资金支持，还建立回收标准和监管体系，确保废旧动力电池得到合规、安全、高效的回收处理。这种模式有助于统一回收市场，避免无序竞争和资源浪费，同时促进绿色技术和产业的发展，实现经济效益和环境效益的同步提升。政府主导模式在推动动力电池回收行业发展中发挥着重要的作用，是保障资源可持续利用和生态安全的有效手段。

随着动力电池循环利用行业的发展，电池产业链上下游的合作是未来必然趋势，这也是动力电池回收过程的复杂性所决定的。首先从责任角度分析，无论是生产者责任延伸制度的建立，还是环保成本内部化的必然要求，位于消费终端的车企对所销售的电动车有义务开展相关工作，也是最直接与消费者对接的环节，其优势在渠道，但其劣势在于再利用和材料制造能力。因此，车企与电池企业的合作是重要趋势。其次从方法角度分析，低速车、家用储能等是梯次利用的重要去向，而三元前驱体、正极制备则是其材料回收后的重要去向，因此，回收企业与下游应用企业的合作也是重要趋势。最后从经济性角度分析，经济性是推动回收利用市场兴起的核心要素，此前电池企业因资源约束和上游价格问题，通常采用向上游纵向拓展手段，而锂电回收市场发展起来后，可以起降本作用，因此材料制造企业、电池企业均有动力进行相关业务的拓展。目前，我国电池产业链间的合作已在许多龙头企业中有所展现。从开始的动力电池企业、材料企业、相关再生利用企业合作，越来越多的车企也将随着梯次利用市场的打开而采用“合作联盟”的模式。

## 5.1.2　技术成本分析

**（1）原材料回收成本**

电池回收原材料定价通常需要按照电池金属含量乘以金属价格再乘以折扣系数来进行定价。折扣系数是与金属镍、钴、锂当前市场价格的联动值，根据供需市场行情变化。废旧钴酸锂电池以钴金属价格乘以折扣系数进行评估。根据上海有色金属网（SMM）的报价数据，2022 年 8 月 10 日钴含量在 20%～24% 的废旧钴酸锂电池的平均折扣系数为 89%，电池回收价格范围为 7.17 万～7.55 万元 / 吨，日均价为 7.36 万元 / 吨。三元电池粉料里面含有镍、钴、锰、锂等金属元素，由于以往碳酸锂价格较低，购置废旧电池的市场价格通常以镍、钴等贵金属含量乘以折扣系数来进行定价。但是目前碳酸锂价格上涨，市场依旧以镍、钴、锰含量乘以折扣系数来定价，折扣系数已超过 100%。这意味着若仅考虑镍、钴、锰元素的提取，以该价格购置废旧电池进行拆解回收是亏损的，电池回收主要依靠碳酸锂的回收来获利。折扣系数与碳酸锂的价格同方向变动，若碳酸锂持续涨价，折扣系数将进一步上涨；若碳酸锂降价，理论上折扣系数也会降低。根据上海有色金属网（SMM）的报价数据，2022 年 8 月 10 日镍含量在 6%～11% 且钴含量在 3%～6% 的废旧 523 方形三元动力型电池的平均折扣系数高达 143.5%，电池回收价格范围为 4.51 万～4.72 万元 / 吨，日均价为 4.615 万元 / 吨。磷酸铁锂电池以金属锂含量、锂价格以及折扣系数进行评估定价，折扣系数通常为 50% 左右。根据上海有色金属网（SMM）的报价数据，2022 年 8 月 10 日锂含量在 1%～2% 的废旧方形磷酸铁锂电池的平均折扣系数为 62.5%，电池回收价格范围为 2.75 万～2.88 万元 / 吨，日均价为 2.82 万元 / 吨。

电池回收成本中原材料成本占比达 70%～90%（图 5.1）。就磷酸铁锂电池而言，采用干法工艺回收处理的磷酸铁锂电池的成本约 3.41 万元 / 吨，其中原材料成本占 83%。采用湿法工艺回收处理的磷酸铁锂电池的成本约 3.95 万元 / 吨，其中原材料成本占 71%。就三元电池而言，采用干法工艺回收处理三元材料电池的成本约 5.215 万元 / 吨，其中原材料成本占 89%；采用湿法工艺回收处理三元材料电池的成本约 6.055 万元 / 吨，其中原材料成本占 76%。需要说明的是，上述成本中除原材料以外的成本项是 2018 年数据，可能与当前实际情况有一定出入。

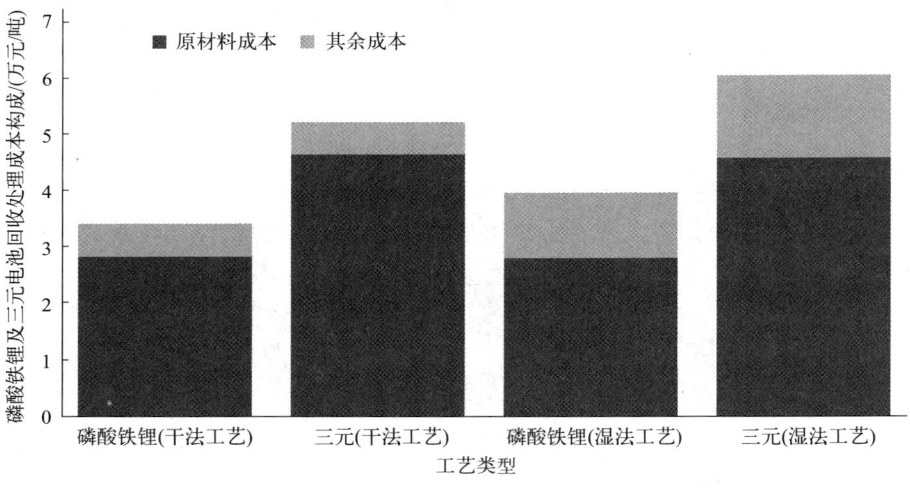


图 5.1 磷酸铁锂及三元电池回收处理成本构成

（数据来源：SMM、《锂离子动力电池的电极材料回收模式及经济性分析》、信达证券研发中心）

除了不同工艺对原材料的成本影响外，动力电池的收集和运输成本、拆解和分拣成本、废物处理成本及质量控制和安全等其余成本费用也需要考虑。

1）收集和运输成本

目前国内动力电池收集渠道较多，来源方通常包括整车企业、保险公司（多数事故车以及火烧车通常不会走报废流程，而是通过拍卖平台走集中拍卖流程）、租赁或网约车公司以及个人车主。废旧动力电池市场流通的主流方式是整车企业以竞价招标的方式举办电池拍卖会，由于废旧电池收集回收成本的差异，多数电池最终流入“小作坊”。

而这些不规范收集中转暂存废旧动力电池的“小作坊”不仅会带来环境污染和安全隐患，还会扰乱市场秩序，挤压正规回收企业空间。正规动力电池回收企业的收集成本主要涉及采集设备、人力、采集点建设、采集运输等方面的费用。其中采集设备成本包括购买、安装、维护电池采集设备的费用，这些设备可以是专门设计的电池箱、容器、运输车辆等，用于安全、高效地采集电池。除此之外，涉及培训和雇佣工作人员人力成本，选址、租赁或购买采集点的建设成本和涉及场地准备、设施建设、安全设备、电力等基础设施的建设成本都涵盖其中。

同时，高安全风险导致动力电池运输难。据了解，锂离子电池运输或锂金属电池运输中具有易燃、易爆等特性，有很大的潜在运输风险，动力电池所造成的火灾事故相比其他货物通常更难完全扑灭，容易造成极大的人身财产损害。公开信息显示，动力电池在国内的运输主要依靠陆运，出口主要依赖海运，铁路和航空基本上无法批量运输动力电池。但即便是陆运和海运，也越来越难以满足锂电池日益旺盛的运输需求，导致动力电池运输成本高是业内众所周知的事实，体现在运输距离、运输方式、电池类型、运输规模、市场需求、运输合规要求及地理气候条件等方面。2019 年，为了统一各地的危险货物运输车辆通行高速公路管理政策，我国颁布了《危险货物道路运输安全管理办法》，办法明确公安机关综合考虑相关因素，确需对通过高速公路运输危险化学品，依法采取限制通行措施、限制通行时段，应当在 0 时到 6 时之间确定。

2）拆解和分拣成本

拆解和分拣成本是指动力电池收购回来需要进行拆解、分拣等预处理所产生的费用。中国动力电池的拆解和分拣成本取决于多个因素，包括电池类型、规模、技术水平、安全要求、劳动力成本、设备投资、材料回收率等。拆解电池是一个复杂且技术密集的过程，需要专门的设备和培训有经验的人员。以下是影响动力电池拆解成本的主要因素。

① 电池类型和规模：不同类型电池的化学组成、结构特点和拆解难度不同，影响拆解设备的选择和成本。

② 拆解技术和设备：自动化设备的购买、维护和升级成本，以及工人培训和技术更新的成本。

③ 劳动力成本：拆解人员的技能水平、效率和安全性对成本有直接影响。

④ 安全要求和环保合规：投资于安全设备、培训、环保设施等。

⑤ 材料回收率和再利用率：成本可以通过回收的材料价值来部分抵消，高回收率意味着更好的经济效益。

⑥ 设施和设备维护：确保设备正常运行和安全操作的维护成本。

⑦ 材料处理成本：确保对不可回收材料的安全处理和处置的成本。

总的来说，电池拆解的成本是一个综合考虑设备、技术、劳动力、安全和环保等多方面因素的结果。为了降低成本，提高效率和经济效益，持续的技术创新、规模化运营、安全合规以及材料再利用率的提高都是关键因素。

3）污染控制成本

污染控制成本是指为满足环保及安全政策的要求，回收过程中所产生的废气、废液和残渣，需要进行无害化处理产生的费用。在节能减排趋势下，全世界都在积极寻求清洁能源代替化石燃料，新能源汽车成为实现碳中和的重要驱动力。然而，动力电池从材料提取到回收完成都存在一定的能耗和污染。因此涉及处理电池生产、使用和废弃过程中可能产生的污染和环境问题都需要考虑污染控制成本。这些成本包括采取措施以减少、监管或清理与动力电池生产和废弃相关的污染物。以下是影响动力电池污染控制成本的主要因素和相关的考虑。

① 生产阶段的污染控制成本：包括污水处理设备、废气处理设备、化学品处理设备等的购置、运行和维护成本。

② 使用阶段的污染控制成本：包括监管、车辆尾气排放控制、电池回收和再利用的成本。

③ 废弃阶段的污染控制成本：包括废电池回收、处理、安全处置和环境修复等成本。

4）安全成本

在电动车领域，动力电池的成本与安全均占据首要地位，事实上，这两者都至关重要，缺一不可。动力锂电池管理系统应当将安全系数作为主要关注点。然而，从另一个角度来看，为确保安全，就必须采用高质量的材料，同时对锂电池技术也提出更高要求。安全不触碰底线的成本，高安全需求是否就意味着不关心成本？这显然是不可能的。可接受的成本是关键，是起跑线，只有符合经济原则，运输企业等各方才能接受。若能从根本上解决问题，让动力电池自身具备足够的安全性，那么周边工程的设计将拥有极大的自由度，成本也会随之大幅降低。除此之外，我们还需重视安全成本本身所涉及的多方面投入，包括质量检验、安全标准制定、生产过程监控、产品测试、质量改进、培训以及合规投入等。

**（2）梯次利用成本**

动力电池第一批退役潮正在袭来。在业内看来，动力电池在新能源汽车上的使用年限一般在 3～5 年，当电池容量降至 75% 左右就要被淘汰。由此测算，第一批投入市场的新能源车动力电池基本处于淘汰临界点。来自中国汽车技术研究中心的预测显示，2018～2020 年全国累计报废动力电池将达 12 万～20 万吨，而到 2025 年这一数字将飙升至 78 万吨。然而退役动力电池仍然具有很高的能量价值，其梯次利用兼具环保和经济价值。储能电池的梯次利用，实现了电池的全寿命综合应用，令其使用价值和经济效益发挥到最大。

当前，梯次利用企业回收退役的动力电池须具备五步处理工序。

① 分类：筛选出未损坏的电池，并进行 SOH 评估。

② 拆解：在自动拆解线上将电池包拆解，得到电池模块。

③ 梯次利用性能检测，包括外部特性测试、解体测试、热失控分析等，并确定适合的应用场景。

④ 重组：将电芯重组成模块加入 BMS、电池外壳等，设计容量和功率匹配。

⑤ 检测认证新的电池包。

其中，梯次利用储能最为关键的问题就是检测环节，只有正确判断退役电芯或模组的工作状态，才能进行相匹配的梯次利用，因此导致评估电池状态、测试剩余容量、衡量寿命等成本高。除此之外，梯次利用成本受再制造成本、再利用效率、再制造技术、市场需求、法律法规等影响。再利用过程中，需要投入对电池进行再制造、修复、升级、测试等过程的成本，包括设备投资、材料成本、人工成本等。

**（3）资本支出**

资本支出涵盖了制造、研发、技术升级、设备购置、基础设施建设等方面的投资。这些资本支出对于动力电池产业的发展和竞争力至关重要。以下是中国动力电池产业的资本支出主要方面。

① 制造设备和工厂建设：购买、安装和维护动力电池制造所需的设备，以及建设、改建或扩建制造工厂。

② 研发与创新：研发新技术、新材料、新工艺等，以提升电池性能、降低成本，保持行业竞争力。

③ 技术升级与改进：更新现有设备，改进制造工艺，提高产能和效率。

④ 基础设施建设：包括电力供应、水处理、废物处理等基础设施建设。

⑤ 质量控制系统：建立质量控制体系和质量检测设备，确保产品质量。

⑥ 环保和安全投资：遵守环保和安全法规，采取环保设施和安全措施，确保生产过程的环保合规。

动力电池产业的资本支出是推动其发展和提高竞争力的重要因素。资本支出需要根据行业特点、市场需求、技术发展等因素进行综合考虑和规划，以确保投资的合理性和效益。

**（4）运营周期成本**

动力电池的运营周期成本包括了电池在整个使用寿命内的运营和维护成本。这些成本涵盖了购买、充电、维护、更换、废弃处理等方面的费用。以下是动力电池运营周期成本的主要方面。

① 购买成本：购买动力电池的初始投资，包括电池本身的价格及安装费用。

② 充电成本：使用电力将电池充满的费用，包括充电设备的购买、电力费用等。

③ 维护和保养成本：对电池进行维护、保养、监控和诊断的费用。

④ 更换与升级成本：电池寿命结束或需要升级时的电池更换或升级费用。

⑤ 退役处理成本：电池寿命结束后的处理成本，包括回收、处理、安全处置等费用。

⑥ 电池寿命和寿命管理：管理电池寿命，优化电池的使用和运行，以延长电池寿命，降低成本。

⑦ 充电设备和基础设施成本：为电池提供充电所需的设备和基础设施的成本。

⑧ 风险管理成本：为应对电池可能面临的风险（如安全风险、市场变化等）而采取措施的费用。

综合来说，动力电池的运营周期成本是一个综合考虑电池购买、使用、维护、退役等方面的成本。在运营周期内，需要合理管理和优化这些成本，以确保电池系统的经济性、可靠性和可持续性。

**（5）风险和不确定性**

动力电池作为电动汽车等电动交通工具的核心组件，面临一系列的风险和不确定性。这些风险和不确定性可能来自技术、市场、政策等多方面因素。以下是对动力电池面临的主要风险和不确定性的分析。

1）技术风险及不确定性

技术风险：性能不稳定、寿命不达预期、安全隐患、原材料供应不稳定及技术不成熟等技术风险都会降低电动车辆的续航里程、充电速度等，影响用户体验和市场竞争力。

不确定性：未来的技术突破、研发进展可能会影响电池性能、寿命、安全性等。

2）成本风险及不确定性

成本风险：电池成本可能受到原材料价格波动、制造工艺改进、规模效应等因素的影响，成本预估存在不确定性。

不确定性：原材料价格波动、全球供应链紧张、技术成熟度提高等因素可能导致成本的不确定性。

3）市场需求风险及不确定性

市场需求风险：电动汽车市场受多种因素影响，包括政策、消费者偏好、经济情况等，市场需求难以准确预测。

不确定性：政府政策变化、竞争对手产品推出、石油价格波动等因素会影响电动汽车市场需求。

4）政策和法规风险及不确定性

政策和法规风险：政府的政策和法规可能对动力电池的制造、销售、使用产生影响，可能产生不利影响。

不确定性：政府政策的变化、新法规的出台等可能对电池产业产生正面或负面影响。

5）安全风险及不确定性

安全风险：动力电池可能面临安全隐患，如电池过热、短路、火灾等。

不确定性：随着技术发展，电池安全措施的不断提升，但仍然存在潜在的安全风险。

6）供应链风险及不确定性

供应链风险：电池制造依赖于全球化供应链，因原材料、零部件供应不稳定、质量问题等可能受到影响。

不确定性：地缘政治、贸易战、自然灾害等因素可能导致供应链的中断或不稳定。

7）环境可持续性风险及不确定性

环境可持续性风险：电池的制造和处理可能对环境造成影响，可能面临环保和可持续性压力。

不确定性：环保法规的变化、社会对可持续性的关注可能导致环境风险的不确定性。

综合考虑这些风险和不确定性，电动汽车和动力电池产业需要制定相应的风险管理策略，包括技术研发的持续投入、多样化的市场开拓、灵活的供应链管理、合规性管理、安全风险评估等。同时，要密切关注相关政策、技术创新、市场动态等，以及及时调整策略以应对不确定性。

**(6)成本效益分析**

动力电池的成本效益分析旨在评估动力电池系统的投资成本与使用效益之间的关系，以确定其经济可行性和效益。这种分析考虑了电池的生命周期成本、使用效能、环保效益、社会效益等因素。以下是进行动力电池成本效益分析时应考虑的主要方面。

① 总体投资和成本：分析投资电池系统的初始成本，包括购买电池、安装、系统集成、充电设备等。同时要考虑运营、维护、废弃处理等生命周期成本。

② 运营和维护成本：考虑电池系统的运营和维护成本，包括充电成本、维护费用、监控系统、维修等。比较这些成本与传统燃油车辆的运营成本。

③ 环保效益：考虑电动车和电池系统相对于传统燃油车的环保效益，如减少碳排放、降低空气污染等，估算这些效益的经济价值。

④ 社会效益：评估电池系统的社会效益，包括对城市交通拥堵的缓解、对能源安全的贡献、对经济发展的促进等。这些效益可能难以直接量化，但是可以通过一些间接方法进行评估。

⑤ 经济回报率（ROI）分析：计算电池系统的经济回报率，分析投资获得的收益与投资成本的比例，确定投资的经济可行性。

⑥ 灵活性和未来发展潜力：考虑电池系统的灵活性，包括其适应不同应用场景的能力以及未来技术发展的潜力，以判断长期投资的可持续性。

⑦ 风险评估：对潜在的风险进行评估，包括技术风险、市场风险、政策风险等，并制定相应的应对策略。

## 5.2 产业发展预测

退役动力电池循环利用产业发展是一个重要的环保和经济议题，特别是在电动汽车和可再生能源领域快速增长的环境下。目前我国已成为世界第一大新能源汽车产销国，动力电池装机量也在逐年攀升，2023 年全球动力电池装车量达到 705.5GWh，同比增长 38.6%。在装车量前十名的企业中，中国动力电池企业占据 6 个席位，合计市场份额达 63.5%，2025 年，全球动力电池市场或将继续增长，全球动力电池装车量有望达到 823.2GWh。

动力电池的使用年限一般为 5～8 年，电池容量衰减至 80% 以下后，不能有效满足新能源汽车使用需求。2016 年以来我国新能源汽车产业进入快速发展期，业内预测动力电池即将迎来退役高峰。中国汽车技术研究中心测算估计，到 2025 年，我国退役动力电池总量将达 116GWh，约 78 万吨。如此大量的废旧动力电池若处理不当，可能造成固体废物填埋量大、重金属污染、粉尘污染、水污染等多种环境污染问题。发展废旧动力电池回收产业已成为全球共识。目前废旧动力电池回收利用的主要方式有梯次利用和再生利用两种。梯次利用是将退役的动力电池进行筛选，选择电池包或模组中性能较好的电池在其他领域进行再次使用。再生利用是将废旧动力电池通过拆解、提炼金属等方式进行资源化处理，回收有价值的再生资源。现阶段退役的动力电池在性能和原始设计上考虑不足，导致梯次利用的经济性和安全性还有待提升，产业规模有限，下游需求不确定性较强。相比之下，再生利用产业发展较快，在能源安全和产业链带动等方面具有较大价值。

### 5.2.1 产业发展现状

再生利用方面，工艺流程分为预处理和化学处理两个阶段，根据化学处理技术的不同又分为湿法、火法和直接修复再生。我国主流的回收技术以湿法为主，湿法具有金属资源回收率高的优势，但存在回收过程长及废水、废物排放等问题。国外同期主要以火法为主，该工艺流程较为简单，且国外在火法处理装备上具有明显优势，但该法存在资源回收率偏低、能耗高、废气处理难度大的问题。近年来，国内外动力电池回收企业均呈现整体破碎 + 火湿法组合处理的工艺趋势。同时国内回收企业逐步在节能降耗、提质增效方面下功夫。

我国在电池拆解、材料分离和再生利用等关键技术方面已经实现产业化，建成了大规模产业化基地。开展了放电预处理技术、拆解实现正负极材料和集流体分离技术、正极活性物质和铝箔分离技术、正极材料酸浸 / 碱浸技术、正极材料再生和火法回收技术的研究，在负极材料的热处理技术、浸出 / 研磨浮选技术、石墨再生技术等关键技术研究上取得了一定成果。国内在产业技术和产业规模上与国外先进水平相当。行业龙头企业如邦普循环、格林美等通过优化回收工艺流程，综合回收率还要高于行业平均水平，基本可实现动力电池关键核心原材料的重复利用。

梯次利用方面，新型动力电池在初始设计时考虑了针对梯次利用的应用场景。随着设计水平和制造水平不断提升，预计废旧动力电池在梯次利用方面的安全性、经济性将有较大提升。

**（1）政策法规**

2018 年 7 月，工业和信息化部发布《新能源汽车动力蓄电池回收利用溯源管理暂行规定》（以下简称《规定》），提出建立“新能源汽车国家监测与动力蓄电池回收利用溯源综合管理平台”，这是我国开展动力电池溯源管理的第一步，《规定》明确了汽车生产企业、电池生产企业、回收拆解厂商、梯次利用和再生利用企业等各类市场主体的数据管理责任，覆盖了动力电池的全生命周期。平台实施效果显著，截至 2023 年 12 月底，收录的新能源汽车数量已超过 2041 万辆。平台的建立实现了我国对动力电池的数据化管理，为推动建立动力电池循环经济奠定了良好基础。

2019 年 12 月，《新能源汽车废旧动力蓄电池综合利用行业规范条件（2019 年本）》（简称《规范条件》）发布，行业内企业自愿申报，工业和信息化部从布局与选址、技术、工艺、能耗等方面对业内企业进行综合评估。截至 2023 年 12 月底，已累计发布了五批次符合条件的企业名单，共计 156 家，其中第五批次企业数量为 88 家，占比达 56%，也代表国家对于行业高速发展的认可。白名单在规范行业发展的同时，对行业领先企业进行了信用背书，也为地方政府和金融机构提供决策参考依据，有利于龙头企业的长期发展。

**（2）产业发展预测和趋势**

退役动力电池循环产业在未来几年将继续蓬勃发展，具备巨大的商业潜力和环保价值。然而，要实现这些潜力，需要继续投资于研发和创新、建立合作关系、推动政策制定和遵守法规。随着技术不断进步和行业不断成熟，这一产业将为我们的社会和环境带来更多好处。

① 市场规模和增长趋势：随着电动汽车销量的持续增长，预计未来几年将有大量电池退役。根据国际能源署（IEA）的估计，到 2030 年，电池回收市场的价值可能会达到数十亿美元。这一市场规模的快速增长将吸引更多的投资者和参与者。

② 技术创新：电池回收和再制造技术将继续改进，以提高效率、降低成本并减少环境影响。例如，新型电池分解和材料回收技术，深冷分解和溶剂提取有望取代传统的方法，提高资源回收率。

③ 二次利用市场：预计未来将看到更多的退役电池被用于二次利用领域，如储能系统、家庭能源储备和微电网。这些应用将在可再生能源整合、电力负荷平衡和应急备用电源方面发挥重要作用。

④ 地方化和分布式系统：一些地区将采用地方化和分布式的电池回收和再利用系统，以减少电池运输的成本和环境影响。这将为本地社区提供更多的经济机会，并有助于减轻电池处理中心的压力。

⑤ 国际市场和合作：电池回收和再利用产业将成为国际市场，各国将加强合作以分享最佳实践和技术。同时，国际标准的制定和采纳将有助于行业的国际化和标准化。

⑥ 环保法规和可持续发展：政府将继续制定和执行环保法规，以确保电池的安全处理和回收。这些法规将有助于减少环境污染，并推动行业向更可持续的方向发展。

⑦ 成本下降：随着规模扩大、技术改进和竞争加剧，电池回收和再利用的成本预计将逐渐下降。这将使得电池循环产业更加经济可行，促使更多的企业和投资者加入。

### 5.2.2 中国废旧动力电池产量预测

我国首批新能源车动力电池退役潮即将来临。近年来国内新能源汽车销量高速增长，动力电池装机量也随之迅速攀升，从 2018 年的 92.5GWh 增长至 2023 年的 705.5GWh，5 年 CAGR 为 50.13%。根据动力电池联盟和弗若斯特沙利文预测，国内动力电池装机量 2026 年将达到 762GWh，5 年 CAGR 为 38%。早期安装的三元锂和磷酸铁锂电池的循环次数分别为 1500～2000 次和 2000 次以上，使用寿命 4～6 年；随着动力电池能量密度逐渐提升，近两年新推出的车用电池平均寿命可达 6～7 年，据此推算动力电池的平均寿命大约为 6 年。预计在 2017 年前后国内首批大规模应用的新能源汽车动力电池将在 2023～2024 年迎来第一波退役潮，再次提升市场对锂电回收产业的关注度。

按退役电池量推算，可供回收废旧动力电池市场空间在2030年将达1485亿元，2022～2030年间CAGR达24%，行业随动力电池退役加速进入高增长期。

**（1）装车量假设**

根据动力电池联盟和弗若斯特沙利文预测，2026年国内动力电池装车量将达到762GWh，其中三元锂和磷酸铁锂分别为305.80GWh和456.00GWh，5年CAGR分别为32.7%和41.7%。

**（2）能量密度假设**

根据《电动乘用车能量密度及续驶里程2020年度报告》数据，2020年国内动力电池平均能量密度为146.42Wh/kg，假设三元锂电池平均能量密度比整体高10%，磷酸铁锂电池平均能量密度比整体低10%，其他动力电池平均能量密度与整体一致，按照对数函数拟合可以推算出2021～2030年各类动力电池的平均能量密度。

**（3）电池退役量假设**

根据综合动力电池装机量和能量密度数据，可以推算出2017～2026年各类动力电池装车量的重量；假设三元动力电池平均寿命为5年，则可以对应到2022～2030年的可供回收废旧动力电池的数量，预计2025年可供回收废旧动力电池总量达42.83万吨，到2030年升至300.11万吨。

**（4）废旧动力电池回收市场空间**

根据调研，2022年三元电池与磷酸铁锂电池回收单吨收入分别约为13万元和5万元。由于回收收入受金属价格影响较大，假设锂价格回落，每吨动力电池回收收入在2023年后以每年5%幅度下降；对应每年各类型电池装机量，预测2025年废旧动力电池回收市场空间分别为331.4亿元，2030年可达1485.33亿元。从环保、资源稀缺性角度，回收利用锂电池对我国新能源产业具有重要意义。从环保角度看，动力电池中含有的钴、镍、铬等金属会对人类健康和生态系统带来损害，若废旧动力电池处理不当将会造成巨大的环境污染。从资源角度看，我国新能源电池装机量快速攀升，2023年动力电池装机量占全球63.5%。在此背景下，资源提供重要性再次突出，我国的钴矿、镍矿、锰矿和锂矿储量仅占全球总储量的1%、3%、4%和7%，合理回收退役电池对我国新能源金属资源供给具有重要意义。

### 5.2.3 废旧动力电池循环利用市场规模

磷酸铁锂和三元电池是动力电池两大主力。磷酸铁锂电池的循环次数高，从新能源汽车上报废拆解下来后，还具有很大的利用价值，比如应用在电信基站的供电、家庭储能等领域，继续发挥作用；而三元电池报废以后很难再继续使用，一般直接对其进行拆解回收金属材料。目前磷酸铁锂电池的梯级利用并不理想，这是因为前期电池Pack技术水平限制，并没有完善的电池余量和充放电次数检测手段，拆解分拣成本高昂，再加上运输和组装成本，磷酸铁锂电池梯级利用的效益不高。随着国家针对电池管理的技术标准出台，对电池的跟踪监测会逐渐普及，未来梯级利用的空间将非常大。

图 5.2 为全球动力电池回收市场规模预测。从全球来看，在 2021～2025 年，全球动力电池回收市场将小规模放量，累计退役规模可达 380GWh；而 2026～2030 年，全球动力电池回收市场将全面爆发，其累计退役规模将达到 1.2TWh。国际市场研究机构 Technavio2021 年 10 月发布报告称，2021～2025 年，全球锂离子电池回收市场规模有望增长 11.1 亿美元，其间年复合增长率达到 17.76%。中投产业研究院发布的《2022～2026 年中国废旧电池回收利用行业深度调研及投资前景预测报告》指出，电动汽车需求的增加显著推动了锂离子电池回收市场的增长。同时，对金属资源的再利用和对环境的保护也将促进电池回收市场的增长。从区域市场来看，预测期内 85% 的市场增长将来自亚太地区。中国、韩国和日本是亚太地区锂离子电池回收的主要市场。根据国际环保组织报告测算，2020～2030 年全球累计动力电池退役量达到 1.3TWh，约 1000 万吨，未来动力电池后市场有着较大的爆发潜力。动力电池达到规定的退役条件后，可以梯次利用，三元电池可以有效回收其中的镍、钴、锂等元素，碳酸锂的高效回收技术也在探索中。从投资的角度来看，因为政策还不完善，回收市场的经济性还不高，目前回收主体主要还是为了保持电池原材料的供应。未来随着技术进步，动力电池回收有望单独贡献盈利，预计在未来五年突破千亿规模，其中锂资源的回收市场空间最为可观。

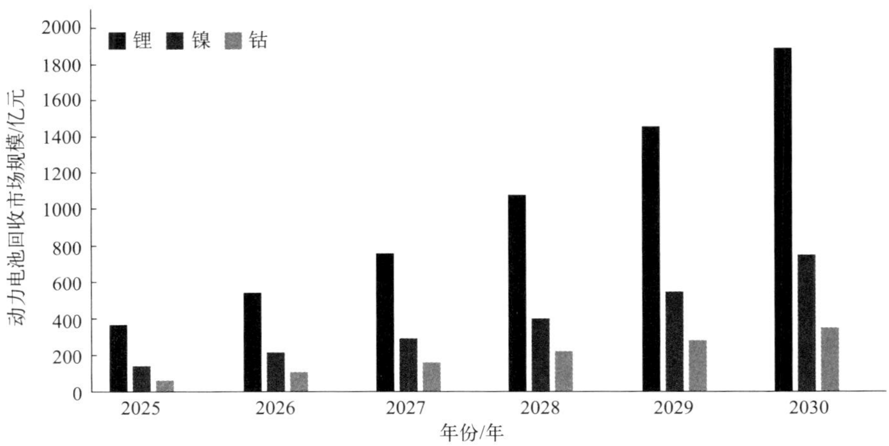


图 5.2　全球动力电池回收市场规模预测

从中国来看，我国锂电池出货量近年来高速增长。随着我国新能源汽车产销量不断提高，动力电池的出货量快速提升，此外，储能用锂电池在能源结构转型背景下的需求也得到快速释放，消费锂电池需求稳步增长。随着全球对环保意识的提升和政府对废旧电池回收的鼓励政策，2023 年废旧锂电池回收市场呈现出蓬勃发展的态势。根据相关数据，市场规模持续扩大，预计年增长率超过 15%。这主要得益于新能源汽车及储能市场的高速增长，带动了锂电池出货量的不断增加，进而促进了锂电池回收量的增长。

根据 EVTank 联合伊维经济研究院发布的《中国锂离子电池回收拆解与梯次利用行业发展白皮书（2024 年）》，2023 年中国锂离子电池实际回收量达到 62.3 万吨。这一数据相较于之前年份有显著增长。2023 年实际回收的三元锂电池及废料为 24.9 万吨；实际回收的磷酸铁锂电池废料为36.3万吨，占比提升至68%。图5.3为我国动力电池回收市场规模测算，2025年我国动力电池回收理论规模可达595亿元，至2030年理论可达1406亿元；2025年锂电回收整体市场规模理论可达1264亿元，至2030年理论可达2351亿元。

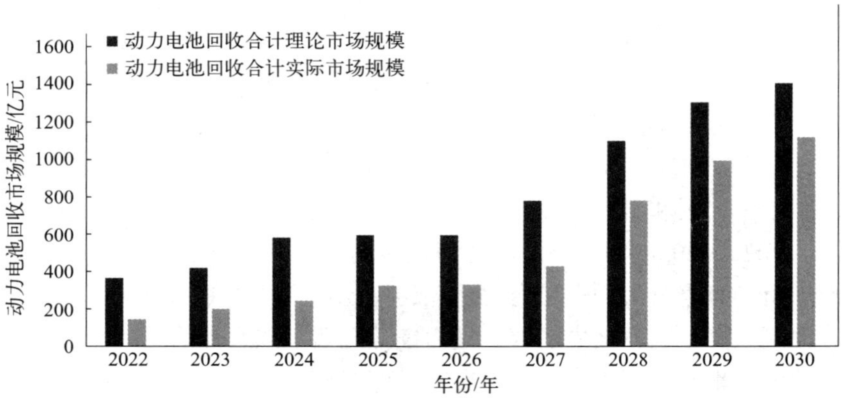


图5.3 中国动力电池回收市场规模测算

第6章

# 动力电池全生命周期碳足迹分析

动力电池全生命周期的环境影响是一个复杂的问题，涉及从原矿开采、材料生产、电极材料生产、电池制造、锂电消费到锂电回收6个阶段，每个阶段都可能对环境产生不同程度的影响。动力电池的生产会消耗大量的资源，例如开采稀有金属（如锂、钴、镍等），这些金属材料的开采和提炼过程中会产生大量的废水和废气，对环境造成一定的污染。电池材料生产以及电池组装过程中通常需要高温冶炼和大量能源投入，间接导致碳排放增加。此外，在电池退役后，通过有效的回收和再利用，电池中的有价值材料可以被重复利用，减少了废物的产生和对环境的污染。然而，电池回收过程中也会产生一定的环境影响，如需要消耗能源，且某些回收过程可能会产生有害物质。总的来说，动力电池全生命周期对环境的影响是双向的。一方面，它们在使用阶段有助于减少温室气体排放，缓解气候变化；另一方面，它们的生产和回收过程需要消耗大量资源，可能会对环境造成负面影响。

因此，如何量化动力电池全生命周期的环境影响、如何根据环境影响结果提出改进策略、如何准确量化资源化利用阶段碳减排量，是产业可持续发展需要面临的重要问题。本章将分为5个小节进行探讨：6.1节简要介绍了生命周期评价方法，并解析了其步骤及要点。6.2节对目前动力电池生产过程的生命周期研究进行分析，分析当前动力电池生产过程生命周期环境影响研究现状与不足；6.3节对目前动力电池循环利用过程的生命周期研究进行分析，分析动力电池循环利用过程环境影响研究现状与不足；6.4节提出动力电池资源化利用温室气体减排绩效评估方法，旨在准确量化动力电池资源化利用的碳减排量，对比不同回收技术的温室气体减排绩效，进一步提高回收工艺温室气体减排效益的路径；6.5节凝练了电池生命周期碳排放研究现状与不足，并展望未来发展方向。

## 6.1 生命周期评价方法与分析步骤介绍

生命周期评价（life cycle assessment，LCA）作为评估产品全生命周期内环境影响的重要工具，对于动力电池环境影响研究尤为关键。通过LCA，可以系统地评价从原材料采集、加工到电池生产、使用乃至回收阶段的环境影响，为制定减轻环境负面影响的策略提供科学依据。随着动力电池销量和装机量的快速增长，对其生产过程中可能产生的环境影响进行全面的评估变得尤为重要，以确保新能源汽车产业的可持续发展。生命周期评价主要分为目标与范围定义、清单分析、影响评估、结果解释 4 个步骤（图 6.1）。

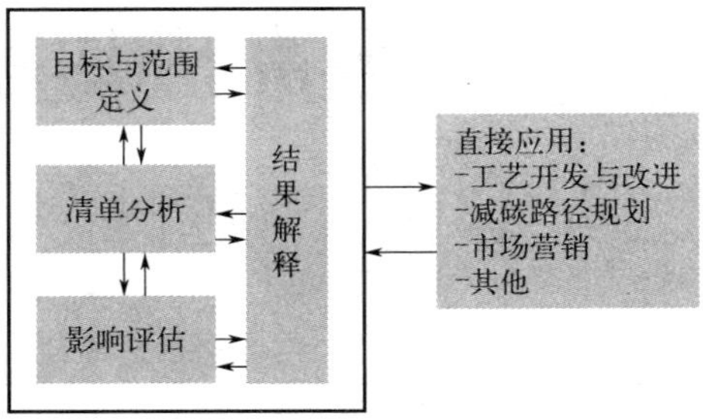


图 6.1　生命周期评价步骤

### 6.1.1　目标与范围定义

目标与范围定义是 LCA 的第一步，涉及研究的目的、研究对象的边界、所考虑环境影响的类型以及假设和限制条件的明确。在这一步中，还需要确定评价的功能单位，即评价结果的参考基准。本节中的电池生产过程，为从矿产开采到电池组装的“摇篮到大门”的生产系统。其中，矿产开采阶段涉及从自然资源中提取锂离子电池的原材料，如锂、钴、镍、锰等。原料加工则是通过物理与化学方式，将提取的原材料转化为磷酸铁锂和三元锂等电池生产的前驱体材料。在材料制备阶段，前驱体材料被进一步转化为组成电池电芯的活性物质，如正极材料、负极材料、隔膜和电解液等。前述活性物质在（电池）零件制造阶段被集成为电池电芯或进一步的电池模组，并经过一系列性能测试以确保其安全性和寿命等符合标准。在电池组装阶段，电池电芯或电池模组与电池管理系统（BMS）等被组装为可用于设备的电池系统，并在分销阶段进入新能源车和消费电子设备等下游产品。

### 6.1.2　清单分析

清单分析（life cycle inventory，LCI）这一步骤涉及数据的收集和计算，目的是确定产品生命周期中所有输入（如原材料、能源）和输出（如废物、排放）的数量。这是一个数据密集型的过程，需要收集大量的原始数据。数据最好是特定于企业的（一手数据），也可以来自文献、数据库或行业平均值（二手数据）。此外，要注意评估所收集数据的质量，包括完整性、准确性、一致性和代表性。通常会通过绘制包括所有重要生产过程步骤、能源和物料流的流程图，有助于识别和理解系统的关键环节。根据收集量化的结果，编制完整的生命周期清单，作为接下来的生命周期影响评估的基础。同时通过分析清单，可以识别整个生命周期中的关键问题，如哪些阶段或者过程的直接环境影响最大，主要的环境负荷是什么等。本节中的电池生产过程，需要收集与动力电池生产相关的所有数据，包括矿产开采、原料加工、材料制备、电池组装过程中使用的原辅料、能耗和排放等。

### 6.1.3 影响评价

影响评价是将 LCI 阶段收集的数据转化为对环境影响的信息。这包括选择和应用影响评价指标、分类、特征化（将不同的排放和资源消耗转化为对特定环境影响类别的贡献）、归一化和加权（可选）。其中影响评价指标扮演着重要的角色，它们可以量化产品或服务在其生命周期中对环境的潜在影响。常见的影响评价指标包括以下几种。

① 全球变暖潜能：衡量产品生命周期中温室气体排放对地球温室效应的贡献。

② 酸化潜能：评估产品生命周期中排放的酸性物质对土壤、水体和大气的影响。

③ 富营养化潜能：衡量由于氮、磷等营养物质的排放导致的水体富营养化问题。

④ 臭氧层破坏潜能：评价产品生命周期中排放的物质对臭氧层的破坏程度。

⑤ 资源消耗：衡量在产品生命周期中消耗的自然资源量，如水资源、矿物资源等。

⑥ 生态毒性：评估产品生命周期中有害物质对生态系统的潜在毒性影响。

影响评价指标的选择以及进一步归类计算主要取决于评价结果的需要。

### 6.1.4 结果解释

结果解释是 LCA 的最后一步也是关键一步，涉及对前三个步骤的结果进行分析和解释，以提供关于产品或服务整个生命周期环境影响的全面理解。通过对 LCA 结果的解释，首先，可以识别出产品或服务生命周期中对环境影响最大的阶段或过程。这有助于集中资源，更有效地减少整体环境影响。其次，可以揭示减少环境影响的潜在机会。通过分析影响评价指标和生命周期各阶段的贡献，可以识别出改进产品设计、生产过程或废弃处理方式的方法。最后，可以为决策者提供有关产品或服务环境影响的详细信息，帮助他们做出更加明智的决策。例如，通过比较不同产品或服务的环境影响，决策者可以选择更加可持续的选项。在这一步中，可能会进行敏感性分析、不确定性分析和结果的批判性审查，以确保 LCA 的可靠性和准确性。

## 6.2 动力电池生产过程生命周期分析

动力电池生产过程作为生命周期中至关重要的环节，其复杂性、能耗、排放以及资源利用效率等特性需要得到充分、系统的研究与评估。一方面，生产动力电池涉及多阶段多步骤，例如正极材料（磷酸铁锂或三元材料）的制备涉及复杂的化学工艺过程，如共沉淀、烧结、掺杂等，需要精确调控反应条件以获得理想的晶体结构和颗粒形貌。负极材料（如石墨或硅基材料）的处理同样需要精细控制，如研磨、改性、涂覆等，以提高其电化学性能和与电解液的兼容性。这些过程不仅直接影响电池的性能、成本，还对环境产生显著影响，包括温室气体排放、水资源消耗、重金属及有害物质排放等。另一方面，政策层面正在逐步加大对动力电池产业环保合规、碳足迹削减以及循环经济发展的要求。

电池生产过程对环境的影响需要准确量化，并且如何通过环境影响结果为政策制定提供有力的数据支持、引导企业实施绿色制造已成为亟待解决的问题。通过生命周期评价生产过程中各环节的环境影响因素及影响程度，识别关键环境瓶颈和节能降耗潜力，为动力电池制造企业优化工艺流程，采用清洁生产技术提供科学依据，助力实现绿色制造。此外，基于生命周期分析结果，揭示动力电池生产过程对资源安全、环境保护、碳减排目标的影响，为政策制定者制定合理的资源管理政策、环保法规、碳排放标准以及激励机制提供数据支持，推动产业绿色发展。

### 6.2.1 动力电池生产过程生命周期评价研究

近年来，有不少学者关注到锂动力电池生产过程，也明白量化其环境影响的重要性。当在 WOS（Web of Science）上高级检索［TS=（“lithium-ion batter*” OR“Li ion batter*” OR“Lithium-ion power batter*” OR“batter* pack”）AND TS=（“life cycle” OR“life-cycle” OR“LCA” OR“unit process”）AND TS=（“production” OR“manufacture” OR“produce”）］关键词时，会检索出 912 篇相关文献。其中，国外学者发表的研究占比 43.9%，中国学者发表的相关研究占比 56.1%。这一数据与中国是世界锂动力电池销量大国与出口大国的现实相匹配，说明锂动力电池市场的蓬勃发展受到了国内众多学者的关注，动力电池生产过程具有巨大的研究价值以及经济价值。从文献的发表时间上检索的结果（图 6.2），可以看出近 5 年国内外锂动力电池生产以及生命周期评价的研究越来越受到关注，文章发表数量从 2015 年开始不断增加，2021 年到 2023 年中国学者所发表的研究文献增长趋势超过其他国家。

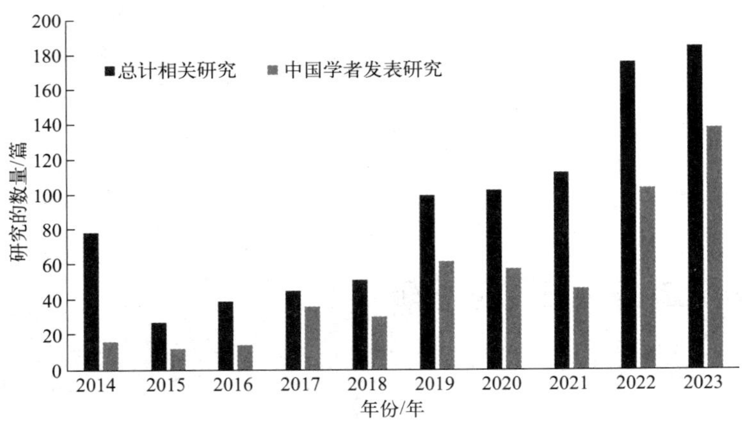


图 6.2 锂电池生产过程生命周期评价相关文献年份分布

接下来对已公开发表的有关中国锂动力电池生产的 20 篇文献进行全面回顾与深度分析，深入剖析当前动力电池生产过程生命周期研究的核心焦点，即关注的具体电池类型及其研究范围界定。在此基础上，我们将详细探讨各个研究采用的方法论路径，包括数据获取来源、在评估环境影响时所采纳的数据模型或软件以及环境影响类别。进而整合这些研究成果，揭示它们关于动力电池生产过程中量化的环境影响及结论（表 6.1）。

表 6.1　动力电池生产过程生命周期评价相关研究

| 序号 | 年份 | 目标与范围 | | | 清单分析 | | 影响评价 | | 结果解释 |
|---|---|---|---|---|---|---|---|---|---|
| | | 电池类型 | 功能单元 | 系统边界 | 实景数据来源 | 背景数据来源 | 评估方法 / 影响类别 | 计算软件 | |
| 1 | 2010 年 | $LiMn_2O_4$ 电池 | 1kg | 锂离子电池所需的生产步骤：从锂的提取和电极生产到电池组装 | ecoinvent 2.01 数据库 | ecoinvent 数据库 | 全球变暖潜能值（GWP 100）累积能源需求、分层视角和平均权重（EI99 H/A）的生态指标、CML 方法（非生物耗竭潜能值） | — | 锂离子电池的生产以阳极、阴极和电池组的生产为主。单节电池、隔膜、锂盐和溶剂起次要作用。除了电池外，电池组还包含一个钢盒、电缆和印刷线路板。在所有影响评估方法中，这些组成部分的份额相对较高，超过 20% |
| 2 | 2010 年 | LFP | 10kWh | 材料生产、运输、电池生产、电池组装 | 文献、Swerea IVF 实验室数据 | ecoinvent 2.0 | 全球变暖潜能值、酸化、臭氧消耗、光化学烟雾、富营养化 | — | 在生产阶段，全球变暖影响的 4 个最主要来源为电池制造、电子元件和阴极的能源使用。超过 1/2 的全球变暖影响源于制造过程中的能源使用。在生产阶段，运输占温室气体总排放的 3% 左右 |
| 3 | 2017 年 | LFP、NMC、LMO | 1kWh | 材料开采、材料加工、零件制造和电池制造 4 个环节 | 文献、工厂调查 | 文献、统计年鉴 | 温室气体排放量 | BatPac 模型、GREET-2015 模型 | 阴极材料和锻铝的生产是温室气体排放的主要来源，合计约占总排放量的 3/4。从过程能源使用的角度来看，约 40% 的总排放量与用电有关，其中中国的温室气体排放量是美国的两倍多 |
| 4 | 2017 年 | 锂硫（Li-S）电池 | 针对 Li-S 电池组的中型 EV 设定的每千米行驶 | 原材料提取、材料加工、电池制造 | 文献、ecoinvent 数据库 | — | ReCiPe 中点方法：全球变暖潜能值、化石枯竭、臭氧消耗、光化学氧化剂形成、颗粒物形成、陆地酸化、淡水富营养化、海洋富营养化、淡水生态毒性、海洋生态毒性、陆地生态毒性、人体毒性、金属消耗 | — | 在生产阶段，Li-S 电池制造在全球变暖潜能值和化石枯竭影响类别中产生了约 60% 的份额。但锂硫电池比传统的 NCM- 石墨电池更环保，影响降低 9%～90%。未来锂硫电池的大规模生产，预计电池制造的能源强度将显著降低 |

续表

| 序号 | 年份 | 目标与范围 | | | 清单分析 | | 影响评价 | | 结果解释 |
|---|---|---|---|---|---|---|---|---|---|
| | | 电池类型 | 功能单元 | 系统边界 | 实景数据来源 | 背景数据来源 | 评估方法/影响类别 | 计算软件 | |
| 5 | 2018年 | NCM、LFP | 单个动力系统在其生命周期（250000km）内的车辆行驶距离 | 材料提取和加工、制造 | 调查数据、文献、GaBi6数据库 | 文献、GaBi 6数据库 | CML 2001：全球变暖潜能值、酸化潜能值、富营养化潜能值、光化学臭氧产生潜能值、臭氧消耗潜能值、非生物消耗潜能值等 | GaBi6软件 | 在这两个阶段中，LFP始终比NCM具有更高的环境负荷 |
| 6 | 2019年 | LFP、NCM | 1GWh | 原材料的生产和电池的制造工艺 | 工厂的环境影响评估报告和实际生产调查 | — | IPCC方法：碳足迹 | GREET模型 | 与其他材料相比，两种电池的锂化合物的CF非常高。由于开采锂需要非常复杂的过程和大量的温室气体排放。由于实际生产中的消耗量较高，隔膜和石墨的CFs也高于其他材料 |
| 7 | 2019年 | NMC111 | 1kWh | 从地下提取原材料（例如矿石、盐水、原油）开始，到电池组离开工厂大门之前的生产结束 | 行业数据 | BatPaC模型 | IPCC第五次评估报告：温室气体排放量、氮氧化物排放量、硫氧化物排放量、可吸入颗粒物排放量、耗水量、累计能耗（化石能源和可再生能源） | GREET模型 | 活性正极材料、铝和电池生产的能源使用是与NMC 111电池相关的从摇篮到大门的能源和环境影响的3个最显著的贡献者。NMC 111粉末是NMC 111电池从摇篮到大门能源和环境负荷的最重要贡献者，占总能耗的36.4%，占温室气体排放量的39.1% |
| 8 | 2020年 | LIB | 1kg碳酸锂（纯度99.9%） | 岩石开采、运输和现场生产过程，还考虑了生产原材料的上游过程，包括锂辉石、天然气、电力和辅助材料 | 工厂原始数据、环境监测报告 | ecoinvent 3.1数据库 | CML 2001方法和USEtox 2.11方法的中点表征因子：非生物消耗、用水、酸化潜能值、全球变暖潜能值、光化学臭氧生成潜能值、富营养化潜能值、人体毒性癌症潜能、人体非癌毒性潜能、生态毒性潜能 | GaBi 8.1软件 | 在整个生命周期中，岩石基锂生产对环境的影响以浸出步骤为主，在10个环境指标中，有8个阶段的影响程度最高 |

续表

| 序号 | 年份 | 目标与范围 | | | 清单分析 | | 影响评价 | | 结果解释 |
|---|---|---|---|---|---|---|---|---|---|
| | | 电池类型 | 功能单元 | 系统边界 | 实景数据来源 | 背景数据来源 | 评估方法 / 影响类别 | 计算软件 | |
| 9 | 2020 年 | NCM333-Gr、NCM622-SiGr、NCM811-SiGr | 1 个 NCM 电池的生产 | 研究的产品系统包括采矿和原材料提取、将初级原材料质量提高为电池级材料的加工、组件制造和组装用于电动汽车的 253kg NCM LIB | 统计数据数据库、文献 | ecoinvent 3.5 数据库 | ReCiPe 1.08 中点表征方法：全球变暖潜力、化石燃料消耗潜力、臭氧层破坏潜力、三氯氟甲烷形成潜力、非甲烷挥发性有机化合物排放潜力、$PM_{2.5}$ 形成潜力、土壤酸化潜力、水体富营养化潜力、海洋生态毒性潜力、陆地生态毒性潜力、人类毒性潜力、矿物资源枯竭潜力 | GaBi 软件 | 中国生产锂离子电池的环境成本很高，全球变暖潜能值（GWP）比早期文献所表明的要高出 40%。此外，下一代电池的生产不会导致 GWP 的显著增加，因此，由于产量的增加和规模经济，预计 GWP 将下降。集流体用铜的生产是对人类毒性和生态毒性类别的最重要贡献，其次是硫酸镍生产 |
| 10 | 2020 年 | NMC 111 | 27kWh | 材料开采、材料加工、零件制造和电池组装 | GREET 2018、文献等 | GREET 2018 | 温室气体排放量 | GREET 模型 | 在中国生产的 NMC 111 电池，以中国为主导的供应链将增加 36% 的温室气体排放量，但它们将减少 26% 的用水量。在欧洲生产的 NMC 111 电池以欧洲为主导的供应链将减少 9% 的温室气体排放和水消耗 |
| 11 | 2020 年 | NCM 622 | 1kWh | 材料制备、电池制造、模块和电池组组装 | 工厂<br>材料生产商 | 中国汽车生命周期数据库（CALCD）、ecoinvent 3.0 数据库 | CML-IA 基线 V3.02 方法：一次能源需求、全球变暖潜能值、酸化潜能值、光化学氧化剂产生电位、富营养化潜能值、人类毒性潜能值 | SimaPro 8 软件 | 材料制备阶段是所有环境影响类别的主要贡献者，占总价值的 95% 以上。这些影响主要归因于阴极活性材料（NCM 622）、锻铝和碳酸二甲酯的生产。在生产阶段，真空干燥和涂布干燥是所有环境类别的两个主要过程 |

续表

| 序号 | 年份 | 目标与范围 | | | 清单分析 | | 影响评价 | | 结果解释 |
|---|---|---|---|---|---|---|---|---|---|
| | | 电池类型 | 功能单元 | 系统边界 | 实景数据来源 | 背景数据来源 | 评估方法 / 影响类别 | 计算软件 | |
| 12 | 2021 年 | NCM（111、523、622、811） | 300kg | 从原材料制造到电池组装生产（包含运输环节） | 企业数据、数据库 | MiLCA 2.2 版中配备的环境影响强度数据库（IDEA） | 气候变化、资源枯竭、占用的垃圾填埋场体积、不可再生能源需求 | MiLCA 2.3 软件 | 锂电池对环境的影响随着其从 NCM 111 到 NCM 811 的演变而不断减少。例如，锂电池生命周期中产生的二氧化碳排放量从 2740kg 减少到 2460kg，其中电池原材料制造过程中产生的二氧化碳排放量从 65% 减少到 61% |
| 13 | 2021 年 | NCM、LFP | 由一组电池（4×12V、20Ah）驱动的典型 EB 的总 100km 行驶距离，LFP 和 NCM 电池一次充电可支持典型的 EB 行驶约 45km 和 50km | 材料制备、电池制造、材料运输 | 调查数据、数据库 | 中国参考 LCA 数据库（CLCD）和 ecoinvent 数据库 | ReCiPe 2016 V1.1 中点（H）法：化石消耗潜能值、金属消耗潜力、淡水消耗量、全球变暖潜能值、颗粒物形成电位、光化学氧化剂形成电位、臭氧消耗、电离辐射等 | eBalance 软件 | 材料提取加工阶段是影响整体环境绩效的主要过程，电池制造和运输阶段对环境的影响可忽略不计 |
| 14 | 2022 年 | LFP、NCM | 1kWh | 电极制备、电池生产和电池组装（不包含运输环节） | 文献、环评 | ecoinvent、GREET 和 GaBi 数据库 | CML2001：非生物消耗、非生物消耗（化石）、全球变暖潜能值、酸化潜能值、富营养化潜能值、臭氧层消耗潜能值、光化学臭氧产生潜能值 | GaBi Education 软件 | LIB 生产阶段与所有评估的影响类别相关，特别是对非生物消耗潜能值的贡献超过 50% |
| 15 | 2022 年 | NMC 811 | 1kWh | 原材料的提取加工、电池的零部件制造、电池生产 | 实验、企业研究、文献等 | LCI 数据库 | 温室气体排放量 | GaBi 10.6 软件 | 生产正极材料在电池生产中占比最大（51.69%）。正极材料碳排放的主要贡献来自镍、钴、锂提取和选矿相关上游工艺 |

续表

| 序号 | 年份 | 目标与范围 | | | 清单分析 | | 影响评价 | | 结果解释 |
|---|---|---|---|---|---|---|---|---|---|
| | | 电池类型 | 功能单元 | 系统边界 | 实景数据来源 | 背景数据来源 | 评估方法 / 影响类别 | 计算软件 | |
| 16 | 2022 年 | LFP、NCM | 1kWh | 原料加工阶段使用的原材料来自市场，加工过程中所需的能耗是按照中国标准计算的。动力电池在组装和组合成一个电池单元，然后将电池单元与电池管理系统组合成一个整车动力电池系统 | 国家统计、政府年报、行业协会调查报告、企业调查、相关专利、文献等 | — | ReCiPe 2016 中点法 | SimaPro 9 软件 | 动力电池正极材料中金属的加工是造成资源和环境问题的主要原因，但与使用镍、钴等稀有金属的 NCM 电池相比，LFP 电池生产过程的碳排放量较少 |
| 17 | 2022 年 | LIB | 1kg 碳酸锂（电池级） | 从将盐水泵送到地表直到最终产品碳酸锂离开加工厂 | 文献、建模模拟 | ecoinvent v3.8 数据库 | IPCC 2013 的气候变化、细颗粒物形成、对气候变化和水资源短缺的影响、能源需求（化石燃料）、人类健康影响 | — | 从阿塔卡马盐湖生产 $Li_2CO_3$ 对气候变化的影响最小，茶尔汗盐湖的 $Li_2CO_3$ 对气候变化的影响最大 |
| 18 | 2023 年 | NCM | 1kWh | 从三元锂离子电池生产的电池材料、电池单元和电池系统到它们在电动汽车中的应用 | 企业环境影响评价报告、企业专利、国家标准等 | 中国 LCA 数据库（CLCD）、ecoinvent 数据库和欧盟 ELCD 数据库 | CML 2002：非生物耗竭潜能值、酸化潜能值、富营养化潜能值、中国非生物耗竭潜能值。<br>eBalance：一次能源耗竭。<br>IPCC2007：全球变暖潜能值。<br>IMPACT2002+：呼吸系统无机物 | eBalance 软件 | 总体而言，生产阶段对评估结果的影响大于使用阶段 |

续表

| 序号 | 年份 | 目标与范围 | | | 清单分析 | | 影响评价 | | 结果解释 |
|---|---|---|---|---|---|---|---|---|---|
| | | 电池类型 | 功能单元 | 系统边界 | 实景数据来源 | 背景数据来源 | 评估方法 / 影响类别 | 计算软件 | |
| 19 | 2023 年 | NMC 111、NMC 532、NMC 622、NMC 811、NMC 955、NCA、LFP | 1kWh | 电池生产阶段及其与原材料提取（即摇篮）相关的影响，直至成品电池组的组装（即栅极） | BGS World、Mineral、Production 等 | GREET 2021 库存数据、ecoinvent 3.7 数据库 | 累积能源使用量、温室气体排放量 | GREET 2021 模型 | 整体电池分析显示，所有镍基化学品的温室气体排放量相似。在所有镍基电池化学成分中，阴极的制造，包括活性材料和阴极生产工艺，贡献了最大的温室气体排放份额，占总量的 60%（阴极活性材料占 44%，阴极生产占 12%） |
| 20 | 2024 年 | LFP、NCM 622 NCM 811 | 1kWh | 电池生产阶段需要准备原材料，包括正极材料的生产和锂的精炼。然后将电芯、铜棒、电池管理系统等组装起来，形成电池系统。该过程包括缠绕、切割、缠绕成型、层压和其他工艺。运输阶段包括原材料从原产地到制造工厂的运输 | 技术数据表、文献 | ecoinvent 3.0 数据库 | CML-IA v3.05 方法：非生物消耗、非生物消耗（化石燃料）、全球变暖、臭氧层消耗、人类毒性潜能值、淡水生态毒性潜能值、海洋生态毒性潜能值、陆地生态毒性潜能值、光化学臭氧产生潜能值、酸化潜能值、富营养化潜能值 | SimaPro v9.0 软件 | NCM 811 电池的组装产生的温室气体排放量占总量的 31.63%。生产阶段和组装阶段是锂离子电池所有阶段温室气体排放的主要贡献者。主要原因是 NCM 电池的前驱体需要 $NiSO_4$ 和 $CoSO_4$ 等重金属盐，会产生大量的温室气体。电池组装阶段消耗的主要能量是电力 |

**（1）目标与范围定义**

表 6.1 显示，电池生产阶段通常研究目标都会定义为锂动力电池，例如常见的有 LFP、NCM111、NCM622 等，还有不常见的锰酸锂电池、锂硫电池。此外，还有部分研究会细化到三元锂电池的各种型号，例如 NCM333-Gr、NCM622-SiGr、NCM811-SiGr。由于不同型号电池在正负极材料体系上存在差异，其生产环节的环境足迹显著不同，对这些不同型号电池开展一致口径的对比评估，有助于推断并校准下一代电池生产的环境影响。也有研究聚焦到更细的部分，以电池级碳酸锂为研究对象。以上研究结果对于当今大肆开采锂矿生产动力电池、量化锂矿行业的环境影响有重要意义。

锂动力电池生产 LCA 研究中，有 50% 以上的研究是以电池容量（kWh）为功能单元，其他研究大多设定功能单元为电池 / 材料重量（kg）。可以明确的是，目前动力电池生产领域的目标明确、功能单元选择相对统一。这一领域的研究也相对成熟，拥有一定的研究范式。确定评价目标以及功能单元后，接下来需要划分系统边界，图 6.3 虚线框表示动力电池生产过程的系统边界。动力电池的生产流程也相对明确统一，主要包括从原矿开采、材料生产到组装成一个完整的锂动力电池（包括运输）三步。大部分研究边界的划分也是从这 3 大个步骤出发，区别在于有些研究会将步骤划分的更为细致，有些研究可能将步骤划分的更为粗糙。

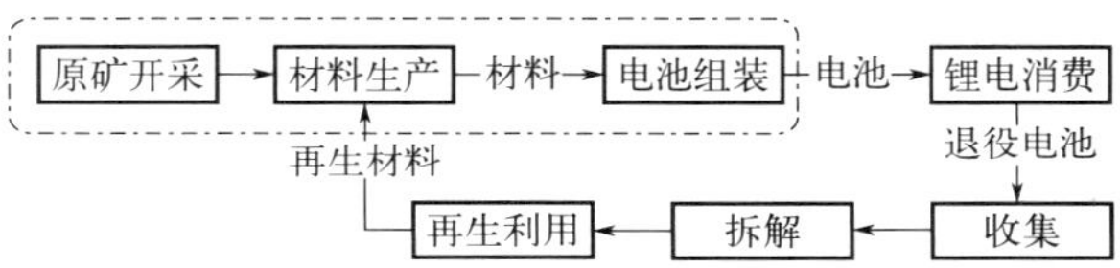


图 6.3 动力电池生产过程系统边界

**（2）清单分析**

在对 20 篇论文的梳理中，我们发现在动力电池生产过程研究中，主要数据来源有国家统计、政府年报、行业协会调查报告、企业实况调查、企业环境影响评价报告、专利文献、数据库模型等。通过细致分析总结（表 6.1）发现，其中有 9 篇研究的实景数据来自其他文献、数据库、模型，也就是已有研究，有 4 篇论文有一手数据，均通过调查或合作公司获得，有 7 篇论文既有第一手数据又有第二手数据的研究。这说明目前研究中缺乏一手实景数据，而动力电池产业发展迅速，重复引用以往研究或数据库可能会导致结果不符合实际情况。因此，为环境影响评价结果更贴近真实情况，应鼓励学者与企业多交流合作，使用最新一手数据进行研究。

用于 LCA 的背景数据也是一个重要方面，但其中 3 篇研究没有具体说明所使用背景数据库，剩下的 17 篇研究中 88% 的研究使用了 ecoinvent、欧盟 ELCD、GaBi、GREET 等全球数据库，其中有 2 篇研究提到使用了中国 LCA 数据库（CLCD），有 1 篇研究提到中国汽车生命周期数据库（CALCD），但这 3 篇文献也都使用了国外数据库来补充。这显然说明目前国内缺乏本土的背景数据库，而生命周期评价的一个巨大优势就是可以核算产品或服务的间接环境影响，即上游产品生产带来的环境影响。因此，使用符合中国实际生产情况的背景数据库对 LCA 结果的准确性至关重要。

**（3）影响评价**

影响评价阶段通过将所收集的清单使用 LCA 方法转化为特定的环境影响类别，可以量化系统边界下产品的环境影响。图 6.4 展示了 20 篇论文中所使用到的 LCA 评价方法，发现除未说明评价方法的研究外，使用最多的方法是 ReCiPe 2016 中点法与 IPCC 全球变暖潜能值，其中 CML 类方法的使用也较大。明确研究所采用的评价方法，对于确保研究结果的透明度、可复现性，以及为后续学者有效引用或进一步拓展该研究至关重要。因此，充分披露评价方法是不可或缺的环节。通过 LCA 方法所得到的研究结果是以不同环境影响类别来展示的，图 6.5 总结了 20 篇论文中出现频次前 11 的影响类别，到目前为止，研究最多的影响类别是全球变暖潜能值。此外，除温室气体排放外，酸化潜能值与富营养化也被许多研究者所关注。原因是这两个指标分别反映了生产过程中排放物对大气酸化和水体富营养化的潜在贡献，这是两种重要的环境问题，对生态系统健康和人类福祉具有显著影响。

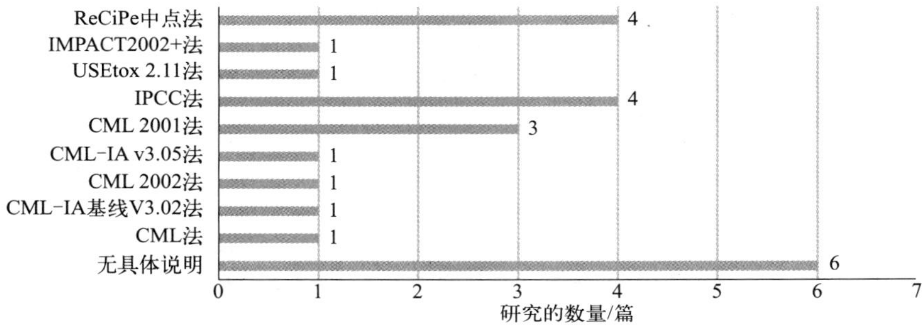


图 6.4　选定的动力电池生产过程 LCA 研究中使用的具体评价方法

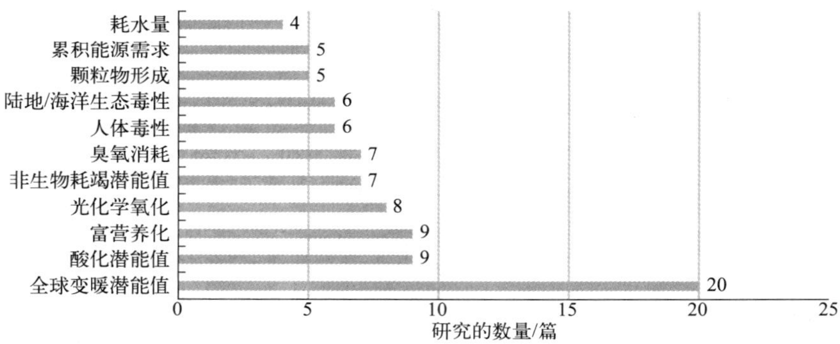


图 6.5　选定的动力电池生产过程 LCA 研究中评估的环境影响类别

动力电池生产过程中可能产生酸性气体排放，尤其是涉及硫酸、硝酸等酸性物质使用的工序。例如电池原材料（如钴、镍、锰等）的开采、冶炼过程也可能产生 $SO_x$ 和 $NO_x$ 等酸性气体。这些排放物具有较高的酸化潜能，如果不加以有效控制和治理，将对区域乃至全球的大气环境造成酸化压力。此外，动力电池生产涉及多种化学物质和工艺流程，其中可能产生并排放含有氮、磷元素的废水。例如：部分电池材料（如磷酸铁锂）的制备过程中直接使用含磷化合物，可能导致磷的排放。因此，许多学者重点关注二者，希望通过量化这些影响，可以指导企业采取更环保的生产工艺使大气、土壤等酸碱平衡，有助于保护人类健康与生物多样性。确定影响评估方法以及类别之后，选择一种量化工具来得到评价结果。根据图 6.6 所示，目前 20 篇文献中，除 4 项研究中没有明确说明所使用的软件外，所使用最多的软件为 GaBi 软件（不同版本），其他使用较多为 GREET 模型（不同版本），但其都为国外开发。

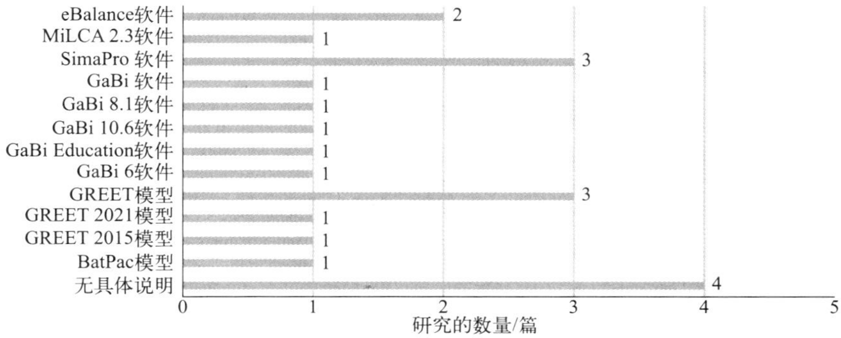


图 6.6　选定的动力电池生产 LCA 研究中使用的环境影响评估软件

**（4）结果解释**

通过 LCA 前 3 步得到所评价目标的环境影响结果，认真分析结果找到导致结果的原因，并提出相应的结果建议才是环境影响评价真正的目的。分析的 20 篇文献中，先有 2018 年一项研究表明不论是材料生产还是电池制造阶段，LFP 始终比 NCM 具有更高的环境负荷（图 6.7 和图 6.8）。后有 2022 年的研究得到完全相反的结论，其认为与使用镍、钴等稀有金属的 NCM 电池相比，LFP 电池生产过程的碳排放量较少，约占 NCM 的 1/3（图 6.8）。可以看出类似的研究但是得到的结果却完全不同，二者的清单数据是一手和二手数据混合的类型都来自企业调查、文献等报告。

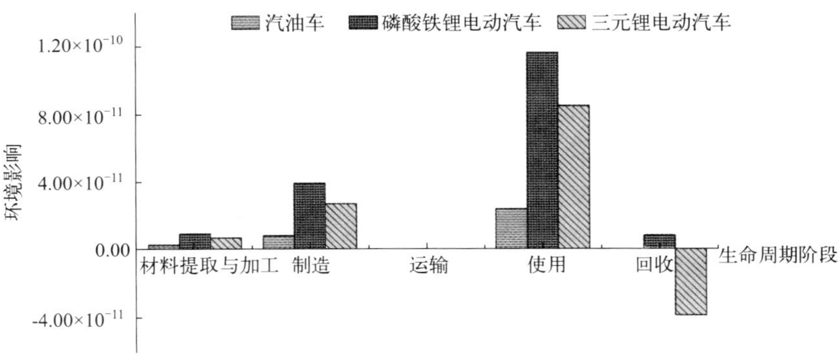


图 6.7　比较三种动力系统在整个生命周期的不同阶段对环境的影响

在动力电池生产 LCA 研究中，除了对比不同电池类型外，也有研究对比同一类型但不同型号电池的生产环境影响。2021 年的一项研究得出锂电池对环境的影响随着其从 NCM 111 到 NCM 811 的演变而不断减少，这个评价结果与 2023 年的一项对比了镍基电池（NMC 111、NMC 622、NMC 811）的研究结论相同。还有一项有趣的研究对比了不同正负极组合的电池和新旧型电池，发现目前中国生产锂离子电池的环境成本很高，全球变暖潜能值比早期文献所表明的要高出 40%。但其认为下一代电池由于产量的

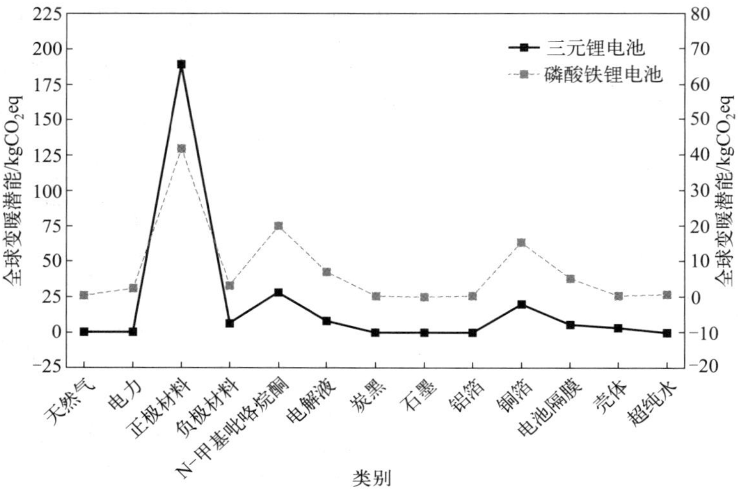


图 6.8 NCM 和 LFP 电池在生产过程各步骤中的碳排放量比较

增加和规模经济生产，不会导致全球变暖潜能值显著增加。

对比整体环境影响之后，细化分析环境影响贡献占比，可以找到敏感因素。大多数研究认为电池生产环境影响贡献占比较大的为正极材料生产与电池组装，例如，在所有镍基电池化学成分中，阴极的制造，包括活性材料和阴极生产工艺，贡献了最大的温室气体排放份额，占总量的近 60%（阴极活性材料占 44%，阴极生产占 12%）。其中电极材料生产包括材料上游生产以及电极材料的生产，有研究表明生产正极材料在电池生产过程中占比最大（51.69%）。正极材料碳排放的主要贡献来自镍、钴、锂提取和选矿相关的上游工艺。

### 6.2.2 动力电池生产过程碳排放核算研究

电动汽车进入市场时，许多国家将其作为减少交通碳排放的主要措施。也有很多人认为使用电动汽车“零排放”可以缓解当前世界各国所面临的全球变暖的问题。但实际上，从生命周期角度考虑使用电动汽车还要考虑电动汽车以及锂动力电池生产带来的环境影响，这些过程产生的碳排放也会直接影响到气候变化。因此，在动力电池生产过程的生命周期评价中研究中，全球变暖潜能值或者碳足迹值是必不可少的量化类别，通常以 kg $CO_2$ eq 为单位。表 6.2 总结了锂动力电池在生产过程中，不同电池类型不同环节的碳排放值，这些值是通过所调查的研究得出。根据不同的技术和研究的发现（表 6.2），生产每千瓦时 LFP 电池容量的温室气体排放量从 0.041kg $CO_2$ eq/kWh 到 166kg $CO_2$ eq/kWh 不等，生产每千瓦时 NCM 电池容量的温室气体排放量从 0.032kg $CO_2$ eq/kWh 到 312kg $CO_2$ eq/kWh 不等。不同研究的核算结果非常不同，造成这个结果的很大一部分原因是使用的实景数据以及背景数据质量参差不齐。除研究电池生产外，也有部分研究会聚焦到电池材料碳酸锂，前面叙述中有很多研究认为材料生产在电池生产环境中的影响占比最大。因此，量化从不同盐湖开采锂矿形成碳酸锂导致的环境影响具有重大意义，其得到的准确结果可以作为未来研究动力电池生产生命周期评价的背景或实景数据，有助于推动动力电池生命周期评价研究结果更加准确、透明。

表 6.2　动力电池生产过程碳排放核算相关研究

| 序号 | 年份 / 年 | 目标与范围 | | | 清单分析 | | 影响评价 | | GWP 值 |
|---|---|---|---|---|---|---|---|---|---|
| | | 电池类型 | 功能单元 | 系统边界 | 实景数据来源 | 背景数据来源 | 评估方法 | 计算软件 | |
| 1 | 2010 | $LiMn_2O_4$ 电池 | 1kg | 锂离子电池所需的生产步骤，从锂的提取和电极生产到电池组装 | ecoinvent 2.01 数据库 | ecoinvent 数据库 | — | — | 6kg $CO_2$ eq/kg 电池 |
| 2 | 2010 | LFP | 10kWh | 材料生产、运输、电池生产、电池组装 | 文献、Swerea IVF 实验室数据 | ecoinvent 2.0 | — | — | 1660kg $CO_2$ eq/10 kWh |
| 3 | 2017 | LFP | 1 kWh | 材料开采、材料加工、零件制造和电池制造 4 个环节 | 文献、工厂调查 | 文献、统计年鉴 | — | BatPac 模型、GREET 2015 模型 | 3061kg $CO_2$ eq/28 kWh |
| | | NMC | | | | | | | 2912kg $CO_2$ eq/28 kWh |
| | | LMO | | | | | | | 2750kg $CO_2$ eq/28 kWh |
| 4 | 2017 | 锂硫（Li-S）电池 | 针对 Li-S 电池组的中型 EV 设定的每公里行驶 | 原材料提取、材料加工、电池制造 | 文献、ecoinvent 数据库 | — | ReCiPe 中点法 | — | 0.04486kg $CO_2$ eq/km |
| 5 | 2018 | NCM | 单个动力系统在其生命周期（250000km）内的车辆行驶距离 | 材料提取和加工、制造 | 调查数据、文献、GaBi 6 数据库 | 文献、GaBi 6 数据库 | CML 2001 法 | GaBi 6 软件 | 2551kg $CO_2$ eq |
| | | LFP | | | | | | | 3674kg $CO_2$ eq |
| 6 | 2019 | LFP | 1 GWh | 原材料的生产和电池的制造 | 工厂的环境影响评估报告和实际生产调查 | — | IPCC 方法 | GREET 模型 | 41392.17kg $CO_2$ eq/GWh |
| | | NCM | | | | | | | 32254.57kg $CO_2$ eq/GWh |

续表

| 序号 | 年份 / 年 | 目标与范围 | | | 清单分析 | | 影响评价 | | GWP 值 |
|---|---|---|---|---|---|---|---|---|---|
| | | 电池类型 | 功能单元 | 系统边界 | 实景数据来源 | 背景数据来源 | 评估方法 | 计算软件 | |
| 7 | 2019 | NMC 111 | 1 kWh | 从地下提取原材料（例如矿石、盐水、原油）开始，到电池组离开工厂大门之前的生产结束 | 行业数据 | BatPaC 模型 | IPCC 第五次评估报告 | GREET 模型 | 72.87kg $CO_2$ eq/kWh |
| 8 | 2020 | 锂离子（Li-ion）电池 | 1 kg 碳酸锂（纯度 99.9%） | 岩石开采、运输和现场生产过程，还考虑了生产材料的上游过程，包括锂辉石、天然气、电力和辅料 | 工厂原始数据、环境监测报告 | ecoinvent 3.1 数据库 | CML 2001 法和 USEtox 2.11 法 | GaBi 8.1 软件 | 15.69kg $CO_2$ eq/kg $Li_2CO_3$ |
| 9 | 2020 | NCM 333-Gr | 一个 NCM 电池的生产 | 研究的产品系统包括采矿和原材料提取、将初级原材料质量提高为电池级材料的加工、组件制造和组装用于电动汽车的 253 kg NCM LIB | 统计数据、数据库、文献 | ecoinvent 3.5 数据库 | ReCiPe 1.08 中点表征方法 | GaBi 软件 | 262.4kg $CO_2$ eq/kWh |
| | | NCM 333- SiGr | | | | | | | 179.7kg $CO_2$ eq/kWh |
| | | NCM 622-SiGr | | | | | | | 160.2kg $CO_2$ eq/kWh |
| | | NCM 811-SiGr | | | | | | | 140.3kg $CO_2$ eq/kWh |
| 10 | 2020 | NMC 111 | 27 kWh | 材料开采、材料加工、零件制造和电池组装 | GREET 2018、文献等 | GREET 2018 | 温室气体排放量 | GREET 模型 | 100kg $CO_2$ eq/kWh |
| 11 | 2020 | NCM 622 | 1 kWh | 材料制备、电池制造、模块和电池组组装 | 工厂、材料生产商 | 中国汽车生命周期数据库（CALCD）、ecoinvent 3.0 数据库 | CML-IA 基线 V3.02 法 | SimaPro 8 软件 | 13.4153kg $CO_2$ eq/kg |
| 12 | 2022 | LFP | 1 kWh | 电极制备、电池生产和电池组装（不包含运输环节） | 文献、环评 | ecoinvent、GREET 和 GaBi 数据库 | CML 2001 | GaBi Education 软件 | 76.7kg $CO_2$ eq/kWh |
| | | NCM | | | | | | | 87.1kg $CO_2$ eq/kWh |

续表

| 序号 | 年份 / 年 | 目标与范围 | | | 清单分析 | | 影响评价 | | GWP 值 |
|---|---|---|---|---|---|---|---|---|---|
| | | 电池类型 | 功能单元 | 系统边界 | 实景数据来源 | 背景数据来源 | 评估方法 | 计算软件 | |
| 13 | 2022 | NMC 811 | 1 kWh | 原材料的提取加工、电池的零部件制造、电池生产 | 实验、企业研究、文献等 | LCI 数据库 | — | GaBi 10.6 软件 | 91.21kg $CO_2$ eq/kWh |
| 14 | 2022 | LFP | 1 kWh | 原料加工阶段使用的原材料来自市场，加工过程中所需的能耗是按照中国标准计算的。动力电池组装和组合成一个电池单元，然后将电池单元与电池管理系统组合成一个整车动力电池系统 | 国家统计、政府年报、行业协会调查报告、企业实况调查、相关专利、文献等 | — | ReCiPe 2016 中点法 | SimaPro 9 软件 | 97.3kg $CO_2$ eq/kWh |
| | | NCM | | | | | | | 261kg $CO_2$ eq/kWh |
| 15 | 2022 | 阿塔卡马盐沼 | 1 kg 碳酸锂（电池级） | 从将盐水泵送到地表直到最终产品碳酸锂离开加工厂 | 文献、建模模拟 | Ecoinvent v3.8 | IPCC 2013 | — | 3.4kg $CO_2$ eq/kg $Li_2CO_3$ |
| | | 奥拉罗斯盐沼 | | | | | | | 7.4kg $CO_2$ eq/kg $Li_2CO_3$ |
| | | 高查理奥拉罗斯盐沼 | | | | | | | 7.7kg $CO_2$ eq/kg $Li_2CO_3$ |
| | | 阿根廷 Hombre Muerto 盐湖（北部） | | | | | | | 7.9kg $CO_2$ eq/kg $Li_2CO_3$ |
| | | 察尔汗盐湖 | | | | | | | 31.6kg $CO_2$ eq/kg $Li_2CO_3$ |
| | | 锂辉石（ei38） | | | | | | | 10.7kg $CO_2$ eq/kg $Li_2CO_3$ |
| | | 卤水（ei38） | | | | | | | 2.1kg $CO_2$ eq/kg $Li_2CO_3$ |

续表

| 序号 | 年份 / 年 | 目标与范围 | | | 清单分析 | | 影响评价 | | GWP 值 |
|---|---|---|---|---|---|---|---|---|---|
| | | 电池类型 | 功能单元 | 系统边界 | 实景数据来源 | 背景数据来源 | 评估方法 | 计算软件 | |
| 16 | 2023 | NCM | 1 kWh | 从三元锂离子电池生产的电池材料、电池单元和电池系统到它们在电动汽车中的应用 | 企业环境影响评价报告、企业专利、国家标准等 | 中国 LCA 数据库（CLCD）、ecoinvent 数据库和欧盟 ELCD 数据库 | CML 2002 | eBalance | 312kg $CO_2$ eq/kWh |
| 17 | 2023 | NMC 111 | 1 kWh | 电池生产阶段及其与原材料提取（即摇篮）相关的影响，直至成品电池组的组装（即栅极） | BGS World Mineral Production 等 | GREET 2021 库存数据、Ecoinvent 3.7 数据库 | — | GREET 2021 | 78.10kg $CO_2$ eq/kWh |
| | | NMC 532 | | | | | | | 81.13kg $CO_2$ eq/kWh |
| | | NMC 622 | | | | | | | 77.43kg $CO_2$ eq/kWh |
| | | NMC 811 | | | | | | | 77.37kg $CO_2$ eq/kWh |
| | | NMC 955 | | | | | | | 79.31kg $CO_2$ eq/kWh |
| | | NCA | | | | | | | 82.33kg $CO_2$ eq/kWh |
| | | LFP | | | | | | | 54.68kg $CO_2$ eq/kWh |
| 18 | 2024 | LFP | 1 kWh | 电池生产阶段需要准备原材料，包括正极材料的生产和锂的精炼。然后将电芯、铜棒、电池管理系统等组装起来，形成电池系统。该过程包括缠绕、切割、缠绕成型、层压和其他工艺。运输阶段包括原材料从原产地到制造工厂的运输 | 技术数据表、文献 | ecoinvent 3.0 数据库 | CML-IA v3.05 法 | SimaPro 9.0 | 生产 38.9kg $CO_2$ eq/kWh<br>组装 50.3kg $CO_2$ eq/kWh |
| | | NCM 622 | | | | | | | 生产 66.2kg $CO_2$ eq/kWh<br>组装 46.4kg $CO_2$ eq/kWh |
| | | NCM 811 | | | | | | | 生产 51.4kg $CO_2$ eq/kWh<br>组装 47.0kg $CO_2$ eq/kWh |

## 6.3 动力电池循环利用过程生命周期分析

随着电动汽车市场的爆发式增长，对动力电池的需求急剧增加，引发了对关键原材料（如锂、钴、镍等）供应安全的关注。同时，考虑到资源有限性和可持续发展要求，动力电池的资源循环利用和闭环管理愈发重要。一方面，退役动力电池包含重金属等多种有害物质，如果得不到妥善处置将造成严重污染；另一方面，退役动力电池还包含锂、钴和镍等资源，对其回收将有效缓解我国的关键金属资源的供给约束。国际上，欧盟于 2023 年 8 月通过并实施了《电池与废电池法规》，要求动力电池不得填埋或作为能源主体处理（焚烧），并对电池再生成分提出了一系列要求。在国内，为引导退役动力电池回收利用，国内相关的政策法规体系也于近年来逐步完善。

因此，对退役动力电池进行循环利用具有经济与环境的双重潜在效益，不仅有助于节能减排与实现“双碳”目标，还有助于保证资源供给与创造经济效益，是我国电池与新能源产业可持续发展的必然要求。因此，按照 ISO 14040 和 ISO 14044 标准进行基于过程的归因生命周期评价可以定量评估动力锂电池循环利用的环境影响。量化各环节的能耗、排放、资源消耗等，能够明确各环节的环境影响“热点”，识别资源效率低、环境污染重的关键因素，为优化资源利用、减少环境污染提供科学依据。这有助于推动动力电池产业链向更绿色、更高效的方向转型升级，实现经济效益与环境效益的双重提升。推动产业界关注并投资于资源高效利用、废弃物减量化与循环利用技术的研发与应用，促进动力电池产业向资源节约型、环境友好型方向转型，并有助于改善动力电池管理。

### 6.3.1 动力电池循环利用过程生命周期评价研究

近年来，有不少学者关注到锂动力电池循环利用市场的蓬勃发展，也明白量化其环境影响的重要性。当在 WOS 上高级检索［TS=（“lithium-ion batter*”OR“Li ion batter*”OR“Lithium-ion power batter*”OR“batter* pack”）AND TS=（“life cycle”OR“life-cycle”OR“LCA”OR”unit process”）AND TS=（“recycle”OR“recovery”OR“recycling”OR“reclaim”］关键词时，会检索出 321 篇相关文献。其中，国外学者发表的研究占比 50.5%，中国学者发表的相关研究占比 49.5%。说明锂动力电池回收领域的发展受到了国内外学者的关注，回收领域具有巨大的研究价值以及经济价值。从文献的发表时间上分析检索结果（图 6.9），可以看出近 5 年国内外锂动力电池回收以及生命周期评价的研究越来越受到关注，尤其是 2023 年，文章发布数量约为 2022 年的 2 倍，可见随着动力电池退役潮的逼近，动力电池回收领域的环境影响也备受关注，回收动力电池是否可以带来环境效益是很多学者关心的问题。

接下来对已公开发表的二十篇文献进行全面回顾与深度分析，深入剖析当前动力电池循环利用生命周期研究的核心焦点，即关注的具体电池类型及其研究范围界定。在此基础上，我们将详细探讨各个研究采用的方法论路径，包括数据获取来源、在评估环境

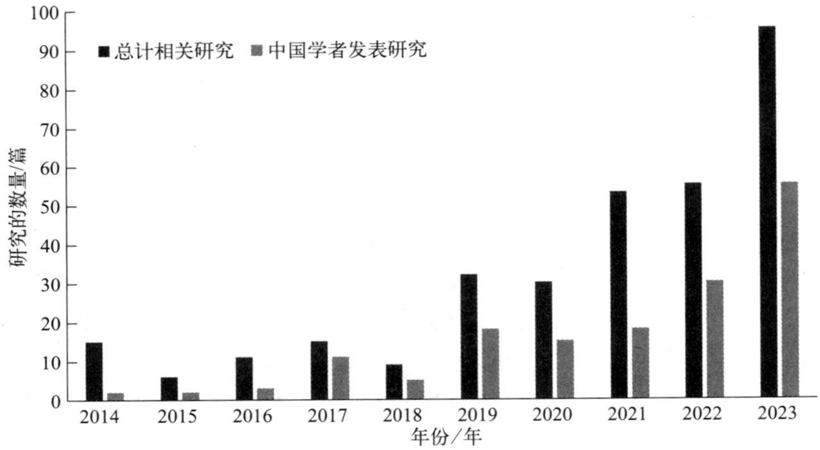


图 6.9　锂电池循环利用生命周期评价相关文献年份分布

影响时所采纳的数据模型或软件以及环境影响类别。进而整合这些研究成果，揭示它们关于动力电池循环利用过程中的环境影响考量及结论（表 6.3）。

**（1）目标与范围定义**

在目标和范围阶段需要定义目标、功能单元（FU）、系统边界、截止规则等，表 6.3 显示，在电池循环利用阶段，大多数文献以磷酸铁锂电池（LFP）或三元锂电池（NCM/NMC）为目标，少数研究者会以锂电池（LIB）为目标。以 LIB 为对象的研究结果并不能明确应用到实际市场，也很难与其他研究的结果进行对比。此外，还有部分研究会细化到三元锂电池的各种型号，例如 NCM111、NCM523 等。事实上，不同型号的三元锂电池内金属比例不同，使用同一种回收方式回收不同型号的三元锂电池金属回收率不同。因此，研究目标越精细，研究结果越具有实用价值以及可对比性。对于功能单元的确定，目前主要有电池重量（kg）、电池容量（kWh）两类。也有学者认为回收的动力电池的最终目标是提取有价值的金属用于新型动力电池生产，因此选择回收到的再生材料的重量为功能单元。但也有极少数研究没有披露功能单元，这样的研究是不全面的，将导致研究结果没有参照。可以明确的是，目前动力电池循环利用领域的功能单元选择不统一，这在一定程度上会导致评价结果不可对比。

确定评价目标以及功能单元后，接下来需要划分系统边界，例如图 6.10 虚线框表示动力电池回收利用的系统边界，简单但要素齐全。通常学者用流程图与形象图标等组合的方式来表示研究中所考虑的过程以及涉及的投入与产出（图 6.11）。通常考虑废旧电池梯次利用的系统边界一般划分为从废旧电池重检、拆解、到重组为二次电池的全过程［图 6.11（c）］，考虑废旧电池再生利用的系统边界一般都划分为从废旧电池到再生产品的全过程［图 6.11（d）］。在动力电池循环利用生命周期研究边界的划分中，大部分研究的边界都较为相似，经过文献梳理发现两方面的不同：

① 有些研究会包含再生利用中初步处理过程，有些不包含，只考虑后续的预处理以及金属提取或直接再生的过程。原因是目前很多回收的初步处理过程为人工拆解，没有机械化，数据的不可得性使得系统边界划分不包含预处理过程。

表 6.3 动力电池循环利用过程生命周期评价相关研究

| 序号 | 年份/年 | 目标与范围 | | | 清单分析 | | 影响评价 | | 结果解释 |
|---|---|---|---|---|---|---|---|---|---|
| | | 电池类型 | 功能单元 | 评价工艺 / 系统边界 | 实景数据来源 | 背景数据来源 | 评估方法 / 影响类别 | 计算软件 | |
| 1 | 2020 | NCM 811 | 1kWh | 湿法回收、火法回收、直接物理回收 | 文献 | LCI 数据库 | 全球变暖潜能值 | GaBi 0.6 软件 | 火法回收是三种回收方式中碳排放量最高的，直接物理回收方式比火法冶金回收法低 28.6%，比湿法冶金回收法高 26.6%。湿法回收碳排放量最低 |
| 2 | 2021 | NCM 111<br>NCM 523<br>NCM 622<br>NCM 811 | 300kg | 湿法回收工艺 | 文献 | MiLCA 2.2 版中配备的环境影响强度数据库 IDEA | 气候变化、资源枯竭、占用的垃圾填埋场体积、不可再生能源需求 | MiLCA 2.2 | 随着锂电池的发展，其对环境的影响也在逐步减小。如果废旧锂电池能够得到合理回收，其生命周期对环境的影响将进一步大幅降低。中国废电池回收行业的盈利能力在未来也会下降。提高废锂电池的回收率对于建立高效的废锂电池产业至关重要 |
| 3 | 2021 | EV 电池 | 回收产生 1 kg 钴 | — | 文献、数据库 | — | CML- 基线法：非生物耗竭、非生物耗竭（化石燃料）、酸化潜能值、富营养化潜能值、淡水水生生态毒性、全球变暖潜能值（GWP100a）、人类毒性、海洋水生生态毒性、臭氧层消耗、光化学氧化和陆地生态毒性 | Open LCA 1.10.3 | 从钴废料中回收钴具有明显的环境效益 |

续表

| 序号 | 年份/年 | 目标与范围 | | | 清单分析 | | 影响评价 | | 结果解释 |
|---|---|---|---|---|---|---|---|---|---|
| | | 电池类型 | 功能单元 | 评价工艺 / 系统边界 | 实景数据来源 | 背景数据来源 | 评估方法 / 影响类别 | 计算软件 | |
| 4 | 2021 | LFP<br>NCM | 一组电池（4×12V、20Ah）驱动的典型 EB 的总 100km 行驶距离。LFP 和 NCM 电池一次充电可支持典型的 EB 行驶约 45km 和 50km | LFP：湿法冶金工艺。<br>NCM：湿法冶金和火法冶金。<br>包括运输、再利用和梯次利用 | 根据中国几家电池回收商的调查数据 | LCA 数据库（CLCD）、ecoinvent 数据库 | Recipe 2016 V1.1 中点（H）法：化石消耗潜能值、金属消耗潜力、淡水消耗量、全球变暖潜能值、颗粒物形成电位、光化学氧化剂形成电位、臭氧消耗、电离辐射、淡水富营养化、海洋富营养化、陆地酸化、人类潜在毒性 - 癌症、人类潜在毒性 - 非癌症、淡水生态毒性、海洋生态毒性、陆地生态毒性 | eBalance | NCM 电池的 EOL 阶段可以带来 10%～20% 的环境效益，因为 NCM 电池的前体材料是从废旧电池中回收的。然而，由于 LFP 电池的金属含量低，可回收材料的环境效益很小，因此 EOL 阶段的贡献很小（不到 1%） |
| 5 | 2021 | NCM 111、NCM 622、NCM 811 | — | 湿法回收工艺、火法回收工艺、直接物理回收工艺 | 实验室 | EverBatt 模型 | 温室气体排放量、用水量 | EverBatt 模型、GREET 模型 | 采用火法、湿法和直接物理回收工艺再制造 LIB 可减少 2.85%、10.24% 和 34.52% 的温室气体排放。不同的回收工艺中，虽然火法和湿法在中国市场更为成熟，研究结果表明，直接物理回收不仅能够减少环境外部性，而且还具有巨大的成本削减潜力 |
| 6 | 2022 | NCM、LFP | 1kWh | NCM：湿法回收、火法回收。<br>LFP：湿法回收、直接物理回收 | 文献、环评 | ecoinvent、GREET、GaBi 数据库 | CML-2001 法：非生物消耗、非生物消耗（化石燃料）、全球变暖潜能值、酸化潜能值、富营养化潜能值、臭氧层消耗潜能值、光化学臭氧产生潜能值 | GaBi Education 软件 | 湿法冶金被推荐用于回收废弃锂离子电池，它比火法冶金和直接物理回收具有更好的环境优势 |

续表

| 序号 | 年份/年 | 目标与范围 | | | 清单分析 | | 影响评价 | | 结果解释 |
|---|---|---|---|---|---|---|---|---|---|
| | | 电池类型 | 功能单元 | 评价工艺/系统边界 | 实景数据来源 | 背景数据来源 | 评估方法/影响类别 | 计算软件 | |
| 7 | 2022 | NCM、LFP | 1kWh | NCM：湿法回收、火法回收。<br>LFP：湿法回收、物理回收 | 国家统计、政府年报、行业协会调查报告、企业实况调查、相关专利文献等 | — | ReCiPe 2016 中点法 | SimaPro 9.0 软件 | 湿法冶金回收在电池回收过程中兼顾环境影响的同时确保了高效回收。火法冶金和物理回收操作更简便、性能更优；对于水和土地资源的环境影响更小 |
| 8 | 2022 | NCM | 回收产生 1kg NiCoMn 三元正极材料 | 湿法冶金回收 | 典型企业数据、工业流程数据 | ecoinvent 数据库、北京工业大学中心数据、文献 | ReCiPe 方法/重点影响类别：气候变化、臭氧消耗、细颗粒物形成、光化学氧化剂、生态系统质量、人类健康、陆地酸化、人类毒性-癌症、人类毒性-非癌症、陆地生态毒性、淡水生态毒性、海洋生态毒性、矿产资源稀缺、化石燃料潜力。<br>3个终点影响类别：对人类健康的损害、对生态系统质量的损害、对资源可用性的损害 | SimaPro 9.0 软件 | 浸出和萃取过程是所有三个选定的终点影响类别（即 HH、ED 和 RA）的主要贡献者，分别占 43.64%、38.76% 和 42.70%，这是由于电力和辅助原料（包括硫酸和氢氧化钠）的高消耗 |
| 9 | 2022 | LFP、NCM | 1kWh | 组合方案：再利用 1 年或 10 年后回收。<br>回收方式：湿法回收、火法回收、先进湿法回收 | 文献、假设 | GaBi 数据库、GREET 模型数据库 | ReCiPe 中点法：气候变化、化石燃料消耗、平流层臭氧消耗、淡水消耗、细颗粒物形成、人类毒性、金属消耗 | GaBi 10.5.0.78 软件 | 第一种将二次使用与电池回收相结合，第二种在电动汽车使用后直接回收退役电池。结果表明，退役磷酸铁锂电池在储能系统中的二次应用可以有效降低锂离子电池生命周期对环境的净影响，特别是对化石燃料消耗的影响。当二次使用寿命从 1 年增加到 10 年时，不同影响类别的环境效益将增加 0.24～4.62 倍 |

续表

| 序号 | 年份/年 | 目标与范围 | | | 清单分析 | | 影响评价 | | 结果解释 |
|---|---|---|---|---|---|---|---|---|---|
| | | 电池类型 | 功能单元 | 评价工艺 / 系统边界 | 实景数据来源 | 背景数据来源 | 评估方法 / 影响类别 | 计算软件 | |
| 10 | 2022 | LFP、NMC | 1kg | 湿法回收、直接回收 | 本研究主要从国内相关企业和专家估算中获得 | ecoinvent 3.7 数据库 | 基于 IPCC 报告的全球变暖潜能值；<br>IMPACTWorld+ 法：累积能源需求、矿物质消耗潜力、人类毒性潜力 | Open LCA 1.10 软件 | 回收可以使两种电池达到净环境效益，由于对化学品和能源的需求较少，直接回收的净效益更高。回收效益高度依赖于回收率以及用于制造和回收的电力 |
| 11 | 2023 | NCM | 1kWh | 湿法回收 A、湿法回收 B、湿法回收 C | 中国电池回收工厂收集数据 | — | IPCC 2013 GWP 100a/ IMPACT 2002+ 法 / 采用 15 个中点指标 | SimaPro 软件 | 化学试剂、能耗和工艺的差异导致电池回收的环境指标存在差异，碳足迹差距高达 29.3kg $CO_2$ eq/kWh。由于避免了原材料的开采和加工，与使用原材料相比，使用回收材料制造电池可以减少 18.4% 以上的终点环境类别 |
| 12 | 2023 | NCM | 1000kg NCM 正极材料 | 火法冶金、湿法冶金 | 数据由项目合作伙伴 Brunp Co. Ltd. 提供 | GaBi 数据库 | CML 2001 法：非生物资源、非生物资源（化石燃料）、全球变暖潜能值（GWP100a）、酸化潜能值、富营养化潜能值、光化学氧化潜能值、人类毒性潜能值、陆地生态毒性潜能值、淡水水生生态毒性潜能值 | GaBi 6.0 软件 | 火法冶金回收的综合环境影响指数大于湿法冶金回收工艺。资源和化石燃料的非生物消耗潜力和人类毒性潜力是导致这些差异的主要指标 |

续表

| 序号 | 年份/年 | 目标与范围 | | | 清单分析 | | 影响评价 | | 结果解释 |
|---|---|---|---|---|---|---|---|---|---|
| | | 电池类型 | 功能单元 | 评价工艺/系统边界 | 实景数据来源 | 背景数据来源 | 评估方法/影响类别 | 计算软件 | |
| 13 | 2023 | LFP、NCM | 1kWh | LFP直接回收A、LFP和NCM的直接回收B、LFP和NCM的直接回收C、NCM和LFP的通用湿法冶金回收（HR） | 文献 | ecoinvent v3.5数据库 | IPCC 2013 v1.03法：全球变暖潜能值（GWP 100a）。CED v1.11：累计能源需求 | SimaPro 9.0软件 | 回收过程中使用的辅料和能源是环境影响的重要来源，LFP和NCM在回收过程中的最大累计能源需求分别为624.4MJ eq/kWh、301.8MJ eq/kWh。NCM电池再制造的环境效益高于LFP |
| 14 | 2023 | NCM | 1kWh | 湿法冶金回收A、湿法冶金回收B、湿法冶金回收C | 文献 | — | IPCC 2013 v1.03法：全球变暖潜能值（GWP 100a）。CED v1.11法：累计能源需求 | SimaPro 9.0软件 | 电力和辅助材料消耗高，导致回收过程中的环境负荷增加，不同回收路线的碳足迹（CF）和累计能源需求（CED）差异分别达到60.3%和64.2% |
| 15 | 2023 | 含镍钴匣钵 | 1000kg含镍钴匣钵 | 通过物理分离、还原浸出、梯级分离、结晶、提纯等工艺，从废匣钵中提取锂、镍、钴、锰等锂离子电池正极材料，以及明矾、硫酸钾等副产物 | 工艺中的所有直接投入产出数据均由公司提供 | GaBi数据库 | ReCiPe 2016法：全球变暖潜能值、臭氧处置潜能值、电离辐射潜能值、颗粒物形成潜能值、臭氧形成潜能值、酸化潜能值、淡水工业化潜能值、人类毒性潜能值、陆地生态毒性潜能值、淡水生态毒性潜能值、海洋生态毒性潜能值、海洋富营养化潜能值、农业用地占用潜能值、耗水潜能值、剩余矿石潜能值、化石燃料潜能值 | GaBi 9.0 ts软件 | 碳排放量是对镍钴锂回收利用整个生命周期影响最大的指标，原因是以化石能源为主的能源结构。结晶过程中存在一定的光化学污染效应，这与结晶过程中的废气排放有关。还原和浸出过程中的广泛使用增加了酸化的潜在影响 |

续表

| 序号 | 年份/年 | 目标与范围 | | | 清单分析 | | 影响评价 | | 结果解释 |
|---|---|---|---|---|---|---|---|---|---|
| | | 电池类型 | 功能单元 | 评价工艺 / 系统边界 | 实景数据来源 | 背景数据来源 | 评估方法 / 影响类别 | 计算软件 | |
| 16 | 2023 | NCM | 1kWh | 梯次使用和回收利用。其中，回收利用分为湿法冶金回收 A、湿法冶金回收 B、火法冶金回收和火法 - 湿法冶金联合回收技术四种具体技术 | 文献、专利 | 中国 LCA 数据库（CLCD）、ecoinvent 数据库、欧盟 ELCD 数据库 | CML2002 法：酸化潜能值、富营养化潜能值、非生物耗竭潜能值、中国非生物耗竭潜能值。<br>IPCC 2007 法：全球变暖潜能值。<br>IMPACT2002+ 法：呼吸系统无机物。<br>eBalance 法：一次能源耗竭（PED） | eBalance 软件 | 湿法冶金回收 A 是对环境影响最小的技术。湿法冶金回收 B 和火法 - 湿法冶金联合回收技术具有相似的环境影响。火法 - 加法冶金联合回收技术整体环境性能略优于湿法冶金回收 B，与其他四种技术相比，火法冶金回收技术在整个生命周期中对环境的影响最大，特别是富营养化潜力和非生物资源消耗潜力 |
| 17 | 2023 | LFP、NCA、NMC 111、NMC 532、NMC 622、NMC 811 | 乘用 BEV 的 1kWh 电池组 | 火法冶金回收、湿法冶金回收和直接回收 | GREET 模型、阿贡国家实验室开发的 2020 年 EverBatt 模型的数据 | GREET 模型、EverBatt 模型 | 累计能源使用量、温室气体排放量 | EverBatt 模型 | 通过回收利用，二次材料可以帮助减轻提取和加工原生材料相关的环境负担，其中直接回收的影响最小，其次是湿法冶金和火法冶金，分别减少 61%、51% 和 17% 的温室气体排放 |
| 18 | 2024 | LFP、NCM622、NCM811 | 1kWh | 运输阶段废旧电池从收集中心到回收厂的运输。湿法冶金回收 | 技术数据表、文献 | ecoinvent 3.0 数据库 | CML-IA v3.05 法：非生物消耗、非生物消耗（化石燃料）、全球变暖、臭氧层消耗、人类毒性潜能值、淡水生态毒性潜能值、海洋生态毒性潜能值、陆地生态毒性潜能值、光化学臭氧产生潜能值、酸化潜能值、富营养化潜能值 | SimaPro 9.0 软件 | 与 LFP 电池不同，回收阶段的湿法冶金方法对 NCM 电池可能并不总是环保的。NCM 622 和 NCM 811 电池对 METP、HTP、GWP 和 ADF 具有明显的环境效益，但同时增加了 HTP、FETP 和 METP 对环境的影响 |

续表

| 序号 | 年份/年 | 目标与范围 | | | 清单分析 | | 影响评价 | | 结果解释 |
|---|---|---|---|---|---|---|---|---|---|
| | | 电池类型 | 功能单元 | 评价工艺 / 系统边界 | 实景数据来源 | 背景数据来源 | 评估方法 / 影响类别 | 计算软件 | |
| 19 | 2024 | LFP | 1kg LFP 正极材料 | 酸浸蒸馏、酸浸沉淀、硫化物焙烧、无酸萃取、靶向修复 | 文献 | ecoinvent 3.8 数据库 | CML-IA 基线法：人体毒性和致癌性、气候、富营养化、光化学氧化、非生物资源枯竭、酸化 | Open LCA 1.11 软件 | 无酸萃取对环境的影响最小，而酸浸沉淀和硫化物焙烧对环境的影响较大。直接污染排放量较低的工艺，可能间接导致更大的环境影响。随着能源结构的优化，硫化物焙烧的环境性能应有较大提高 |
| 20 | 2024 | LIB | 1kg | 场景 1：假设所有进入回收厂的退役电池都经过测试，容量低于 60%，并且全部丢弃，通过机械研磨直接回收，所得电极粉末被回收处理。<br>场景 2：将回收厂中符合二次使用条件的退役电池重新组装制造成新储能电池，根据实际生产数据我们可以得到，可用于二次使用的电池占电池总数的 40%。<br>场景 3：在回收的退役电池各项指标不变的条件下，假设可二次使用的电池全部用于通信基站的储能系统。<br>场景 4：假设电池回收没有变化，所有可重复使用的电池都用于移动充电车辆，取代了车辆动力总成中原电池组的 1/2。<br>场景 5：如果收到的报废电池的情况与场景 2 相同，则可以重组以供二次使用的电池用于快递三轮车作为电源的补充 | 中国境内公司的公开数据 | — | 由欧盟委员会联合研究中心（EC-JRC）开发的 SimaPro v.9.0.0.48 中提供的环境足迹（EF）方法 v.3.0：全球变暖、平流层臭氧消耗、细颗粒物形成、陆地酸化、淡水富营养化、淡水生态毒性、人类致癌毒性、矿产资源稀缺、化石资源稀缺、耗水量 | SimaPro 软件 | 在 ESS 中二次使用退役电池可以将整个电池对环境的影响降低至少为原来的 1/5（例如，全球变暖潜能值在 53～248kg $CO_2$ eq/kg LIB）。有趣的是，在移动充电车辆中使用二次电池代替部分电池对环境的影响最小，这表明使用二次电池可以有效减少新电池的使用。与使用全新的锂离子电池相比，部分使用二次电池对环境的影响更小 |

② 也有些研究会考虑到废旧电池收集到工厂的运输过程，同样这部分是否划分在系统边界内取决于数据是否可以获取。

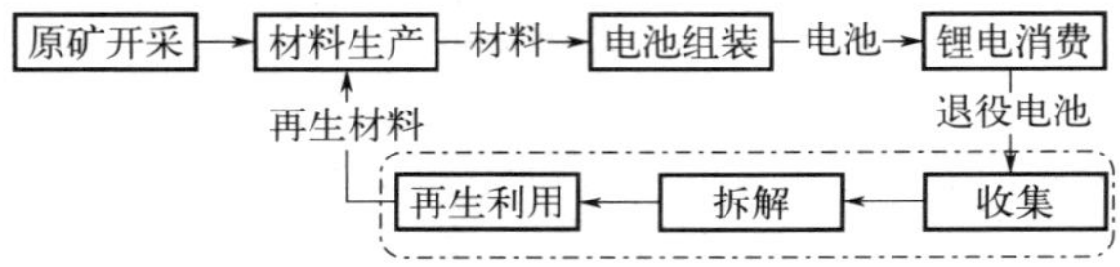


图 6.10　动力电池循环利用系统边界

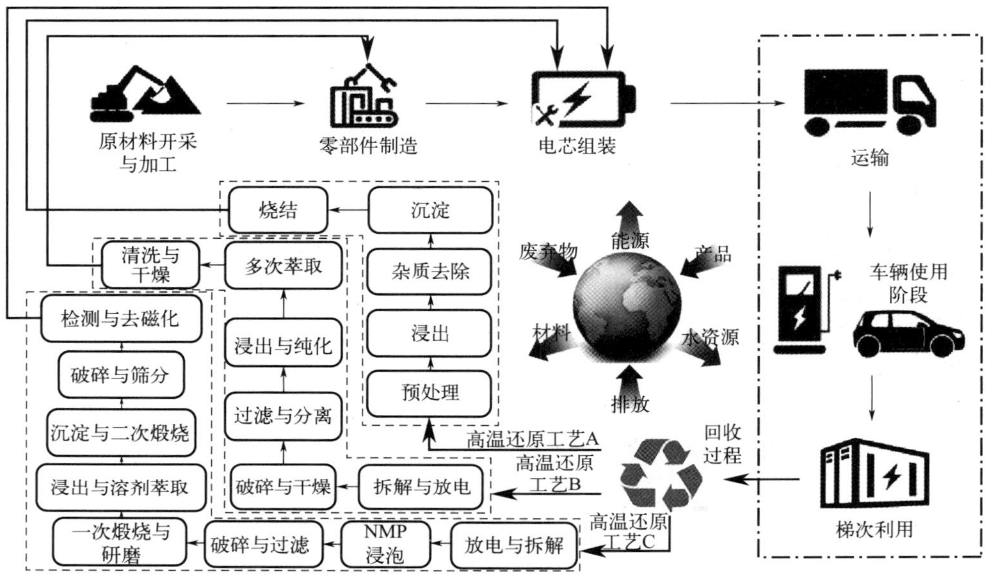


(a) 以1kWh NCM电池为功能单元评价3种湿法回收工艺

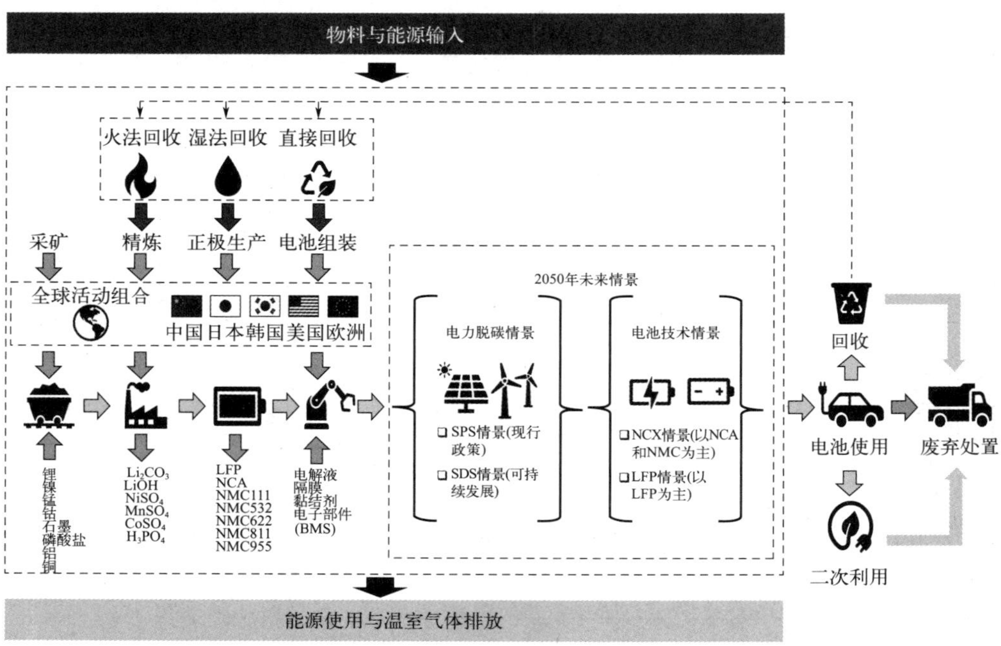


(b) 以1kg LIB 电池为功能单元评价3种回收工艺

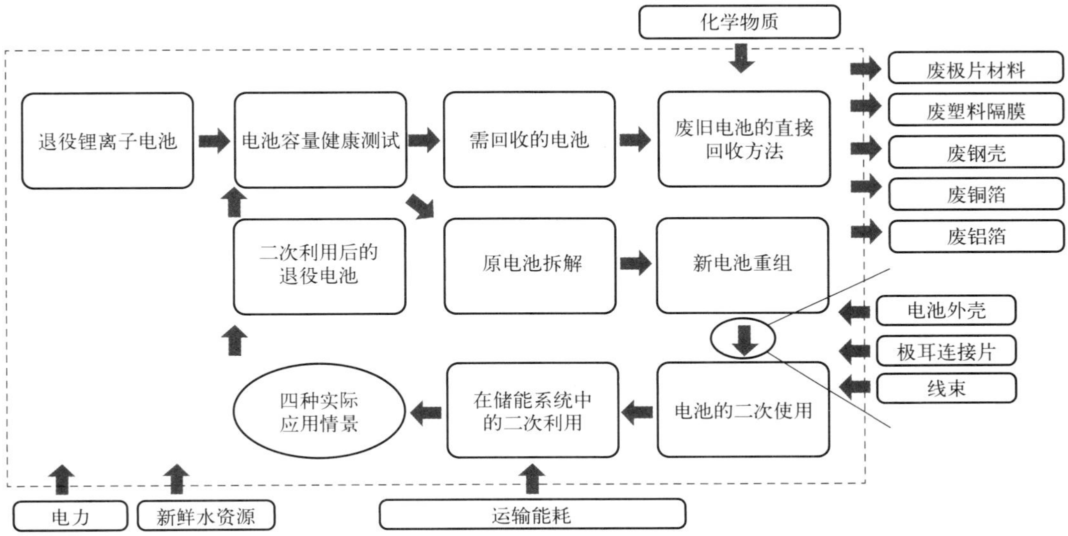


(c) 评价1kg LIB电池梯次利用与物理回收

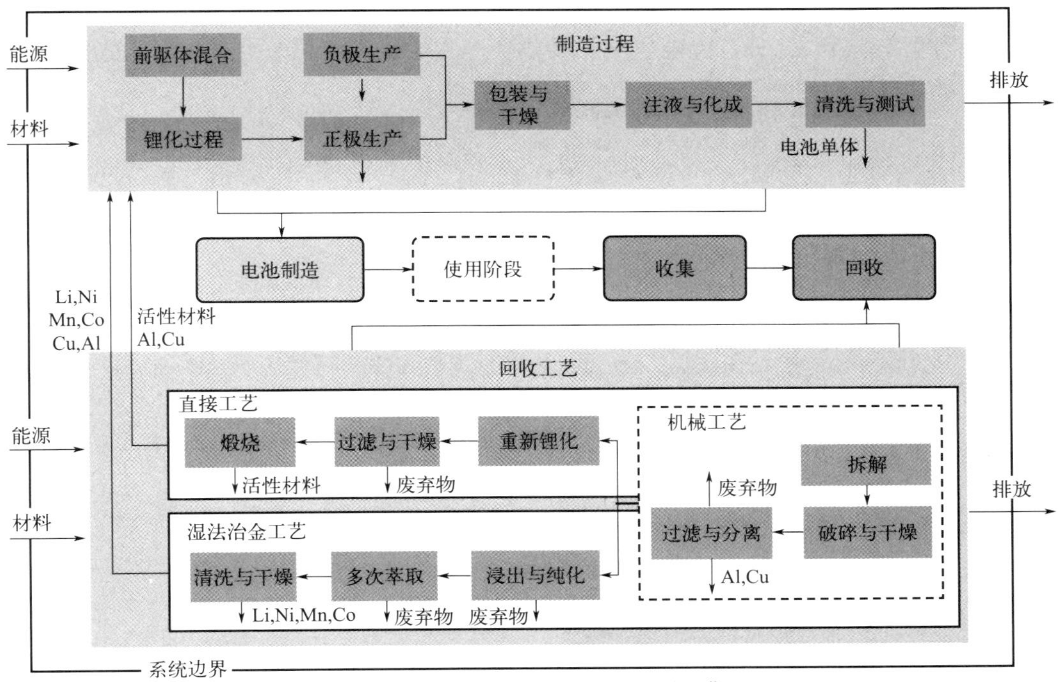


(d) 以1kg LFP、NMC电池为功能单元评价2种回收工艺

图 6.11　系统边界图

**（2）清单分析**

执行 LCA 研究的下一个也是最关键的阶段是清单分析，在对 20 篇论文的梳理中，发现在动力电池循环利用过程研究中，主要数据来源有国家统计、政府年报、行业协会调查报告、企业实况调查、相关专利文献、相关数据库模型等。通过细致分析总结（表 6.3）发现，其中有 10 篇研究的实景数据来自其他文献，也就是已有研究，有 7 篇论文有一手数据，均通过调查或合作公司获得，有 3 篇论文既有第一手数据又有第二手数据

的研究，只有极少数研究实景数据从数据模型获得。用于 LCA 的背景数据是另一个重要方面。近 65% 的研究使用了 ecoinvent、欧盟 ELCD、GaBi、GREET 等全球数据库，25% 的研究没有具体说明所使用背景数据库。显然，国内的能源、物料生产情况与国外不同，当追根溯源进行生命周期评价时使用符合中国实际生产情况的背景数据库，所得到的评价结果才更加具有代表性。根据符合中国国情的结果，制定政策或法规才更加有效。显然缺乏本地数据库和一手的清单数据，影响了许多研究的透明度和可复制性。

**（3）影响评价**

生命周期影响评估作为评估阶段的重要组成部分，定量评估和比较生命周期清单阶段的潜在生态影响，更好地了解其实际的环境影响。在完成生命周期清单之后，下一步是要求将（与产品系统相关的）基本流程转换为环境指标。图 6.12 展示了 20 篇论文中所使用到的 LCA 评价方法。发现使用最多的方法是 ReCiPe 2016 中点法与 IPCC 全球变暖潜能值，但也有 4 篇论文没有具体说明其所使用的评价方法。通过环境影响评价方法将排放和资源开采转化为定量的环境影响结果，以不同的环境影响类别来表示。图 6.13 总结了 20 篇论文中出现频次前十的影响类别，到目前为止，研究最多的影响类别是全球变暖潜能值。此外，除温室气体排放外，酸化潜能值与人类毒性潜能值也被许多

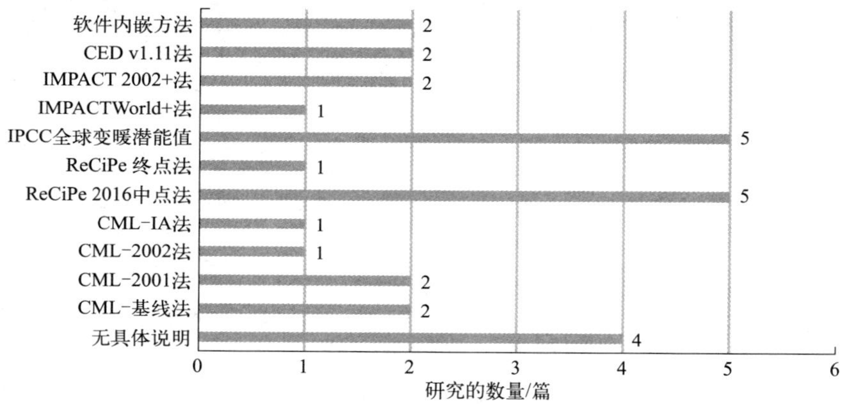


图 6.12　选定的动力电池循环利用 LCA 研究中使用的评价方法

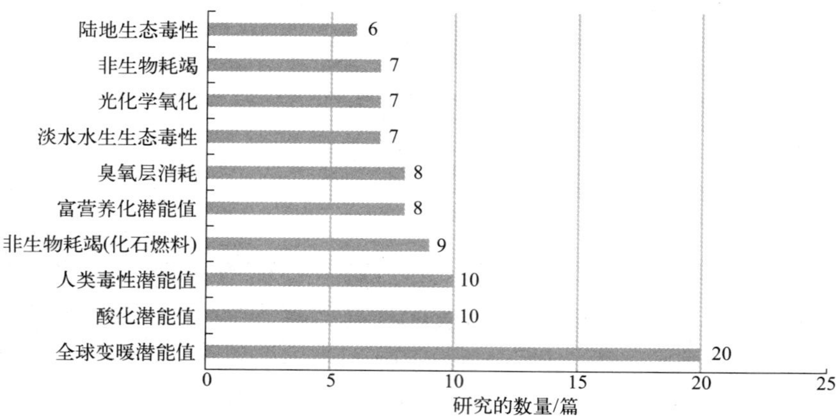


图 6.13　选定的动力电池循环利用 LCA 研究中评估的环境影响类别

研究者所关注。原因是锂动力电池回收利用工艺中大多使用酸性物质，其部分排放物呈酸性，因此，需要重点关注酸化潜能值与人类毒性潜能值，防止大气、土壤等的酸碱度失衡，有助于保护人类健康与生物多样性。确定影响评估方法以及类别之后，选择一种量化工具来得到评价结果。根据图 6.14 所示，目前 20 篇文献中，所使用最多的软件为 SimaPro 软件。只有 eBalance 软件为国内研究团队开发，其余五种均为国外公司开发的生命周期评价软件 / 模型，此外国内最新有 eFootprint 可以使用。

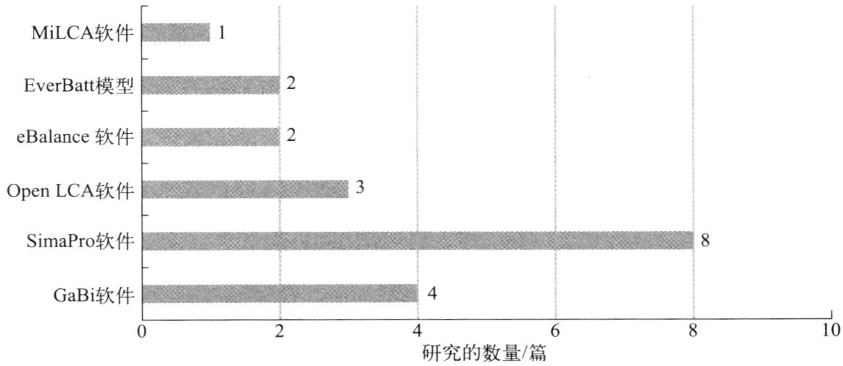


图 6.14 选定的动力电池循环利用 LCA 研究中使用的环境影响评估软件

**（4）结果解释**

虽然动力电池循环利用的环境影响已经得到了广泛的研究，但 LCA 结果尚未达成共识。在此，我们在全面检索 20 篇中英文出版文献的基础上，综述了有关动力电池循环利用的 LCA 研究，结果显示出较大差异性。这种差异不仅归因于不同功能单元和数据库的使用，还归因于不同回收工艺和电池类型。根据表 6.3 不同研究的结果解释可以得出：

① 回收利用可以帮助减轻环境负担；

② 与火法回收相比，更加推荐湿法回收工艺，而直接回收工艺环境效益可能是最好的；

③ 化学试剂、能耗是导致电池回收的环境影响的主要来源，也是造成工艺环境影响差异的主要原因；

④ 并不是每种工艺都是环保的，同样的工艺不同的电池环境效益不同；

⑤ 在储能系统中二次使用退役动力电池可以将整个电池对环境的影响降低至少为原来的 1/5（例如，全球变暖潜能值在 53～248kg $CO_2$ eq/kg LIB）。当二次使用寿命从 1 年增加到 10 年时，不同影响类别的环境效益将增加 0.24～4.62 倍。

为选择有针对性的研究，根据以下原则进行了两轮评审。在第一步中，国外化学试剂和能源生产使用方式不同，而排除了国外动力电池循环利用 LCA 研究。其次，我们只纳入了提供环境影响具体数字或生命周期清单（LCI）的研究，排除了那些只提供不同过程之间相对贡献的研究。我们选取了 4 篇文献中的数据来分析 1kWh 动力电池循环利用对环境造成的环境影响（表 6.4）。其中正值表示在相应影响类别下存在环境效益。根据生命周期评价结果，发现动力电池循环利用阶段 LFP 电池的环境效益小于 NCM 电池，因为 NCM 电池含有更多种类的金属。因此，未来应更多关注 NCM 电池，对于 LFP 电池应多开发其二次利用的可能性。

表 6.4　2 种电池典型回收技术生命周期评价结果

| 电池类型 | 技术类型 | 气候变化 /kg $CO_2$ eq | 臭氧消耗 /kg CFC 11 eq | 金属消耗 /kg Cu eq | 人体毒性 /kg 1,4-DB eq | 淡水消耗 /$m^3$ | 化石燃料消耗 /kg 石油 eq | 细颗粒物形成 /kg $PM_{2.5}$ eq | 一次能源消耗 /MJ eq | 累计能源消耗 /kg 锑 eq | 非生物资源消耗潜值 /kg $SO_2$ eq | 酸化潜值 /kg 煤资源 eq | 中国化石能源消耗潜值 /MJ | 淡水富营养化潜在值 /kg $PO_4^{3-}$ eq |
|---|---|---|---|---|---|---|---|---|---|---|---|---|---|---|
| LFP | 火法冶金 | −7.48 | $1.43\times10^{-6}$ | 1.51 | 6.87 | 0.03 | −0.11 | 0.01 | — | — | — | — | — | — |
| | 湿法冶金 | −6.41 | $-2.29\times10^{-6}$ | 1.65 | −0.04 | −0.02 | −3.63 | −0.02 | — | — | — | — | — | — |
| | 湿法冶金 | −24.58 | $-4.43\times10^{-6}$ | 1.49 | 4.92 | −0.04 | −17.36 | 0.01 | — | — | — | — | — | — |
| | 直接回收 | −5.9 | — | — | — | — | — | | −63.2 | — | — | — | — | — |
| | 湿法冶金 | −2.90 | — | — | — | — | — | $-4.79\times10^{-3}$ | — | 0.0000249 | 0.00311 | −1.95 | −0.294 | $1.38\times10^{-3}$ |
| | 物理回收 | 46.2 | — | — | — | — | — | 0.211 | — | $3.27\times10^{-3}$ | 1.84 | 45.8 | $5.64\times10^{2}$ | $6.11\times10^{-2}$ |
| NCM | 火法冶金 | 82.60 | $2.35\times10^{-5}$ | 29.15 | 28.72 | 0.20 | 86.24 | 0.92 | — | — | — | — | — | — |
| | 湿法冶金 | 82.80 | $1.34\times10^{-4}$ | 24.84 | 5.99 | 2.58 | 18.05 | 0.39 | — | — | — | — | — | — |
| | 湿法冶金 | 79.90 | $2.01\times10^{-5}$ | 30.42 | 27.32 | 0.20 | 88.70 | 0.92 | — | — | — | — | — | — |
| | 直接回收 | −7.7 | — | — | — | — | — | | −86.7 | | | | | |
| | 联合回收 | 52.7 | — | — | — | — | — | 0.208 | | 0.419 | 1.78 | −74.5 | 417 | 0.0343 |
| | 火法冶金 | 30.91 | — | −1.73 kg Fe eq | 14.09 | — | 3.65 | 0.01 kg $PM_{10}$ eq | | | 0.03 | | | 0.11 kg N eq |

分配和转换后的结果表明，从废电池中生产回收的三元正极材料导致 GWP 比原始生产显著下降。湿法冶金工艺对回收材料的影响最小，不到原始工艺的 1/2，几项研究的减少百分比相似。由此可见，通过回收废旧动力电池，提取有价值的金属元素用于生产回收的三元正极材料，可以省去大部分原矿开采和金属冶炼工序。生产三元正极材料对环境的影响可以显著降低。此外，有效的回收过程可以防止废旧电池的随意处置对环境造成破坏。

### 6.3.2　动力电池循环利用过程碳排放核算研究

许多国家和地区设定了碳达峰碳中和的时间表，要求在一定期限内实现净零排放。作为能源转型的重要组成部分，电动汽车及动力电池产业的发展与碳中和目标紧密相关。电池回收涉及能源消耗和温室气体排放，尤其是在处理、拆解、分离、提纯等环节。这些过程产生的碳排放是全球温室气体排放的一部分，直接影响气候变化。研究回收过程的碳排放有助于识别并减少这些排放，从而为减缓全球气候变暖做出贡献。此外，深入研究回收过程中的碳排放有助于识别技术瓶颈和节能降碳潜力，刺激研发更低碳、高效的回收技术与设备，推动产业技术进步。

因此，在动力电池循环利用过程的生命周期评价中，全球变暖潜能值经常出现。虽然不同的研究使用各自的单位，但 GWP 通常以 kg $CO_2$ 当量表示。表 6.5 总结了不同电池在不同循环利用过程中，动力电池循环利用的 GWP 值，这些值是通过所调查的研究得出。根据不同的技术和研究，每千瓦时动力电池容量的温室气体排放量从 1.199kg $CO_2$ eq/kWh 到 48.8kg $CO_2$ eq/kWh 不等。造成碳排放结果差异如此大的原因，主要还是因为不同工艺使用的化学试剂、能源不同，量也不同，最终导致间接碳排放差别较大。此外，可以得出，在不同的回收工艺中，火法回收每千瓦时动力电池排放的二氧化碳当量比湿法回收、直接回收工艺多，因为与其他用化学试剂溶解回收的工艺相比，火法回收工艺直接燃烧产生的温室气体对气候变化的影响很大。

表 6.5　动力电池循环利用过程碳排放核算相关研究

<table>
<tr><th rowspan="2">序号</th><th rowspan="2">年份/年</th><th colspan="3">目标与范围</th><th colspan="2">清单分析</th><th colspan="2">影响评价</th><th rowspan="2">结果解释</th></tr>
<tr><th>电池类型</th><th>功能单元</th><th>评价工艺</th><th>实景数据来源</th><th>背景数据来源</th><th>评估方法</th><th>计算软件</th></tr>
<tr><td rowspan="3">1</td><td rowspan="3">2020</td><td rowspan="3">NCM 811</td><td rowspan="3">1kWh</td><td>湿法回收</td><td rowspan="3">文献</td><td rowspan="3">LCI 数据库</td><td rowspan="3">—</td><td rowspan="3">GaBi 10.6 软件</td><td>2.68kg $CO_2$ eq /kWh</td></tr>
<tr><td>火法回收</td><td>5.11kg $CO_2$ eq /kWh</td></tr>
<tr><td>直接物理回收</td><td>3.65kg $CO_2$ eq /kWh</td></tr>
<tr><td>2</td><td>2021</td><td>EV 电池</td><td>回收产生 1kg 钴</td><td>—</td><td>文献、数据库</td><td>—</td><td>CML- 基线法</td><td>Open LCA 1.10.3 软件</td><td>$1.22\times10^{2}$kg $CO_2$ eq/kg</td></tr>
</table>

续表

| 序号 | 年份/年 | 目标与范围 | | | 清单分析 | | 影响评价 | | 结果解释 |
|---|---|---|---|---|---|---|---|---|---|
| | | 电池类型 | 功能单元 | 评价工艺 | 实景数据来源 | 背景数据来源 | 评估方法 | 计算软件 | |
| 3 | 2022 | NCM | 回收产生 1kg NiCoMn 三元正极材料 | 湿法冶金回收 | 调查了典型企业，收集了工业流程数据 | Ecoinvent 数据库、北京工业大学中心数据、文献 | ReCiPe 中点方法 | SimaPro 9.0 软件 | 20.8kg $CO_2$ eq/kg |
| 4 | 2023 | NCM | 1000kg NCM 正极材料 | 火法冶金 | 数据由项目合作伙伴 Brunp Co. Ltd. 提供 | GaBi 数据库 | CML 2001 中点法 | GaBi 6.0 软件 | $2.97\times10^{-12}$kg $CO_2$ eq/kg spent tLiBs |
| | | | | 湿法冶金 | | | | | $3.22\times10^{-12}$kg $CO_2$ eq/kg spent tLiBs |
| 5 | 2023 | LFP | 1 kWh | LFP 湿法回收 | 文献 | ecoinvent v3.5 数据库 | IPCC 2013 v1.03 | SimaPro 9.0 软件 | 12.7kg $CO_2$ eq /kWh |
| | | LFP | | LFP 直接回收路线 A | | | | | 48.8kg $CO_2$ eq /kWh |
| | | LFP | | LFP 直接回收路线 B | | | | | 5.9kg $CO_2$ eq/kWh |
| | | LFP | | LFP 直接回收路线 C | | | | | 41.7kg $CO_2$ eq /kWh |
| | | NCM | | NCM 湿法回收 | | | | | 43.5kg $CO_2$ eq /kWh |
| | | NCM | | NCM 直接回收路线 B | | | | | 7.7kg $CO_2$ eq/kWh |
| | | NCM | | NCM 直接回收路线 C | | | | | 26.7kg $CO_2$ eq /kWh |
| 6 | 2023 | NCM | 1kWh | 湿法冶金回收 A | 文献 | — | IPCC 2013 v1.03 | SimaPro 9.0 软件 | 48.6kg $CO_2$ eq /kWh |
| | | | | 湿法冶金回收 B | | | | | 19.3kg $CO_2$ eq /kWh |
| | | | | 湿法冶金回收 C | | | | | 43.5kg $CO_2$ eq /kWh |
| 7 | 2023 | LFP | 乘用 BEV 的 1kWh 电池组 | LFP 火法回收 | GREET 模型、阿贡国家实验室开发的 2020 年 EverBatt 模型的数据 | GREET 模型、EverBatt 模型 | — | EverBatt 模型 | 31.848kg $CO_2$ eq /kWh |
| | | | | LFP 湿法回收 | | | | | 3.922kg $CO_2$ eq /kWh |
| | | | | LFP 直接回收 | | | | | 1.250kg $CO_2$ eq /kWh |
| | | NCA | | NCA 火法回收 | | | | | 8.816kg $CO_2$ eq /kWh |
| | | | | NCA 湿法回收 | | | | | 2.216kg $CO_2$ eq /kWh |
| | | | | NCA 直接回收 | | | | | 1.202kg $CO_2$ eq /kWh |

续表

<table>
<tr><th rowspan="2">序号</th><th rowspan="2">年份/年</th><th colspan="3">目标与范围</th><th colspan="2">清单分析</th><th colspan="2">影响评价</th><th rowspan="2">结果解释</th></tr>
<tr><th>电池类型</th><th>功能单元</th><th>评价工艺</th><th>实景数据来源</th><th>背景数据来源</th><th>评估方法</th><th>计算软件</th></tr>
<tr><td rowspan="12">7</td><td rowspan="12">2023</td><td rowspan="3">NMC 111</td><td rowspan="12">乘用 BEV 的 1kWh 电池组</td><td>NMC 111 火法回收</td><td rowspan="12">GREET 模型、阿贡国家实验室开发的 2020 年 EverBatt 模型的数据</td><td rowspan="7">GREET 模型、EverBatt 模型</td><td rowspan="12">—</td><td rowspan="12">EverBatt 模型</td><td>10.730kg $CO_2$ eq /kWh</td></tr>
<tr><td>NMC 111 湿法回收</td><td>2.217kg $CO_2$ eq /kWh</td></tr>
<tr><td>NMC 111 直接回收</td><td>1.214kg $CO_2$ eq /kWh</td></tr>
<tr><td rowspan="3">NMC 532</td><td>NMC 532 火法回收</td><td>10.296kg $CO_2$ eq /kWh</td></tr>
<tr><td>NMC 532 湿法回收</td><td>2.189kg $CO_2$ eq /kWh</td></tr>
<tr><td>NMC 532 直接回收</td><td>1.199kg $CO_2$ eq /kWh</td></tr>
<tr><td rowspan="3">NMC 622</td><td>NMC 622 火法回收</td><td>9.753kg $CO_2$ eq /kWh</td></tr>
<tr><td>NMC 622 湿法回收</td><td></td><td>2.197kg $CO_2$ eq /kWh</td></tr>
<tr><td>NMC 622 直接回收</td><td></td><td>1.203kg $CO_2$ eq /kWh</td></tr>
<tr><td rowspan="3">NMC 811</td><td>NMC 811 火法回收</td><td></td><td>9.780kg $CO_2$ eq /kWh</td></tr>
<tr><td>NMC 811 湿法回收</td><td></td><td>2.282kg $CO_2$ eq /kWh</td></tr>
<tr><td>NMC 811 直接回收</td><td></td><td>1.248kg $CO_2$ eq /kWh</td></tr>
<tr><td>8</td><td>2023</td><td>含镍钴匣钵</td><td>1000 kg 含镍钴匣钵</td><td>通过物理分离、还原浸出、梯级分离、结晶、提纯等工艺，从废匣钵中提取锂、镍、钴、锰等锂离子电池正极材料，以及明矾、硫酸钾等副产物</td><td>工艺中的所有直接投入产出数据均由公司提供</td><td>GaBi 数据库</td><td>ReCiPe 2016</td><td>GaBi 9.0 ts 软件</td><td>$1.58 \times 10^2$ kg $CO_2$ eq/kg</td></tr>
<tr><td rowspan="3">9</td><td rowspan="3">2024</td><td>LFP</td><td rowspan="3">1kWh</td><td rowspan="3">运输阶段废旧电池从收集中心到回收厂的运输。湿法冶金回收</td><td rowspan="3">技术数据表、文献</td><td rowspan="3">ecoinvent 3.0 数据库</td><td rowspan="3">CML-IA v3.05 法</td><td rowspan="3">SimaPro 9.0 软件</td><td>7.36kg $CO_2$ eq /kWh</td></tr>
<tr><td>NCM 622</td><td>10.1kg $CO_2$ eq /kWh</td></tr>
<tr><td>NCM 811</td><td>13.5kg $CO_2$ eq /kWh</td></tr>
</table>

# 6.4 动力电池资源化利用温室气体减排绩效评估

党的二十大报告强调“积极稳妥推进碳达峰碳中和”，新能源汽车产业发展与低碳化趋势契合“双碳”目标，而其核心组件——动力电池的生产链及原材料供应稳定性至关重要。退役动力电池资源化利用既能降低原材料依赖、保障能源安全，又有利于应对全球气候挑战与可持续发展。各类电池（如 LFP、NCM）因其金属成分与含量差异，回收价值与经济效益有别。然而，当前缺乏退役电池资源化碳减排评价标准，制约了碳标签与政策激励作用。亟待构建科学、实用、中立的标准体系。以往碳减排绩效核算标准中，选取原生材料替代或处理处置为基准情景。

鉴于欧盟对退役电池处置的严格规制，传统回收碳减排评价标准需更新。现有国际碳排放标准虽均基于 ISO 14040/14044 框架，但在具体操作层面存在差异，导致产品间碳减排比较困难。为实现交通领域碳中和，亟须制定统一、可比的退役动力电池回收碳减排标准。总之，面对生态文明建设新阶段与碳中和重任，应重视退役动力电池资源化利用的经济效益与碳减排问题，构建适应行业特点的科学、统一、可比碳减排标准体系，以驱动新能源汽车产业低碳发展，助力国家绿色转型战略实施。

## 6.4.1 评估方法

动力电池资源化利用可以替代部分原材料开采或进口，相应地避免了这些原材料开采过程所带来的温室气体排放量。以避免的原材料开采过程参照为基准情景，从基准情景产生的温室气体排放量中扣除资源化利用情景产生的温室气体排放量就可以得到资源化利用温室气体减排量。为准确量化动力电池资源化利用过程中温室气体减排量，我们采用生命周期评价法核算两个情景各个环节的温室气体排放总和。首先划定核算范围确定功能单元，收集活动数据和排放因子，再计算资源化利用情景温室气体减排量，评估过程如图 6.15 所示。

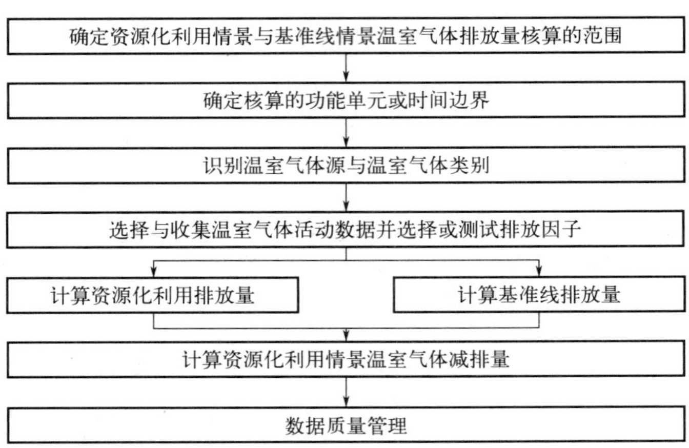


图 6.15　评估程序流程

**(1)核算范围与功能单元**

1)核算范围

退役动力电池资源化利用情景的核算范围包括(图 6.16):

① 与退役动力电池运输过程相关的温室气体排放;

② 与资源化加工过程所消耗辅料、电力、热力及燃料相关的温室气体排放;

③ 对资源化加工过程产生的废液与固体废物进行处置所引起的温室气体排放。

退役动力电池资源化利用情景所参照基准线情景的核算范围包括(图 6.16):

① 与原生材料开采所消耗辅料、电力、热力及燃料相关的温室气体排放;

② 与原生材料运输过程相关的温室气体排放;

③ 与加工和制造过程所消耗辅料、电力、热力及燃料相关的温室气体排放。

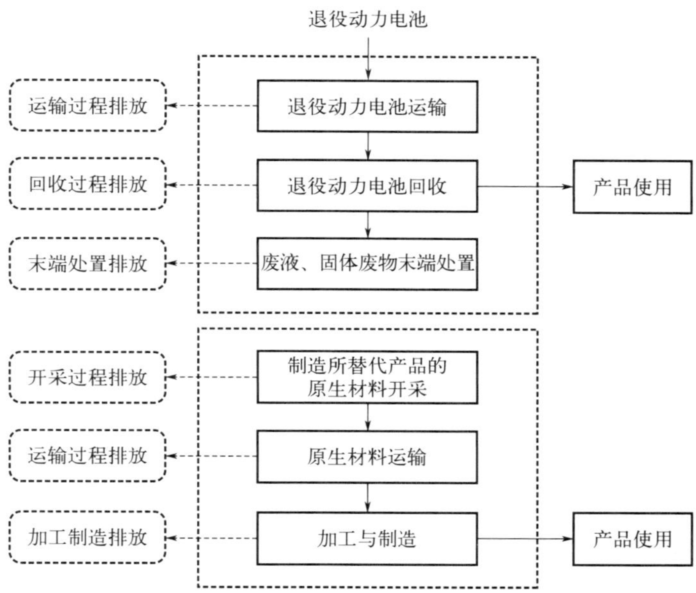


图 6.16　资源化利用情景(上)与基准线情景(下)核算范围示意图

2)功能单元

本评估方法可根据功能单元计算,即计算对一定量退役动力电池进行资源化利用所实现的温室气体减排量,如计算对 1t 退役动力电池进行资源化利用所实现的温室气体减排量;也可根据时间边界计算,即计算一定时间范围内对退役动力电池进行资源化利用所实现的温室气体减排量,如计算一个月内对退役动力电池进行资源化利用所实现的温室气体减排量。

3)识别温室气体源与类别

在温室气体减排量核算中,识别温室气体源和类别是极其重要的。表 6.6 展示了动力电池资源化利用过程中产生的温室气体源与类别。这一过程有助于精确核算各种气体对气候变化的具体贡献,有助于提高核算和报告的透明度,使数据更具可比性,促进国际合作。

表 6.6　动力电池资源化利用过程中产生的温室气体源与类别

| 情景 | 温室气体源 | 温室气体类别 |
| --- | --- | --- |
| 资源化利用情景 | 退役动力电池运输 | 二氧化碳（$CO_2$）、甲烷（$CH_4$）、氧化亚氮（$N_2O$） |
| | 退役动力电池回收 | 二氧化碳（$CO_2$）、甲烷（$CH_4$）、氧化亚氮（$N_2O$）、氢氟碳化物（HFCs）、全氟碳化物（PFCs）、六氟化硫（$SF_6$）、三氟化氮（$NF_3$） |
| | 废液、固体废物末端处置 | |
| 基准情景 | 原生材料开采 | |
| | 原生材料运输 | |
| | 加工与制造 | |

**（2）资源化利用温室气体减排绩效评估方法**

退役动力电池资源化利用情景的温室气体减排量等于基准线情景的温室气体排放量与资源化利用情景的温室气体排放量的差值，由式（6.1）计算：

$$ER=BE-PE \tag{6.1}$$

式中　$ER$——退役动力电池资源化利用情景的温室气体减排量，吨二氧化碳当量（t $CO_2$ eq）；

$BE$——基准线情景的温室气体排放量，吨二氧化碳当量（t $CO_2$ eq），按式（6.11）计算；

$PE$——资源化利用情景的温室气体排放量，吨二氧化碳当量（t $CO_2$ eq），按式（6.2）计算。

资源化利用情景温室气体排放量（$PE$）根据式（6.2）计算得：

$$PE=PE_T+PE_P+PE_D \tag{6.2}$$

式中　$PE$——资源化利用项目温室气体排放量，吨二氧化碳当量（t $CO_2$ eq）；

$PE_T$——将退役动力电池运输到资源化利用企业所产生的温室气体排放量，吨二氧化碳当量（t $CO_2$ eq），按式（6.3）计算；

$PE_P$——退役动力电池资源化加工过程所产生的温室气体排放量，吨二氧化碳当量（t $CO_2$ eq），按式（6.4）计算；

$PE_D$——退役动力电池资源化利用企业委外处置废液和固体废物所产生的温室气体排放，吨二氧化碳当量（t $CO_2$ eq），按式（6.8）计算。

退役动力电池运输过程的温室气体排放（$PE_T$）主要是由于化石燃料燃烧引起的直接排放，可根据式（6.3）计算：

$$PE_T=Q_{T,i}\times D_{T,i}\times EF_{T,i} \tag{6.3}$$

式中　$i$——表示运输车辆类型；

$Q_{T,i}$——第 $i$ 种运输车辆运输的从退役动力电池回收商到资源化利用企业的电池重量，t，使用资源化利用企业的监测数据；

$D_{T,i}$——第 $i$ 种运输车辆从退役动力电池回收商到资源化利用企业的运输距离，km，使用资源化利用企业的监测数据；

$EF_{T,i}$——第 $i$ 种运输车辆的温室气体排放因子，吨二氧化碳当量每吨千米［t $CO_2$ eq/（t · km）］，优先用第三方评估校验过的数据。

资源化利用企业处理加工退役动力电池产生的温室气体排放量，其中包含资源化利用企业在厂内对资源化加工过程产生的废气进行处置所产生的温室气体排放，由式（6.4）进行计算：

$$PE_P=PE_E+PE_F+PE_A \tag{6.4}$$

式中 $PE_E$——因供应资源化加工过程所使用电力导致的温室气体排放量，吨二氧化碳当量（t $CO_2$ eq），按式（6.5）计算；

$PE_F$——资源化加工过程使用化石燃料导致的温室气体排放量，吨二氧化碳当量（t $CO_2$ eq），按式（6.6）计算；

$PE_A$——因生产资源化加工过程所需辅料导致的温室气体排放量，吨二氧化碳当量（t $CO_2$ eq），按式（6.7）计算。

$PE_E$、$PE_F$ 和 $PE_A$ 可由下式进行计算：

$$PE_E = SEC_E \times EF_{E,CO_2} \tag{6.5}$$

$$PE_F = FC_{F,i} \times EF_{FP,i} + \sum_i \left( FC_{F,i} \times NCV_i \times CC_i \times OF_i \times \frac{44}{12} \right) \tag{6.6}$$

$$PE_A = \sum_i \left( Q_{A,i} \times EF_{A,i} \right) \tag{6.7}$$

式中 $SEC_E$——企业在资源化加工过程中的净购入电量，MWh；

$EF_{E,CO_2}$——电力供应的温室气体排放因子，吨二氧化碳当量每兆瓦时（t $CO_2$ eq/MWh），优先用第三方评估校验过的数据；

$FC_{F,i}$——在资源化加工过程中对第 $i$ 种化石燃料的消耗量，对固体或液体化石燃料而言单位为吨（t），对气体化石燃料而言单位为万标准立方米（$10^4$Nm$^3$），使用资源化利用企业的监测数据；

$EF_{FP,i}$——第 $i$ 种化石燃料的生产排放因子，吨二氧化碳当量每吨或吨二氧化碳当量每万标准立方米（t $CO_2$ eq/t，t $CO_2$ eq/$10^4$Nm$^3$），优先用第三方评估校验过的数据；

$NCV_i$——第 $i$ 种化石燃料的低位热值，吉焦每吨或吉焦每万标准立方米（GJ/t，GJ/$10^4$Nm$^3$），优先用第三方评估校验过的数据；

$CC_i$——第 $i$ 种化石燃料的单位热值含碳量，吨碳每吉焦（tC/GJ），优先用第三方评估校验过的数据；

$OF_i$——第 $i$ 种化石燃料的碳氧化率，液体燃料的碳氧化率取缺省值 98%，气体燃料的碳氧化率取缺省值 99%；

$\frac{44}{12}$——二氧化碳与碳的相对分子质量之比；

$Q_{A,i}$——在资源化加工过程中对第种辅料的消耗量，单位为吨、万标准立方米或兆焦（t，$10^4$Nm$^3$，MJ），使用资源化利用企业统计监测的数据；

$EF_{A,i}$——第 $i$ 种辅料生产过程的温室气体排放因子，单位为吨二氧化碳当量每吨、吨二氧化碳当量每万标准立方米或吨二氧化碳当量每兆焦（t $CO_2$ eq/t，t $CO_2$ eq/$10^4$m$^3$，t $CO_2$ eq/MJ），优先用第三方评估校验过的数据。

废气处置被认为包含于资源化加工过程，其温室气体排放已在加工过程中核算。此处主要涉及在资源化加工过程之后，与相关废液与固体废物的处置相关的温室气体排放（$PE_D$），由式（6.8）计算：

$$PE_D = PE_{DT} + PE_{DE} \tag{6.8}$$

$$PE_{DT} = Q_L \times D_L \times EF_{D,i} + Q_S \times D_S \times EF_{D,i} \tag{6.9}$$

$$PE_{DE} = \sum \left( Q_L \times EF_L + Q_S \times EF_S \right) \tag{6.10}$$

式中 $PE_{DT}$——把资源化加工过程委外处置的废液与固体废物运输到处理厂产生的温室气体排放；

$PE_{DE}$——处理厂处置资源化利用企业委外处置的废液与固体废物产生的温室气体排放；

$i$——资源化利用企业在委外处置废液与固体废物的运输过程中所使用的化石燃料种类；

$Q_L$——资源化加工过程委外处置的废液量，t，使用资源化利用企业统计监测的数据；

$D_L$——委外处置废液从资源化加工企业运输到废液处理厂的距离，km，使用资源化利用企业统计监测的数据；

$EF_L$——给处理厂付费处置废液的温室气体排放因子，吨二氧化碳当量每吨（t $CO_2$ eq/t），优先用第三方评估校验过的数据；

$Q_S$——资源化加工过程委外处置的固体废物量，此处的固体废物指没有再利用价值，需要处置的固体废物，t，使用资源化利用企业统计监测的数据；

$D_S$——把委外处置固体废物从资源化加工企业运输到固体废物处理厂的距离，km，使用资源化利用企业统计监测的数据；

$EF_S$——给处理厂付费处置固体废物的温室气体排放因子，吨二氧化碳当量每吨（t $CO_2$ eq/t），优先用第三方评估校验过的数据。

基准线情景的温室气体排放量由式（6.11）进行计算：

$$BE = \sum_i \left( Q_i \times EF_i \right) \tag{6.11}$$

式中 $i$——表示资源化利用项目产出的产品种类；

$Q_i$——资源化利用项目所产出的第种产品数量，t，使用资源化利用企业统计监测的数据；

$EF_i$——生产第 $i$ 种产品的温室气体排放因子，吨二氧化碳当量每吨（t $CO_2$ eq/t），优先使用第三方评估校验过的数据。

### 6.4.2 评估案例分析

以废旧磷酸铁锂（LFP）电池的两种湿法回收技术、废旧三元锂（NMC）电池湿法回收工艺以及废旧三元锂电池（NCM）的火法回收工艺为例，如图 6.17 所示。功能单元设置为 1t 磷酸铁锂 / 三元锂电池。地理边界为中国大陆。运输环节相关数据参考相关文献，确定汽车生产商从回收网点到集中贮存点采用 3t 柴油卡车运输，运输距离确定为 24km。假设从集中贮存点到综合利用企业运输工具为 10t 载重的柴油卡车，运输距离为 65km，从综合利用企业运输采用 3t 柴油卡车运输到废物处理企业的距离为 10km。本研究使用 LFP 电池、NMC 电池和 NCM 电池作为参考，根据文献数据收集了 4 种退役动力电池资源化过程的物质清单（表 6.7～表 6.10）。

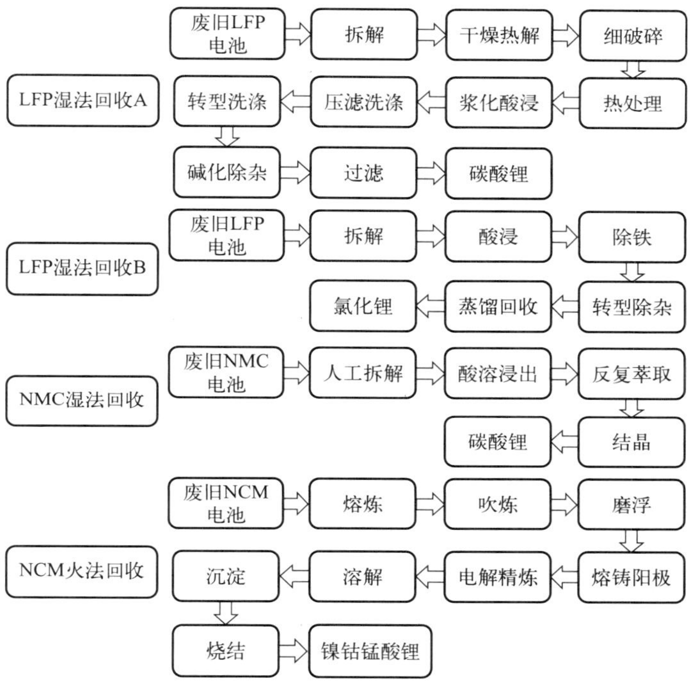


图 6.17　退役动力电池资源化利用流程

表 6.7　LFP 电池湿法回收 A 物质清单

| 输入 / 输出 | 类别 | 物质名称 | 单位 | 数量 |
|---|---|---|---|---|
| 输入 | 能源动力 | 天然气 | t | $2.88\times10^{-1}$ |
| | | 电 | MWh | $5.86\times10^{-1}$ |
| | 材料试剂 | 氯化钠 | t | $7.69\times10^{-3}$ |
| | | 硫酸 | t | $2.25\times10^{-1}$ |
| | | 碳酸钠 | t | $1.71\times10^{-1}$ |
| | | 氯酸钠 | t | $4.43\times10^{-3}$ |
| | | 氢氧化钠 | t | $7.03\times10^{-3}$ |
| | | 氢氧化钙 | t | $4.72\times10^{-3}$ |
| | | 过氧化氢 | t | $4.92\times10^{-2}$ |
| | | 水 | t | 2.09 |

续表

| 输入 / 输出 | 类别 | 物质名称 | 单位 | 数量 |
|---|---|---|---|---|
| 输出 | 废物 / 废液 | 固体废物 | t | $6.48\times10^{-2}$ |
| | | 废液 | t | $8.28\times10^{-1}$ |
| | 产品 | 碳酸锂 | t | $1.26\times10^{-1}$ |
| | | 铜片 | t | $9.87\times10^{-2}$ |
| | | 铝 | t | $8.81\times10^{-2}$ |
| | | 硫酸钠 | t | $2.22\times10^{-1}$ |

表 6.8　LFP 电池湿法回收 B 物质清单

| 输入 / 输出 | 类别 | 物质名称 | 单位 | 数量 |
|---|---|---|---|---|
| 输入 | 能源动力 | 电 | MWh | $4.85\times10^{-1}$ |
| | 材料试剂 | 盐酸 | t | $3.43\times10^{-2}$ |
| | | 氢氧化钠 | t | $8.73\times10^{-2}$ |
| | | 过氧化氢 | t | $9.54\times10^{-2}$ |
| | | 氯化钙 | t | $3.57\times10^{-1}$ |
| | | 水 | t | $5.31\times10^{-1}$ |
| 输出 | 废物 / 废液 | 固体废物 | t | 1.18 |
| | 产品 | 氯化锂 | t | $3.57\times10^{-1}$ |

表 6.9　NCM 电池火法回收物质清单

| 输入 / 输出 | 类别 | 物质名称 | 单位 | 数量 |
|---|---|---|---|---|
| 输入 | 能源动力 | 电 | MWh | 2.29 |
| | | 煤 | t | $9.82\times10^{-1}$ |
| | | 天然气 | $Nm^3$ | $1.40\times10^{-1}$ |
| | 材料试剂 | 硫酸 | t | $9.25\times10^{-1}$ |
| | | 水 | t | 9.10 |
| | | 氨水 | t | $1.12\times10^{-1}$ |
| | | 碳酸钠 | t | $2.10\times10^{-2}$ |
| | | 碳酸锂 | t | $1.21\times10^{-1}$ |
| | | 氢氧化钠 | t | 1.87 |
| 输出 | 废液 / 废物 / 废气 | 废水 | t | 9.99 |
| | | 固体废物 | t | $4.98\times10^{-1}$ |
| | | $CO_2$ | t | $6.73\times10^{-2}$ |
| | 产品 | NCM 正极材料 | t | $3.00\times10^{-1}$ |

表 6.10　NMC 电池湿法回收物质清单

| 输入 / 输出 | 类别 | 物质名称 | 单位 | 数量 |
|---|---|---|---|---|
| 输入 | 能源动力 | 电 | MWh | $4.60\times10^{-1}$ |
| | | 天然气 | t | $2.68\times10^{-1}$ |
| | | 蒸汽 | MJ | $1.91\times10^{3}$ |
| | 材料试剂 | 氯化钠 | t | $7.35\times10^{-3}$ |
| | | 硫酸 | t | $9.12\times10^{-1}$ |
| | | 水 | t | 6.47 |
| | | 盐酸 | t | $2.59\times10^{-1}$ |
| | | P204 | t | $6.47\times10^{-5}$ |
| | | P507 | | |
| | | 煤油 | t | $3.24\times10^{-4}$ |
| | | 碳酸钠 | t | $2.24\times10^{-2}$ |
| | | 氯酸钠 | t | $1.41\times10^{-4}$ |
| | | 氢氧化钠 | t | $6.54\times10^{-1}$ |
| 输出 | 废液 / 废物 | 废水 | t | $1.85\times10^{-1}$ |
| | | 固体废物 | t | $6.42\times10^{-1}$ |
| | 产品 | 硫酸镍 | t | $1.79\times10^{-1}$ |
| | | 硫酸锰 | t | $1.79\times10^{-1}$ |
| | | 硫酸钴 | t | $1.75\times10^{-1}$ |
| | | 碳酸锂 | t | $2.09\times10^{-1}$ |
| | | 铜片 | t | $1.14\times10^{-1}$ |
| | | 铝 | t | $8.31\times10^{-2}$ |
| | | 硫酸钠 | t | $5.00\times10^{-1}$ |
| | | 氯化钠 | t | $2.80\times10^{-1}$ |

根据上述评估方法，对退役动力电池的资源化利用进行碳排放核算。计算中以 1t 退役动力电池为功能单元。结果显示（图 6.18），LFP 电池资源化利用情景中，湿法回收 A 工艺加工、运输、废液与固体废物处置 3 阶段的温室气体排放量分别为 $7.24\times10^{-1}$ t $CO_2$ eq、2.97t $CO_2$ eq、$7.92\times10^{-1}$t $CO_2$ eq；湿法回收 B 工艺加工、运输、废液与固体废物处置 3 阶段的温室气体排放量分别为 $8.82\times10^{-1}$t $CO_2$ eq、2.97t $CO_2$ eq、1.67t $CO_2$ eq。三元锂电池资源化利用情景中，NMC 电池湿法回收加工、运输、废液与固体废物处置 3 阶段的温室气体排放量分别为 2.60t $CO_2$ eq、2.97t $CO_2$ eq、1.06t $CO_2$ eq；NCM 电池火法回收加工、运输、废液与固体废物处置 3 阶段的温室气体排放量分别为 7.17t $CO_2$ eq、2.97t $CO_2$ eq、9.22t $CO_2$ eq。可以看出，两种电池资源化利用所造成的碳足迹相差较大。运输也会产生一部分的温室气体排放，不同的工艺中运输所占回收过程中总的温室气体排放占比不同，比例在 30%～60% 之间。而加工过程中使用的辅料、能源的生产产生温室气体排放量贡献占比较大，说明资源化利用工艺还需要改进，尤其是

NCM 火法回收工艺中要想办法减少能源的使用量或者使用更清洁的能源。此外，LFP 电池湿法回收工艺 B 中的废物处置环节产生温室气体占总排放量的 30%，工艺开发者应重点关注。

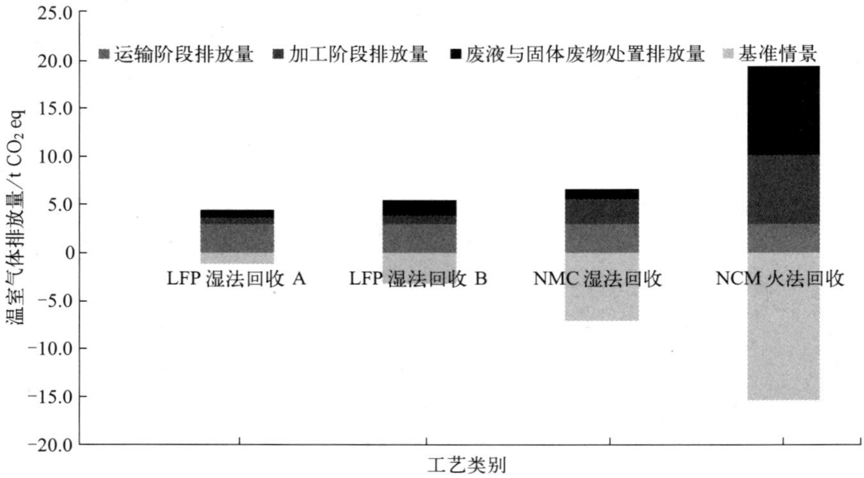


图 6.18　退役动力电池资源化利用温室气体排放量

结合基准情景碳排放，我们可以得到退役动力电池资源化利用的碳减排效益。发现 NMC 电池湿法回收工艺与 NCM 电池火法回收工艺所产生碳减排效益为正。虽然 NCM 电池火法回收工艺的温室气体排放量很高，但其产出产品为 NCM 电池正极材料，而正极材料生产过程的温室气体排放量也较高，所以相比较下使用此火法回收工艺回收 NCM 电池具有温室气体减排作用。其中 LFP 电池两种回收工艺的碳减排效益较低为负，原因是：首先，LFP 电池在其回收过程中造成了较大的排放；其次，与 LFP 电池相比，NMC 与 NCM 电池含有多种重金属，回收所产生的再生材料较多。因此，使用此核算方法也可帮助企业识别“高碳”工艺，找到改进路径。例如，通过去除或替代工艺中碳排放因子较高的辅料、能源的使用，减少资源化利用情景对环境造成的温室气体排放。

## 6.5 总结

在 6.2 节和 6.3 节中，我们分析了数十项研究，这些研究评估了动力电池生产和循环利用过程的环境影响。由于各种研究中功能单元的定义不同，包括“电池组”“1kg 锂动力电池”“1kWh 存储容量”和“1km（电动汽车在其使用寿命期间行驶的距离）”。根据上述总结，1kWh 的电池存储容量（描述了电池在其生命周期内的充电循环次数）是使用最多的功能单元，次之为 1kg 锂动力电池。但很少有研究会描述电池存储容量、汽车行驶距离和电池质量之间的转换关系。这会导致不同功能单元的研究，其结果也无法进行定量对比，只能定性地类比。此外，也很少有研究为提取不同功能单元下所获得的环境影响提供足够的信息，大部分作品披露其使用的数据依赖于以往的分析，没有获得自己的原始库存数据。这是目前大多数研究的一个弱点，因此考虑到快速发展的技术可能导致不正确的结果和结论，需要鼓励新的锂动力电池 LCA 的研究，以便实现当前可靠的原始数据，而不是过时的数据。

SimaPro 似乎是主要的软件工具，ReCiPe 和 ecoinvent 是库存分析中使用最多的方法、数据库。可见目前锂动力电池 LCA 研究中常用的背景数据库和软件都来自外国，为减少与避免数据霸权和产权霸权，应鼓励国内学者或企业建立属于中国的本土数据库并开发相应软件。此外，从现有作品中获得的影响类别也存在非常不同的情况，在最近的 LCA 研究中，更频繁使用的影响类别是全球变暖、酸化、富营养化，但在 40 个 LCA 研究中，只有少数分析了电池的资源、电离辐射和金属使用，有很多影响类别也只在一项研究中出现。对于电池，分析最多的化学物质是 LFP 和 NCM，但未来如果动力电池产业得到更广泛的发展，将出现不同的化学物质。有研究表明锂硫电池比传统的 NCM- 石墨电池更环保，可以降低 9%～90% 环境影响。如果锂硫电池的大规模生产，预计电池制造的能源强度将显著降低。此外，进一步减少锂动力电池的整体影响和减少生产过程中原始材料的使用，锂动力电池回收是一种有用的解决方案。在评估动力电池回收工艺中，大部分研究只分析当前回收工艺带来的影响，这对产业发展缺乏前瞻性。因此，鼓励在未来研究中可以加入实验室新开发创新工艺，量化工艺间接环境影响，对其是否进行大规模使用提供参考。

总之，因功能单元不统一、数据透明度低、数据质量不高等导致评价结果差异大，很难定量总结评价结果。未来可能需要更加统一的研究框架使得研究更加规范，增加结果的可对比性。此外，目前的评价结果只可以分析产品、工艺层面，其研究结果无法量化到具体的地区，也就很难为政府提供定量的建议。在实际生产中，A 省份生产产品可能会使用 B 省份生产的材料，此时，产品所受到的生命周期环境影响，有一部分是对 B 省份造成的。因此，为了更加清晰地量化产品或服务所造成的环境影响对地区的影响占比，推荐在进行 LCA 时加入地理位置信息，基于地理信息系统的 LCA 得到的评价结果可以分配到不同地区，根据结果对不同地区提出不同的建议，有利于推动全国各地产业链减污降碳。

## 参考文献

[1] Notter D A, Gauch M, Widmer R, et al. Contribution of Li-ion batteries to the environmental impact of electric vehicles[J/OL]. Environmental Science & Technology, 2010, 44(17): 6550-6556.

[2] Hao H, Mu Z, Jiang S, et al. GHG Emissions from the production of lithium-ion batteries for electric vehicles in China[J/OL]. Sustainability, 2017, 9(4): 504.

[3] Deng Y, Li J, Li T, et al. Life cycle assessment of lithium sulfur battery for electric vehicles[J/OL]. Journal of Power Sources, 2017, 343: 284-295.

[4] Kallitsis E, Korre A, Kelsall G, et al. Environmental life cycle assessment of the production in China of lithium-ion batteries with nickel-cobalt-manganese cathodes utilising novel electrode chemistries[J/OL]. Journal of Cleaner Production, 2020, 254: 120067.

[5] Jiang S, Zhang L, Li F, et al. Environmental impacts of lithium production showing the importance of primary

data of upstream process in life-cycle assessment[J/OL]. Journal of Environmental Management, 2020, 262: 110253.

[6] Schenker V, Oberschelp C, Pfister S. Regionalized life cycle assessment of present and future lithium production for Li-ion batteries[J/OL]. Resources Conservation and Recycling, 2022, 187.

[7] Wang Y, Yu Y, Huang K, et al. From the perspective of battery production: energy-environment-economy (3E) analysis of lithium-ion batteries in China[J/OL]. Sustainability, 2019, 11(24): 6941.

[8] Zackrisson M, Avellán L, Orlenius J. Life cycle assessment of lithium-ion batteries for plug-in hybrid electric vehicles-Critical issues[J/OL]. Journal of Cleaner Production, 2010, 18(15): 1519-1529.

[9] Yu A, Wei Y, Chen W, et al. Life cycle environmental impacts and carbon emissions: A case study of electric and gasoline vehicles in China[J/OL]. Transportation Research Part D: Transport and Environment, 2018, 65: 409-420.

[10] Dai Q, Kelly J C, Gaines L, et al. Life Cycle analysis of lithium-ion batteries for automotive applications[J/OL]. Batteries, 2019, 5(2): 48.

[11] Kelly J C, Dai Q, Wang M. Globally regional life cycle analysis of automotive lithium-ion nickel manganese cobalt batteries[J/OL]. Mitigation and Adaptation Strategies for Global Change, 2020, 25(3): 371-396.

[12] Sun X, Luo X, Zhang Z, et al. Life cycle assessment of lithium nickel cobalt manganese oxide (NCM) batteries for electric passenger vehicles[J/OL]. Journal of Cleaner Production, 2020, 273: 123006.

[13] Wang S, Yu J. A comparative life cycle assessment on lithium-ion battery: Case study on electric vehicle battery in China considering battery evolution[J/OL]. Waste Management & Research: The Journal for a Sustainable Circular Economy, 2021, 39(1): 156-164.

[14] Liu W, Liu H, Liu W, et al. Life cycle assessment of power batteries used in electric bicycles in China[J/OL]. Renewable and Sustainable Energy Reviews, 2021, 139: 110596.

[15] Quan J, Zhao S, Song D, et al. Comparative life cycle assessment of LFP and NCM batteries including the secondary use and different recycling technologies[J/OL]. Science of The Total Environment, 2022, 819: 153105.

[16] Chen Q, Lai X, Gu H, et al. Investigating carbon footprint and carbon reduction potential using a cradle-to-cradle LCA approach on lithium-ion batteries for electric vehicles in China[J/OL]. Journal of Cleaner Production, 2022, 369.

[17] Feng T, Guo W, Li Q, et al. Life cycle assessment of lithium nickel cobalt manganese oxide batteries and lithium iron phosphate batteries for electric vehicles in China[J/OL]. Journal of Energy Storage, 2022, 52.

[18] Tao Y, Wang Z, Wu B, et al. Environmental life cycle assessment of recycling technologies for ternary lithium-ion batteries[J/OL]. Journal of Cleaner Production, 2023, 389.

[19] Llamas-Orozco J A, Meng F, Walker G S, et al. Estimating the environmental impacts of global lithium-ion battery supply chain: A temporal, geographical, and technological perspective.[J/OL]. PNAS nexus, 2023, 2(11): 361.

[20] Jiang T, Wang H, Jin Q. Comparison of three typical lithium-ion batteries for pure electric vehicles from the perspective of life cycle assessment[J/OL]. Clean Technologies and Environmental Policy, 2024, 26(2): 331-350.

[21] Ma Q, Chen L, Li X, et al. Assessment of cobalt recycling potential and environmental impact in China from 1994 to 2020[J/OL]. Environmental Science and Pollution Research, 2023, 30(10): 27469-27482.

[22] Yu M, Bai B, Xiong S, et al. Evaluating environmental impacts and economic performance of remanufacturing electric vehicle lithium-ion batteries[J/OL]. Journal of Cleaner Production, 2021, 321.

[23] Tian X, Ma Q, Xie J, et al. Environmental impact and economic assessment of recycling lithium iron phosphate battery cathodes: Comparison of major processes in China[J/OL]. Resources, Conservation and Recycling, 2024, 203: 107449.

[24] Chen Q, Lai X, Chen J, et al. Comparative environmental impacts of different hydrometallurgical recycling and remanufacturing technologies of lithium-ion batteries considering multi-recycling-approach and temporal-geographical scenarios in China[J/OL]. Separation and Purification Technology, 2023, 324.

[25] Yang H, Hu X, Zhang G, et al. Life cycle assessment of secondary use and physical recycling of lithium-ion batteries retired from electric vehicles in China.[J/OL]. Waste management (New York, N.Y.), 2024, 178: 168-175.

[26] Jiang S, Hua H, Zhang L, et al. Environmental impacts of hydrometallurgical recycling and reusing for manufacturing of lithium-ion traction batteries in China[J/OL]. Science of the Total Environment, 2022, 811.

[27] Liu W, Liu H, Liu W, et al. Life cycle assessment of power batteries used in electric bicycles in China[J/OL]. Renewable & Sustainable Energy Reviews, 2021, 139.

[28] Du S, Gao F, Nie Z, et al. Life cycle assessment of recycled NiCoMn ternary cathode materials prepared by hydrometallurgical technology for power batteries in China[J/OL]. Journal of Cleaner Production, 2022, 340.

[29] Wang Y, Tang B, Shen M, et al. Environmental impact assessment of second life and recycling for $LiFePO_4$ power batteries in China[J/OL]. Journal of Environmental Management, 2022, 314.

[30] Liu A, Hu G, Wu Y, et al. Life cycle environmental impacts of pyrometallurgical and hydrometallurgical recovery processes for spent lithium-ion batteries: present and future perspectives[J/OL]. Clean Technologies and Environmental Policy, 2023.

[31] Li Z, Sun Z, Zhang W, et al. Environmental impact of the recycling of Ni-Co-containing saggars-A LCA case study in China[J/OL]. Sustainability, 2023, 15(9).

[32] 王琢璞 . 新能源汽车动力电池回收利用潜力及生命周期评价 [D/OL]. 北京 : 清华大学 , 2018.

[33] Wang S, Yu J, Okubo K. Life cycle assessment on the reuse and recycling of the nickel‐metal hydride battery: Fleet‐based study on hybrid vehicle batteries from Japan[J]. Journal of Industrial Ecology, 2021, 25(5): 1236-1249.

[34] Chen Q, Lai X, Hou Y, et al. Investigating the environmental impacts of different direct material recycling and battery remanufacturing technologies on two types of retired lithium-ion batteries from electronic vehicles in China[J]. Separation and Parification Technology, 2023, 308.

# 第7章 企业实践案例

## 7.1 企业情况简介

武汉动力电池再生技术有限公司（以下简称“动力再生”）成立于2020年11月20日，注册资本10.2亿元，是循环经济龙头企业格林美股份有限公司（SZ.002340）的控股子公司。动力再生下设武汉、天津、无锡、荆门、深汕5个电池回收利用基地以及武汉绿色产业创新研究院、荆门动力电池综合利用工程试验中心，下属5大基地相继入选了《新能源汽车废旧动力蓄电池综合利用行业规范条件》企业名单，是全国唯一拥有5家工信部“白名单”企业的公司。动力再生是国家级高新技术企业、国家绿色供应链管理企业，国家智能制造优秀场景案例企业，国家专精特新“小巨人”企业，湖北省科创“潜在独角兽”企业以及湖北省上市“金种子”企业。2022～2024年，公司共计回收退役动力电池8.1万吨，占国内同期退役量的10%以上。

公司主营业务为回收新能源汽车生产企业、电池生产企业、运营商、报废汽车处理企业等产生的废旧电池包、模组、废料等，通过智能柔性拆解、精细分选、兼容重组生产梯次利用电池包，已应用于叉车、高空作业机械，观光车等低速二、三轮车以及工商业储能、基站储能等领域；并对电池废料进行破碎分选和精深加工制备成高含量镍钴锰锂黑粉及再生电池级碳酸锂、电池级磷酸铁，帮助车企、电池厂、运营商解决电池废物处理与碳足迹、降碳循环难题。

## 7.2 企业经营管理模式

动力再生经营管理模式以“绿色＋智能＋循环再造”为核心，构建了覆盖电池回收、梯次利用、再生制造的闭环体系。通过数字化回收平台对电池全生命周期进行溯源管理，实现从退役电池评估、智能拆解到材料再生的高效流转。

在业务架构上，公司形成三大板块（前端建立覆盖车企、电池厂、运营商）的多元化回收渠道，中端部署智能拆解、分选及梯次利用再制造，实现退役电池的“延年益寿”与物尽其用；后端通过多组分高效提取与高纯再生，制备电池级碳酸锂等再生材料，并与正极材料厂商形成定向闭环供应。

市场拓展以武汉总部为指挥中枢，在长江三角洲、珠江三角洲、京津冀地区设立区域性回收、拆解和梯次加工中心，在湖北荆门设立再生处理基地，实现产能统筹，形成能力互补、降低成本的生产格局。目前年处理能力达 15 万吨，全过程锂金属回收率超 95%，镍钴锰回收率超 99%，通过“废料换材料”等增值服务，已成为比亚迪、宁德时代、厦门钨业、奔驰等头部企业的绿色供应链伙伴。

## 7.3 回收模式与技术

动力再生积极构建全国性回收体系与产业布局，格林美率先提出建设一级终端回收、二级回收储运、三级拆解与梯级利用、四级再生利用的“沟河江海”型全国性回收网络体系。重点布局京津冀、长江三角洲、珠江三角洲和中部新能源产业聚集地，在全国建立回收网点超过 140 个，与国内外 900 余家主机厂、电池厂、运营商、报废汽车拆解企业等建立了合作关系。持续构建从“毛细端”到“主干端”的退役动力电池回收渠道，围绕“电池回收—原料再造—材料再造—电池包再造—梯级利用—再生利用”的全生命周期价值链，打造具有持续核心竞争力的新能源材料产业链，推动新能源汽车产业链从“绿色制造到制造绿色”，实现废旧电池变废为宝、循环利用。

公司树立“领先世界，领跑中国”的循环产业理想，不断探索废旧电池回收新模式，坚持技术创新引领行业发展。公司拥有国家 CNAS 认证电池检测中心，湖北省重点实验室，全国循环经济工程实验室，湖北省企业技术中心等多个省部级创新平台，在动力电池全生命周期关键技术环节申请核心专利 500 余项，其中发明专利 220 余项，参与制定国家 / 行业标准 100 余项。主要开展以下几方面的技术创新。

### 7.3.1　退役动力电池包智能柔性拆解与 CTP 电池包解胶技术研发

针对多类型 / 多规格动力电池的高效、柔性、绿色拆解需求，柔性拆解系统通过拆解流程智能决策与动态规划系统，进行拆解深度和拆卸序列的实时动态决策规划，形成拆解作业规划；通过拆解物料信息管控与资源调度平台系统，进行拆解资源的异步混流动态调度，形成生产调度计划和拆解物流转载输送计划，从而实现拆解流程的智能决策、拆解物料的动态管控、拆解资源的实时调度。针对 CTP 电池包高度集成化、胶黏剂固化强度高的特点，公司创新开发了“热 - 力 - 化”协同解胶技术体系，通过精准控温的阶梯式加热工艺软化胶体，结合自适应机械分离装置实现电芯与结构件的无损拆解，同时采用环保型溶剂分解残余胶体，使金属箔材与隔膜的回收率提升至 95% 以上。该技术攻克了传统解胶工艺能耗高、效率低、材料损耗大的痛点，开发了具有温度场实时调控功能的智能化解胶装备，配合机器视觉系统实现不同型号 CTP 电池包的自动识别与参数匹配。

公司研发的“退役动力电池包柔性智能拆解系统”技术入选工业和信息化部、国家发展改革委、科技部、生态环境部联合发布的《国家工业资源综合利用先进适用工艺技术设备目录（2021 年版）》。2023 年“退役动力电池智能柔性拆解关键技术”被中国工业节能与清洁生产协会鉴定为国际领先水平。

### 7.3.2 退役动力电池快速分选与多场景梯次利用技术研发

公司创新开发了基于多参数融合的电池快速检测技术，从基于交流阻抗（EIS）和脉冲（HPPC）两种不同的测试手段出发，其中基于交流阻抗（EIS）主要通过等效电路模型、Nyquist 曲线以及 Bode 图等方式对获取的参数进行处理；基于脉冲（HPPC）主要通过脉冲充放电以及短时间充放电等手段获取反应电池健康状态的极化内阻、欧姆内阻等参数，从多角度开展获取反映电池电化学机理和内部结构的特征参数研究。实现退役电池状态快速评估的检测时间不超过 30min，健康状态及电池性能快速检测准确率大于 95%，容量预测误差控制在 3% 以内，分级系统装备兼容电池种类或规格 24 种以上，无损检测分级效率不低于 180 个 /h，分选档位不低于 10 档。针对梯次利用，公司开发了“场景化电池重组技术”，根据不同应用场景需求定制电池管理系统（BMS）：在储能领域采用宽电压窗口设计（2.5～4.2V）提升循环寿命；在低速电动车领域开发防震防水型电池包；在备用电源领域应用智能均衡技术确保长期静置稳定性。目前，该技术体系已实现退役电池梯次利用率提升至 85%，重组电池包循环寿命超过 2000 次，成功应用于 5G 基站储能、园区微电网等 20 余个应用场景。

公司研发出的“高兼容性退役电池快速无损检测与分选系统”技术入选工业和信息化部、国家发展改革委、科技部、生态环境部联合发布的《国家工业资源综合利用先进适用工艺技术设备目录（2023 年版）》。2023 年“退役动力电池高兼容性分选与成组关键技术”被中国工业节能与清洁生产协会鉴定为国际领先水平。

### 7.3.3 退役动力电池有价组分高效回收与再生电池级材料制造

废旧电池中各组分的分选回收过程存在电池放电差异性大、破碎粒度大、黑粉及铜铝料分选纯度难以提高等技术瓶颈问题，公司突破性实现了单条产线高低温选择性工艺，并开发了可兼容隔膜回收的粗破 - 梯级粉碎 - 多级分选 - 气液联合比重分选工艺，实现了多规格电池大尺寸放电及破碎预处理，放电电池可兼容破碎尺寸达到 2m，可实现隔膜回收率 95% 以上、黑粉镍钴锰等金属回收率大于 99%、黑粉中铜铝含量小于 1%、铜铝分选回收率大于 97%，在 200℃以下实现锂的选择性提取（回收率＞ 95%），同时通过可控还原工艺将镍钴锰氧化物直接转化为前驱体，较传统湿法冶炼节能 40% 以上。在材料再生环节，格林美开发了缺陷修复与表面重构技术，利用水热再结晶法制备的再生三元材料（NCM）首次效率达 91.5%，循环性能媲美原生材料；磷酸铁锂通过气固相补锂再生技术，使再生材料克容量恢复至 145mAh/g 以上。公司建成了全球首条“废

电池 - 再生材料”的短流程生产线，实现从退役电池到电池级碳酸锂、三元前驱体等产品的直接转化，金属综合回收率超 99%，再生材料已批量供应宁德时代、比亚迪等头部企业。当前正开展锂电废料“原子经济化”利用研究，通过原子级定向重组技术开发新一代超纯再生材料，推动动力电池回收产业向“零废损”方向发展。

公司开发的废旧动力蓄电池无害再生利用技术装备入选《国家鼓励发展的重大环保技术装备目录（2023 年版）》。2023 年“报废锂电池梯级破碎 - 精细分选与锂资源化高值再生技术”被中国工业节能与清洁生产协会鉴定为国际领先水平。

## 7.4 企业发展规划

### 7.4.1　持续开展技术研发，引领行业创新发展

动力再生将技术研发视为企业发展的核心驱动力，持续加大研发投入，聚焦动力电池回收、梯次利用及再生材料提取等关键领域的技术突破。未来，公司将重点开发高效、低碳的电池回收工艺，提升金属回收率，降低能耗与排放，推动行业绿色化升级；同时，加强与高校、科研院所的合作，建立联合实验室，引进国际顶尖技术人才，形成自主知识产权体系，确保在核心技术上的领先地位；探索人工智能、大数据等技术在电池检测、分选及寿命预测中的应用，提升智能化水平，打造数字化回收工厂，为全球新能源产业提供更高效、更环保的解决方案。

### 7.4.2　建圈造链，与头部企业开展定向循环合作

动力再生将深化产业链协同，与新能源整车企业、电池制造商及材料供应商建立战略合作关系，持续构建“电池回收—原料再造—材料再造—电池包再造—梯级利用—再生利用”的闭环生态体系；与宁德时代、比亚迪、特斯拉等头部企业合作，建立定向回收网络，确保退役电池的高效回收与资源化利用；持续推动建立行业标准，联合上下游企业制定电池全生命周期管理规范，促进产业链绿色低碳发展；探索“互联网 + 回收”模式，搭建数字化回收平台，优化供应链效率，实现资源的高效配置，打造全球领先的动力电池循环经济标杆。

### 7.4.3　持续开展应用场景开发，打通退役电池梯次利用场景

持续深化动力电池梯次利用的应用场景开发，构建覆盖储能、低速电动车、备用电源等多元化应用生态，全面打通电池全生命周期价值链。在储能领域，公司将重点开发分布式储能系统，与光伏电站、电网企业及 5G 基站运营商合作，为用户建设微电网、零碳工厂，提升可再生能源消纳能力并降低用户用电成本。在低速交通领域，将联合电

动自行车、物流车及叉车制造商，开发高性价比的电池包，建立标准化电池租赁体系，推动城市绿色交通体系建设，并搭建电池健康状态云监测平台，实现远程智能运维。同时，创新商业模式，探索“电池银行”、共享储能等服务体系，通过金融租赁、残值回购等方式降低用户使用门槛。技术层面，公司将强化AI分选、寿命预测等核心技术研发，建立从退役检测到场景匹配的精准评估体系，确保梯次产品的安全性与经济性；还将联合行业协会推动梯次利用标准制定，构建覆盖“回收—评估—重组—应用—再回收”的闭环管理体系，最终实现动力电池从“车用到梯次利用再到材料再生”的全场景贯通，为新能源产业可持续发展提供系统化解决方案。

### 7.4.4 开展海外市场布局，拓展东南亚、欧洲等国际市场

加速全球化战略，重点布局东南亚、欧洲等新能源产业快速增长的地区，构建国际化回收网络，打造全球动力电池循环经济标杆。在印尼等东南亚市场，建立电池回收与材料再生基地。在欧洲市场，动力再生将聚焦欧盟《新电池法规》的严格要求，与当地车企、电池企业及回收公司建立战略合作，建设符合欧盟环保标准的高端回收产线，确保电池材料的低碳化、可追溯化。加强与国际科研机构合作，引进先进回收工艺，推动中国标准出海，提升全球话语权。在商业模式上，公司将探索海外并购、合资建厂等模式，快速获取渠道和客户资源，并借助数字化平台优化全球回收网络，实现高效资源调配。通过多区域、多层次的海外布局，打造覆盖全球的绿色循环经济体系，助力全球碳中和目标的实现。